国家级技工教育规划教材
全国技工院校化工类专业教材

化妆品配方实训

郭坚固　主编
李小丽　邱星群　副主编

中国劳动社会保障出版社

图书在版编目（CIP）数据

化妆品配方实训／郭坚固主编．--北京：中国劳动社会保障出版社，2024
全国技工院校化工类专业教材
ISBN 978-7-5167-6522-7

Ⅰ.①化…　Ⅱ.①郭…　Ⅲ.①化妆品-配方-技工学校-教材　Ⅳ.①TQ658

中国国家版本馆 CIP 数据核字（2024）第 108994 号

中国劳动社会保障出版社出版发行
（北京市惠新东街 1 号　邮政编码：100029）
*
北京市科星印刷有限责任公司印刷装订　新华书店经销

787 毫米×1092 毫米　16 开本　20.25 印张　434 千字
2024 年 6 月第 1 版　2024 年 6 月第 1 次印刷
定价：53.00 元

营销中心电话：400-606-6496
出版社网址：http://www.class.com.cn

《化妆品配方实训》编审委员会

主　　编　郭坚固

副 主 编　李小丽　邱星群

编　　者　（以姓氏笔画为序）

李小丽　中山市技师学院

陈奕曼　广东省城市技师学院

邱星群　广东省粤东技师学院

郑安妮　广东省粤东技师学院

徐　丹　广东省粤东技师学院

郭坚固　广东省粤东技师学院

主　　审　刘纲勇　广东省食品药品职业学院

李晓敏　完美（中国）有限公司

总前言

为了深入贯彻党的二十大精神和习近平总书记关于大力发展技工教育的重要指示精神，落实中共中央办公厅、国务院办公厅印发的《关于推动现代职业教育高质量发展的意见》，推进技工教育高质量发展，全面推进技工院校工学一体化人才培养模式改革，适应技工院校教学模式改革创新，同时为更好地适应技工院校化工类专业的教学要求，全面提升教学质量，我们组织有关学校的一线教师和行业、企业专家，在充分调研企业生产和学校教学情况、广泛听取教师意见的基础上，吸收和借鉴各地技工院校教学改革的成功经验，组织编写了本套全国技工院校化工类专业教材。

总体来看，本套教材具有以下特色：

第一，坚持知识性、准确性、适用性、先进性，体现专业特点。教材编写过程中，努力做到以市场需求为导向，根据化工行业发展现状和趋势，合理选择教材内容，做到“适用、管用、够用”。同时，在严格执行国家有关技术标准的基础上，尽可能多地在教材中介绍化工行业的新知识、新技术、新工艺和新设备，突出教材的先进性。

第二，突出职业教育特色，重视实践能力的培养。以职业能力为本位，根据化工专业毕业生所从事职业的实际需要，适当调整专业知识的深度和难度，合理确定学生应具备的知识结构和能力结构。同时，进一步加强实践性教学的内容，以满足企业对技能型人才的要求。

第三，创新教材编写模式，激发学生学习兴趣。按照教学规律和学生的认知规律，合理安排教材内容，并注重利用图表、实物照片辅助讲解知识点和技能点，为学生营造生动、直观的学习环境。部分教材采用工作手册式、新型活页式，全流程体现产教融合、校企合作，实现理论知识与企业岗位标准、技能要求的高度融合。部分教材在印刷工艺上采用了四色印刷，增强了教材的表现力。

本套教材配有习题册和多媒体电子课件等教学资源，方便教师上课使用，可以通过技工教育网（https://jg.class.com.cn）下载。另外，在部分教材中针对教学重点和难点制作了演示视频、音频等多媒体素材，学生可扫描二维码在线观看或收听相应内容。

本套教材的编写工作得到了北京、河南、山东、云南、江苏、江西、四川、广西、广东等省、自治区、直辖市人力资源社会保障厅及有关学校的大力支持，教材编审人员做了大量的工作，在此我们表示诚挚的谢意。同时，恳切希望广大读者对教材提出宝贵的意见和建议。

《化妆品配方实训》涵盖了初中起点和高中起点化妆品制造与营销、中药美容、美容美发、化妆品检验等专业的课程内容，可用于化妆品配方师职业技能等级认定教材，教材中相关技术内容等都采用最新国家标准。

本教材以培养学生职业能力为核心，以各类化妆品的配方实训为主线设置模块，以《化妆品安全技术规范》和各产品的质量标准为基础，按照具体产品的配方实训为一个课题；导入化妆品的主要法律法规、各种原料的基本知识、基础理论与产品的基本技术原理；围绕每个课题设置相关任务，通过多个活动完成任务，并对相应任务设置评价和课后习题，从而达到学会化妆品配方实训技能、掌握各种仪器的操作以及数据分析和评价总结。

本教材主要内容包括：化妆品基础知识、护肤类化妆品配方实训、香水类化妆品配方实训、护发类化妆品配方实训、美容类化妆品配方实训、清洁类化妆品配方实训、其他日化品配方实训、化妆品质量检验实训共八个模块；每个模块之下设置了若干课题；每个课题再细分为法律法规对相应产品和所选用原料的安全要求、产品的配方结构原理、设备要求、参考配方和工艺、实训及改进、产品配方实训的总结归档。

本教材的编写工作分工是：广东省粤东技师学院郭坚固任主编，负责编写模块一、模块二和模块六以及全书统稿；中山市技师学院李小丽任副主编，负责编写模块三和模块四；广东省粤东技师学院邱星群任副主编，负责编写模块八；广东省城市技师学院陈奕曼负责编写模块五；广东省粤东技师学院徐丹负责编写模块七；广东省粤东技师学院郑安妮负责编写全书的学习目标和课程思政小课堂。本教材由广东省食品药品职业学院刘纲勇和完美（中国）有限公司李晓敏任主审。在教材编写过程中，广东省粤东技师学院胡少妹、广东金奇婴童生活科技股份有限公司余晓鸿对资料搜集给予了很大帮助，完美（中国）有限公司、广东真丽斯化妆品有限公司、汕头利美化工科技有限公司、汕头德高生物有限公司等多家企业技术人员提供了技术支持，在此谨向所有给予支持的单位和人员表示衷心的感谢。

由于编者水平有限，书中难免有错漏之处，敬请广大师生批评、指正。

编者

2024 年 1 月

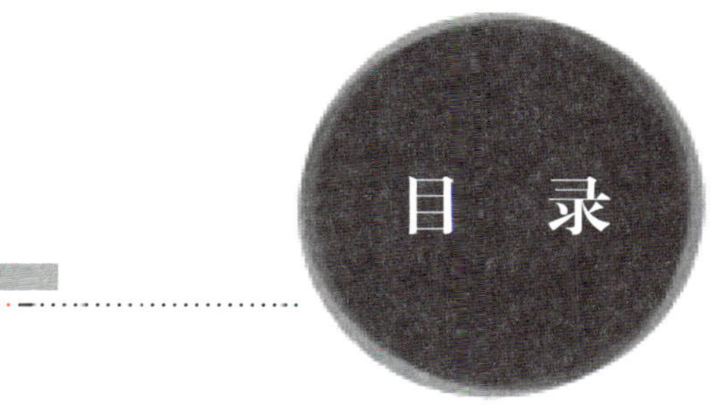

目　录

模块一

化妆品基础知识

本模块对化妆品的定义和分类，皮肤和毛发基础知识，化妆品原料的理化指标，化妆品常用原料、准用原料、禁用原料、限用原料，化妆品原料的储运条件，化妆品感官评价，化妆品生产常用设备，主要法律法规进行介绍。

课程思政小课堂

美妆的前世今生

观今宜鉴古，无古不成今。人类开化的重要一步，即是知美丑、辨善恶。虽美丑、善恶之标准在千年中迭代演变，但始终不变的是人们为悦己者容。而悦己者，既包含他人，也可指自己。由此，美妆便成了人类文明的一个小小分支。

爱美之心，古今皆有。化妆这件事，由古至今都颇具谈资。打开古人的化妆匣，水粉、胭脂一样不落。古人的略施粉黛，埋藏千年后，被后人开启，依然惊艳世界。今天，我们就从古人的化妆品开始，来一次穿越，领略五千多年中华文化的璀璨星光。

粉底：我国古代的粉底，大多是用白铅、珍珠粉、栗子粉等制作而成的。《齐民要术》中记载了粉底的制作方法，即将米磨成细粉、淘洗、发酵，再将米粉沉淀过滤，研磨成米浆，等米浆干透后就形成了粉底。这也是汉字“粉”有米字旁的由来。但用米制成的粉底容易脱妆，为了让底妆更持久，古人发明了粉质细腻、不易脱妆的改进版粉底——白铅粉。所谓“洗尽铅华”中的“铅”便是指这种由白铅粉制作而成的重金属含量超标的粉底。

胭脂：古代胭脂也称朱砂，它是用天然的朱砂矿石经过研磨、漂制得到的红色颜料，可用于画画，也被古代爱美女子用作腮红使用。商周时期，舞姬和宫女等爱美之人，常用朱砂涂抹在面部做腮红。汉代，朱砂不仅可以用作腮红，还能当口红用。在朱砂粉中加入适量的动物脂膏，就能做成与我们现代类似的口红。

画眉：古代画眉的材料是“黛”，它是一种黑色矿物质，也称“石黛”，即以一种青黑色类如石的颜料黛画眉毛。描画前必须先将石黛放在石砚上磨碾，使之成为粉末，然后加水调和，除了石黛，还有铜黛、青雀头黛和螺子黛。此俗先秦即有，那时候没有特定的画眉毛的材料，妇女用柳枝烧焦后作为眉笔涂在眉毛上。

“求木之长者，必固其根本；欲流之远者，必浚其泉源。”中华优秀传统文化是中华民族的精神命脉，是涵养社会主义核心价值观的重要源泉，也是我们在世界文化激荡中站稳脚跟的坚实根基。

中华民族具有5 000多年连绵不断的文明历史，创造了博大精深的中华文化，为人类文明进步作出了不可磨灭的贡献。博大精深的中华优秀传统文化就是我们最深厚的软实力，就是我们文化自信的坚实根基和突出优势。我们要善于从中华优秀传统文化中汲取养分，结合新的时代条件传承和弘扬中华美学精神，坚守中华文化立场、传承中华文化基因，展现中华审美风范。

课题一　化妆品概论

学习目标

【知识目标】了解化妆品的定义和分类。

【技能目标】掌握化妆品的分类及分类管理。

【素养目标】运用课程思政小课堂，根植民族情怀，传承中华文化，培养文化自信。

任务引入

2022年5月12日，国家药品监督管理局（简称国家药监局）发布《国家药监局关于停止经营标示名称为“Skin Care EXPERT 活细胞靓肤霜”等两款化妆品的通告》(2022年第24号)。

任务分析

国家药监局针对化妆品不良反应监测和监督检查发现，标示名称为“Skin Care EXPERT 活细胞靓肤霜”和“Skin Care EXPERT 活细胞靓肤精华”的化妆品存在与化妆品定义不符合的情况，存在较大的安全隐患问题。国家药监局责成广东省和重庆市药品监督管理局对标示名称为“Skin Care EXPERT 活细胞靓肤霜”和“Skin Care EXPERT 活细胞靓肤精华”的

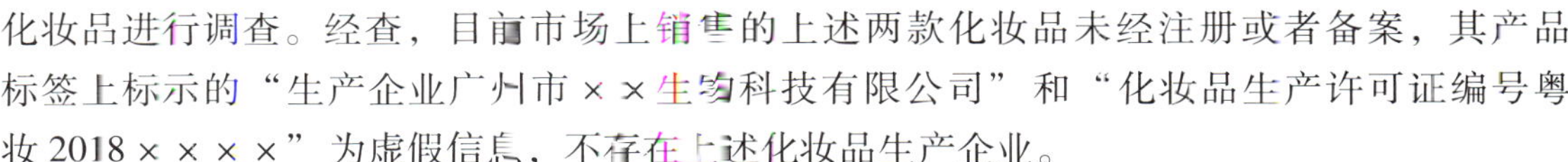

化妆品进行调查。经查，目前市场上销售的上述两款化妆品未经注册或者备案，其产品标签上标示的“生产企业广州市××生物科技有限公司”和“化妆品生产许可证编号粤妆2018××××”为虚假信息，不存在上述化妆品生产企业。

依据《化妆品监督管理条例》，国家药监局要求各省（区、市）药品监督管理部门责令相关化妆品经营者立即停止经营上述违法化妆品。

从公告的产品名称来看，含有“活细胞”这个术语，有违规宣称功效的情况，不符合化妆品的定义，不应该在合规注册备案的化妆品中出现该情况。

相关知识

一、化妆品的定义

（一）我国对化妆品的定义

我国对化妆品的定义在不同阶段，不同法规、标准中表述有一定的差异，其历次定义见表1－1。

表1－1　我国对化妆品的历次定义

法规、标准	颁发部门	对化妆品的定义	备注
《化妆品卫生监督条例》	1989年由国务院批准、卫生部颁布	以涂擦、喷洒或者其他类似的方法，散布于人体表面任何部位（皮肤、毛发、指甲、口唇等），以达到清洁、消除不良气味、护肤、美容和修饰目的的日用化学工业产品	浴液属于化妆品范畴；牙膏、肥皂、香皂等暂不属于化妆品卫生监督管理范畴
《消费品使用说明　化妆品通用标签》（GB 5296.3—1995）	1995年由国家技术监督局批准实施	以涂抹、喷洒或其他类似方式，施于人体表面（如表皮、毛发，指甲和口唇等），起到清洁、保养、美化或消除不良气味作用的产品。该产品对使用部位可以有缓和作用	牙膏、肥皂、香皂不属于化妆品监督管理范畴
《化妆品卫生规范》（2007年版）	2007年由卫生部印发实施	以涂擦、喷洒或者其他类似的方法，散布于人体表面任何部位（皮肤、毛发、指甲、口唇等），以达到清洁、消除不良气味、护肤、美容和修饰目的的日用化学工业产品	香波、浴液、洗手液等均属于化妆品监督管理范围
《化妆品标识管理规定》	2007年国家质量监督检验检疫总局令第100号	以涂抹、喷、洒或者其他类似方法，施于人体［皮肤、毛发、指（趾）甲、口唇齿等］，以达到清洁、保养、美化、修饰和改变外观，或者修正人体气味，保持良好状态为目的的产品	牙膏、漱口水类产品正式列于化妆品监督管理范围
《消费品使用说明　化妆品通用标签》（GB 5296.3—2008）	2008年由国家质量监督检验检疫总局和国家标准化管理委员会发布，2009年实施	以涂抹、洒、喷或其他类似方式，施于人体表面任何部位（皮肤、毛发、指甲、口唇等），以达到清洁、芳香、改变外观、修正人体气味、保养、保持良好状态目的的产品	删除了“该产品对使用部位可以有缓和作用”
《化妆品监督管理条例》	2020年国务院令第727号	以涂擦、喷洒或者其他类似方法，施用于皮肤、毛发、指甲、口唇等人体表面，以清洁、保护、美化、修饰为目的的日用化学工业产品	删除了“消除不良气味”，增加了“保护”，主要是针对特殊化妆品类别进行的调整

虽然化妆的定义在不同阶段和不同法规、标准中表述有一定的差异，但是都表达了4个层面的内容，即使用方法、使用人体部位、使用目的和工业产品类别。

（二）国外对化妆品的定义

世界各国和地区对化妆品的定义很相似，主要区别在于因监管的范围和分类而有所不同。欧盟和一些国家对化妆品的定义见表1－2。

表1－2　欧盟和一些国家对化妆品的定义

	主要法律依据	对化妆品的定义	备注
欧盟	《化妆品规程》	接触于人体外部器官（皮肤、毛发、指甲、唇和外生殖器），或者牙齿及口腔黏膜，以清洁、发出香气、改变容颜或（和）纠正体臭，保护或保持其处于良好状态为目的的物质和制品	育发、健美、祛斑（美白）等类别，依据其产品宣称判断是否作为化妆品或药品管理
美国	《食品药品和化妆品法案》	以涂、擦抹、喷洒或类似方法用于人体，使之清洁、美化，增加魅力或改变容颜，而不影响人体结构和功能的产品	1. 非处方药（OTC）管理：防晒产品、防螨产品、去屑产品 2. 新药申请（NDA）管理：祛斑美白等产品
加拿大	《食品及药物法》	用于清洁、改善或改变面部外观、皮肤、头发或牙齿而制造、销售或提供的任何物质或物质混合物	包括面霜、除臭剂和香精
日本	《药事法》	为了达到清洁、美化身体，增加魅力，改变容颜，保护皮肤和头发健康，以涂敷、撒布或其他类似方法使用在身体上，对人体作用缓和的制品	医药部外品实行严格的审批制度，如口腔清凉剂、腋臭防止剂、痱子粉、育发剂、除毛剂、染发剂、烫发剂、生理用品、沐浴剂、药用化妆品（含药用皂、药用牙膏类）、杀虫剂、驱虫剂、杀鼠剂、隐形眼镜用消毒剂
韩国	《化妆品法》	在人体上发挥适度效用，用于清洁、美化、提高吸引力，改善外观或改善、保养皮肤、头发的物品	1. 机能性化妆品：目前主要包括染发、美白、防晒、除皱、脱毛、缓解粉刺、缓解特应性皮炎致皮肤干燥、淡化萎缩纹等产品 2. 医药外品：包括牙膏、除腋臭剂、口腔清洁剂等

随着全球经济的快速发展，国际化妆品法律、标准一体化的进程正在加快，统一化妆品的定义及其范围势在必行。

二、化妆品的分类

（一）我国的化妆品分类

1. 分类规则和分类目录

根据国家药监局关于发布《化妆品分类规则和分类目录》的公告（2021年第49号），我国对境内生产经营的化妆品按照功效宣称、作用部位、产品剂型、使用人群，同时考虑使

用方法，制定了分类规则和分类目录。

（1）按功效宣称分类。此分类目录下的功效类别包括染发、烫发、祛斑美白、防晒、防脱发、祛痘、滋养、修护、清洁、卸妆、保湿、美容修饰、芳香、除臭、抗皱、紧致、舒缓、控油、去角质、爽身、护发、防断发、去屑、发色护理、脱毛、辅助剃须剃毛，以及不符合上述规则的新功效。

（2）按作用部位分类。此分类目录下的作用部位包括头发、体毛、躯干部位、头部、面部、眼部、口唇、手、足、全身皮肤、指（趾）甲，以及不符合上述规则的新功效。

（3）按使用人群分类。此分类目录下的使用人群包括婴幼儿（0～3 周岁，含 3 周岁）、儿童（3～12 周岁，含 12 周岁）、普通人群，以及不符合上述规则的新功效。

（4）按产品剂型分类。此分类目录下的产品剂型包括膏霜乳、液体、凝胶、粉剂、块状、泥、蜡基、喷雾剂、气雾剂、贴（含基材）、膜（含基材）、冻干，以及不属于上述范围的其他剂型。

（5）按使用方法分类。此分类目录下的使用方法包括淋洗、驻留。

2. 生产许可项目单元划分和类别

根据《化妆品生产经营监督管理办法》和《化妆品生产许可工作指南（暂行）》的规定，化妆品生产许可项目按照化妆品生产工艺、成品状态和用途等，划分为一般液态单元、膏霜乳液单元、粉单元、气雾剂及有机溶剂单元、蜡基单元、牙膏单元、皂基单元、其他单元。化妆品生产许可项目单元划分和类别见表 1－3。

表 1－3　化妆品生产许可项目单元划分和类别

单元	类别	产品名称
一般液态单元	护发清洁类	洗发液、洗发膏、发油、洗面奶（非乳化）、洗手液、沐浴剂、液状发蜡等
	护肤水类	化妆水、按摩油、按摩精油、面贴膜（非乳化）、唇油等
	染烫发类	染发水、染发啫喱、烫发水等
	啫喱类	啫喱水、护肤啫喱、凝胶护发蜡、凝胶焗油膏、啫喱面膜等
膏霜乳液单元	护肤清洁类	润肤膏霜、润肤乳液、洗面奶（乳化）、膏乳状面膜、面贴膜（乳化）等
	护发类	发乳、焗油膏、护发素、免洗护发素、乳膏状发蜡等
	染烫发类	染发膏等
粉单元	散粉类	香粉、爽身粉、痱子粉、面膜（粉）等
	块状粉类	胭脂、眼影、粉饼等
	染发类	染发粉、漂浅粉等
	浴盐类	足浴盐、沐浴盐等
气雾剂及有机溶剂单元	气雾剂类	摩丝、发胶、液体发蜡（气雾罐式）等
	有机溶剂类	花露水、香水、指甲油等

续表

单元	类别	产品名称
蜡基单元	蜡基类	唇膏、润唇膏、发蜡、睫毛膏、化妆笔等
牙膏单元	牙膏类	牙膏、功效牙膏
皂基单元	皂基类	宣称具有特殊化妆品功效香皂（不包括普通香皂）
其他单元	未包括在以上类别内	粉蜜等

注：产品名称以国家标准、行业标准或企业标准中规定的名称为准；超出我国的化妆品分类范围就不属于化妆品，如人造指甲、假睫毛、美容针等；普通香皂按监管属于日用品，不作为化妆品管理。

（二）化妆品的分类管理

1. 我国对化妆品的分类管理

根据《化妆品监督管理条例》，我国按照风险程度对化妆品、化妆品原料实行分类管理。化妆品分为特殊化妆品和普通化妆品，国家对特殊化妆品实行注册管理，对普通化妆品实行备案管理。化妆品原料分为新原料和已使用的原料，国家对风险程度较高的化妆品新原料实行注册管理，对其他化妆品新原料实行备案管理。其中，用于染发、烫发、祛斑美白、防晒、防脱发的化妆品以及宣称新功效的化妆品为特殊化妆品，特殊化妆品以外的化妆品为普通化妆品。

2. 欧盟和其他一些国家对化妆品的分类管理比较

因为不同国家和地区的生活习惯不同以及制定化妆品法律、标准的背景情况不同，所以各国对化妆品的分类和管理模式存在差别。表 1－4 为美国、日本和欧盟对化妆品的分类管理比较。

表 1－4　美国、日本和欧盟对化妆品的分类管理比较

	分类管理	举例
美国	化妆品	护肤霜、洗液、香水、唇膏、指甲油、眼霜和面霜、香波、永久卷发剂、染发剂、牙膏、除臭剂、宣称对痤疮及皮肤粗糙有药用效果的护肤产品等
	OTC 管理	含氟牙膏、抑汗剂、专门用来防晒的防晒品、狐臭防止剂、去头屑的香波等
日本	化妆品	护肤乳液、洗面奶、洗发香波、护发素、雪花膏、化妆水、口红、指甲油、粉饼、香水和肥皂等
	医药部外品	口臭和体臭防止剂、狐臭防止剂、染发剂、烫发剂、育发剂、除毛剂、痱子粉类、浴用剂、美白牙齿类、药用香皂、药用牙膏，以及宣称去头屑、防晒、杀菌、防痤疮及防皮肤粗糙的所谓药用化妆品等
欧盟	化妆品	护肤霜、乳液、啫喱和油、面膜、彩色底粉（液、膏）、化妆粉、爽身粉、卫生粉剂、肥皂、除臭皂、香水、古龙水、洗浴产品、脱毛剂、除臭剂、止汗剂、染发剂、卷（拉直）发和定型产品、清洁产品、护发产品、美发产品、剃须产品、面部和眼部化妆品及卸妆产品、唇用产品、护齿和口腔产品、护甲和美甲产品、外生殖器卫生产品、日光浴防晒制品、美黑产品、皮肤美白和抗皱产品，以及宣称对痤疮及皮肤粗糙有效的所谓药用护肤品、含氟牙膏等

任务实施

一、化妆品的辨识分析

根据化妆品的定义，从使用对象、使用方法、施用部位、使用目的、不同国家和地区进

行辨识，判别产品是否属于化妆品。化妆品的辨识要点见表1－5。

表1－5　化妆品的辨识要点

辨识项目	辨识要点	反面举例
使用对象	对象是人体，非人体用品不属于化妆品	衣物及其用品、宠物用品不属于化妆品
使用方法	涂擦、喷洒或者其他类似方法	美白丸、微针、假睫毛、假发不属于化妆品
施用部位	施用于皮肤、毛发、指甲、口唇等人体表面	美白丸、注射美容针不属于化妆品
使用目的	以清洁、保护、美化、修饰为目的，主要是功效宣称，不能有明示或者暗示医疗效果	止痒膏、消毒剂、睫毛生长剂不属于化妆品
不同国家和地区	不同国家和地区对化妆品的定义和管理分类有一定的差异	部分国家将外生殖器、口腔清洗剂归为化妆品，美国将接长假指甲归为化妆品。这些在我国都不归为化妆品进行管理

二、化妆品的分类辨识

结合化妆品的定义及其分类方法，对化妆品的类别、配方设计、产品标签设计、功效宣称和分级管理等进行分类辨识。我国对化妆品的分类管理与美国、日本、加拿大、欧盟、东盟的比较见表1－6。

表1－6　我国对化妆品的分类管理与美国、日本、加拿大、欧盟、东盟的比较

功效类型	中国	美国	日本	加拿大	欧盟	东盟
育发	1. 生理功能的按药品管理 2. 防脱发功能的按普通化妆品管理	药品	医药部外品或药品	药品	化妆品/药品（根据功效宣称）	化妆品/药品（根据功效宣称）
染发	特殊化妆品	化妆品	医药部外品	化妆品	化妆品	化妆品
烫发	特殊化妆品	化妆品	医药部外品	化妆品	化妆品	化妆品
脱毛	脱毛按普通化妆品管理	化妆品	医药部外品	化妆品	化妆品	化妆品
健美	普通化妆品	化妆品/药品（根据功效宣称）	药品	化妆品/药品（根据功效宣称）	化妆品	化妆品
美乳	普通化妆品	化妆品/药品（根据功效宣称）	药品	化妆品/药品（根据功效宣称）	化妆品	化妆品
除臭	1. 生理功能的按药品管理 2. 遮盖或清除功能的按普通化妆品管理	化妆品	医药部外品	化妆品	化妆品	化妆品

续表

功效类型	中国	美国	日本	加拿大	欧盟	东盟
防晒	特殊化妆品	药品	化妆品	OCT	化妆品	化妆品
祛斑美白	特殊化妆品	化妆品/药品（根据功效宣称）	医药部外品	OCT	化妆品	化妆品

任务测评

任务结束后填写任务测评表1－7。

表1－7　任务测评表

序号	考核内容	考核标准	配分	得分
1	素质考核	课堂出勤率、学习态度、行为规范	30	
2	课堂表现	课堂互动、团队协作、创新建议	30	
3	专业知识	化妆品的定义、分类，化妆品类别的辨识	40	
合计			100	

思考与练习

一、单选题

1.（　　）是加拿大《食品及药物法》中规定的化妆品。

A. 面霜　　B. 除臭剂　　C. 香精　　D. 以上都对

2.（　　）在我国不属于化妆品。

A. 普通香皂　　B. 染发膏　　C. 防晒乳　　D. 护发素

3. 下列属于化妆品的是（　　）。

A. 人造指甲　　B. 假睫毛　　C. 美容针　　D. 美白祛斑霜

4. 下列（　　）不属于化妆品的作用。

A. 改变外观　　B. 保养作用

C. 预防皮肤疾病　　D. 美容修饰作用

5. 下列不属于化妆品的是（　　）。

A. 美容院注射的肉毒杆菌毒素　　B. 洗面奶

C. 染发水　　D. 口红

6. 下列产品属于一般液态单元的是（　　）。

A. 发油　　B. 染发膏　　C. 发乳　　D. 花露水

7. 生产许可范围为一般液态单元和膏霜乳液单元的化妆品生产企业，不可生产（　　）类化妆品。

A. 唇膏　　B. 洗发膏　　C. 护发素　　D. 染发水

8. 下列在日本属于化妆品的是（　　）。

A. 染发类　　B. 烫发类　　C. 口红类　　D. 育发类

二、判断题

1. 普通香皂可用于清洁皮肤，属于化妆品。（　　）
2. 一般液态单元含牙膏类。（　　）

三、简答题

1.《化妆品监督管理条例》中，化妆品的定义是什么？
2. 按生产许可项目分类，化妆品可分为哪几个单元？

课题二　皮肤和毛发基础知识

皮肤是人体与外界接触的第一层器官，具有保护、感觉及物质交换等功能。对从事研究和开发化妆品、正确选购和使用化妆品者来说，必须对皮肤和毛发的结构、生理功能有正确的认识。

学习目标

【知识目标】了解皮肤和毛发的结构与生理功能。

【技能目标】懂得皮肤和头发的护理方法。

【素养目标】培养认真、细致的工作态度。

任务引入

×××化妆品有限公司技术开发部对新员工进行皮肤和毛发正确认识技能实训。

任务分析

化妆品是作用在皮肤、毛发、指（趾）甲、口唇等人体表面的日用品，在学习化妆品的制作和使用时，只有学习皮肤和毛发基础知识，才能深入了解化妆品的作用机理。

》相关知识

一、皮肤的结构与生理功能

皮肤是人体的最大器官，覆盖在人体表面，是人体抵御外部各类不利因素侵袭的第一道防线。人体的皮肤和其他器官及组织一样，参与全身的机能活动，维护人体的健康。正常皮肤具有保护、调节体温、感觉、分泌与排泄、吸收等生理功能，还参与各种物质代谢，并且是一个重要的免疫器官，以维持人体和外界自然环境的对立统一。

人的皮肤总面积为1.5～2.0 m^2，质量约占人体总质量的15%，厚度为0.5～4.0 mm（皮下组织除外）。根据年龄、性别、部位、种族的不同，皮肤的厚度有所差别。其中，女性比男性的皮肤薄；眼睑的皮肤比其他部位薄（约为0.5 mm）；臀部、手掌和足底部位的皮肤较厚（为3～4 mm）；儿童特别是婴儿的皮肤比成年人薄得多，平均只有1 mm左右。

正常皮肤的颜色主要由两个因素决定：一是皮肤内各种色素的含量，即皮肤内的黑色素（棕黑色）或类黑色素、胡萝卜素或类胡萝卜素、表面毛细血管中的氧合血红蛋白（粉红色）、静脉血管中的还原血红蛋白（淡蓝色）和真皮内胶原（灰黄色）；二是表皮的厚度和光线在皮肤表面散射现象也对皮肤表现出的颜色起一定的作用。其中，黑色素是由黑色素细胞产生的，它是引起皮肤颜色改变的主要原因。

皮肤在结构上由三部分组成，由外往里依次为表皮、真皮和皮下组织，如图1－1所示。另外，皮肤上有各种附属器官。

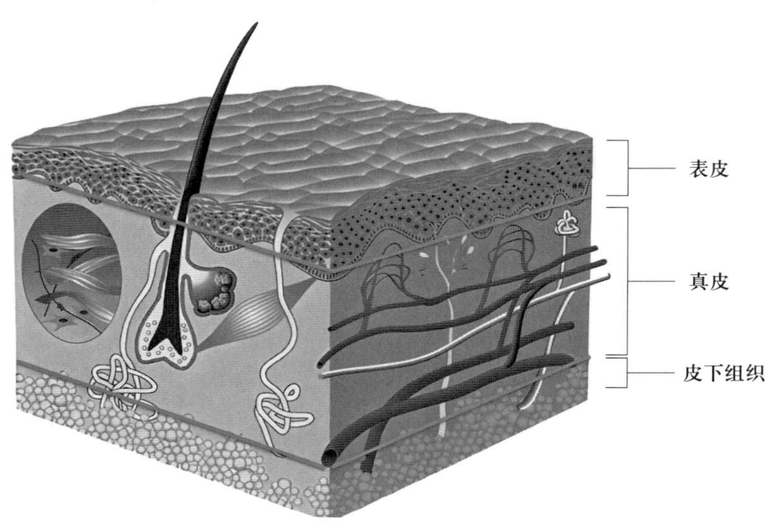

图1－1　皮肤的结构

（一）表皮

表皮是皮肤的浅层，由角化的复层扁平上皮构成。人体各部位的表皮厚薄不等，一般厚

度为0.07～0.12 mm，手掌和足底部位的最厚，为0.8～1.5 mm。

表皮具有保护作用，也是化妆品发挥功效的主要部位。

表皮由两类细胞组成：一类是角朊细胞，是表皮中的主要组成细胞，它们在分化中合成大量角蛋白，使细胞角化并脱落；另一类是树枝状细胞，数量少，分散存在于角蛋白形成细胞之间。

1. 表皮的分层和角化

根据角朊细胞的不同分化过程及细胞形态，表皮从表面到基底表面可分为5层，即角质层、透明层、颗粒层、棘层及基底层。薄表皮与厚表皮相比较，其分层略有差别：基底层与厚表皮的相同；棘层的细胞层数更少，其中颗粒层只有2～3层细胞；没有透明层；角质层更薄，只有几层细胞。

表皮各层结构组成及其功能见表1－8。

表1－8　表皮各层结构组成及其功能

	结构组成	功能	备注
角质层	由多层扁平、无核的角朊细胞组成	皮肤屏障"卫士"，坚韧有耐受性，具有保护、防晒、吸收、保湿和美学功能	化妆品作用的初始部位，也是物质渗透的主要限速部位
透明层	含有丰富的角蛋白和磷脂类物质；由扁平、境界不清、无核、嗜酸性、紧密连接的细胞构成	控制皮肤水分，防止水分流失或过量进入；无色透明，可透光	—
颗粒层	由梭形或菱形细胞组成，含有大量嗜碱性透明角质颗粒	防止异物侵入，折射光线和过滤紫外线；有合成、分解代谢的作用	合成透明角质颗粒，开始形成天然保湿因子和结构脂质
棘层	表皮中最厚的一层，由多形细胞组成，细胞棘突特别明显	具有细胞分裂增殖的能力；细胞间富含大量水分和营养成分，对于维持表皮层的饱满和弹性很重要	—
基底层	表皮最底层，由单一层呈栅栏状排列的立方体或圆柱状细胞组成	10%具有干细胞的特性，不断分裂、复制产生新细胞，与皮肤新陈代谢、自我修复有关	—

2. 树枝状细胞

（1）黑色素细胞。黑色素细胞是表皮的重要组成细胞之一，位于表皮与真皮交界处，8～10个基底细胞之间嵌插一个细胞核很小的黑色素细胞。

黑色素细胞具有形成、分泌黑色素颗粒的功能，它通过树枝状突将黑色素颗粒输送到基底层及棘层的角质形成细胞内。1个黑色素细胞可通过其树枝状突起向周围约10～36个角质形成细胞提供黑色素，形成1个表皮黑色素单元。

黑色素颗粒不仅决定着皮肤颜色的深浅，还是人类防止因紫外线辐射可能引起的日晒损伤皮肤的天然屏障，它对各种波长的紫外线甚至可见光和红外线都能良好吸收，起着滤光片和自由基清除剂的作用，防止真皮弹力纤维变性老化，保护 DNA 免受紫外线致突变反应，从而降低皮肤癌的发生率。

（2）其他树枝状细胞。其他树枝状细胞见表 1－9。

表 1－9　　其他树枝状细胞

类型	位置	特点	功能
朗格汉斯细胞	大多位于棘层中上层	胞浆透明	来源于骨髓，具有吞噬细胞功能，与机体免疫功能有关
未定型细胞	常位于表皮下层	没有黑色素体及朗格汉斯颗粒	可能分化为朗格汉斯细胞，也可能是黑色素细胞前身
梅克尔细胞	见于足跖、口腔、生殖器黏膜、甲床、毛囊漏斗的基底层	数量很少	目前认为很可能是一个触觉感受器

（3）角质层“砖墙灰浆”样结构。角质层是由完全角质化无细胞器的角质细胞组成，角质细胞排列成“砖墙”，之间充满着由层状颗粒所释放的脂质及蛋白质等物质，犹如“灰浆”，因此被形象地称为“砖墙灰浆”样结构。

角质形成细胞与其细胞间脂质组成的这道致密牢固的天然保护屏障，能抵抗化学物质的侵蚀和机械力的摩擦、牵拉，能有效地防止细菌、有害物质、射线等外界不利因素侵犯，共同保护皮肤内部组织，维持皮肤的生理功能。

（二）真皮

真皮位于表皮和皮下组织之间，厚度为表皮的 10～40 倍，依靠基底膜带与表皮呈波浪状牢固相连，两者之间没有清楚的界限。真皮由大量致密结缔组织及基质构成，内含血管、淋巴管、神经、肌肉和皮肤附属器官［如毛囊与毛发、皮脂腺、汗腺、指（趾）甲等］。

真皮分两层，上层为乳头层，下层为网状层。

真皮结缔组织中的主要成分为胶原纤维、网状纤维和弹力纤维，这些纤维的存在对维持正常皮肤的韧性、坚实度、弹性和饱满程度具有关键作用。

（三）皮下组织

皮下组织由疏松结缔组织和脂肪组织组成，包括皮下脂肪、淋巴管、肌肉。

皮下脂肪又称皮下脂肪层或脂膜，位于真皮的下部，由脂肪小叶和小叶间隔组成，其下紧邻肌膜，是疏松结缔组织，主要功能是储存和供给能量、保暖、抵御外来机械性冲击、保护血管神经和支撑皮肤。皮下脂肪影响人体的体态曲线。

（四）皮肤附属器官

皮肤附属器官主要包括毛囊与毛发、皮脂腺、汗腺、指（趾）甲等。其中，毛囊与毛发在下文详细介绍，以下介绍皮脂腺、汗腺和指（趾）甲的结构与功能。

1. 皮脂腺的结构与功能

皮脂腺由一个或几个囊状的腺泡与一个共同的短导管构成，与毛囊关系密切，大多位于毛囊和立毛肌之间，为泡状腺。

短导管为复层扁平上皮组织构成，大多开口于毛囊上段，少数皮脂腺与毛囊无关，直接开口于皮肤或黏膜的表面。当腺细胞解体时，连同脂滴一起排出，即为皮脂。

皮脂腺的发育及分泌活动主要受雄性激素的影响。皮脂的分泌量随着年龄、性别、身体部位、人群所处地区等不同而不同，一般来说：男性多于女性；青春期开始分泌旺盛，到老年时分泌量明显下降；头部、面部、胸部等部位皮脂分泌较多。如果皮脂分泌过多，阻塞毛囊孔，则易发生毛囊炎症，即生成粉刺或痤疮等。

皮脂是能通过全浆分泌而产生的，是整个皮脂腺细胞破裂后细胞中的内容物溢出的产物，能够均匀地分布在皮肤的表面形成皮脂膜。

皮脂是几种脂类的混合物，具有柔润皮肤和杀菌作用，其脂质成分中最多的是甘油酸三酯，该成分在经过皮脂腺导管向表皮排泄过程中，分解成为游离的脂肪酸、其他酯类和少量的角鲨烷。其中，酯类如蜡酯、甘油酸二酯和甘油单酯、胆固醇等。在游离脂肪酸中，碳链为 $C_{12} \sim C_{16}$ 者发炎性最强，碳链为 $C_{16} \sim C_{18}$ 者形成粉刺的作用最明显。

皮脂的功能是润滑角质层、防止水分损失，并且能维持皮肤的 pH 值为 4.5 ~ 6.5 的弱酸性状态，是人体抵抗化学、生物损害的天然屏障。

2. 汗腺的结构与功能

汗腺可分为外泌汗腺和顶泌汗腺。其中，除唇红缘、包皮内侧、龟头、小阴唇、阴蒂及甲床等部位外，外泌汗腺遍布全身，但不同部位皮肤内的数目有明显差别。外泌汗腺由盘曲的分泌腺、盘曲的真皮导管、垂直的真皮导管及螺旋形表皮内导管组成。外泌汗腺细胞分泌的汗液除含有大量水分外，还含有钠、钾、氯、乳酸盐和尿素等成分。导管能吸收汗液中的一部分钠和氯。分泌汗液（出汗）是身体散热的主要方式，对调节体温起重要作用。外界温度高时外泌汗腺的分泌功能旺盛，可散发身体大量的热。

顶泌汗腺主要分布在腋窝、脐周、肛周、乳晕、外阴等部位。这种汗腺与外泌汗腺不同，是皮肤中的另一种腺，由腺细胞、肌上皮细胞、基底膜带构成。顶泌汗腺的分泌物为较黏稠的乳状液，含蛋白质、碳水化合物、脂类等，被细菌分解后会产生特别的气味，分泌过盛而致气味过浓时，则发生狐臭。在青春期后由于受性激素的刺激，顶泌汗腺的分泌功能十分活跃。

3. 指（趾）甲的结构与功能

指（趾）甲由甲体及其周围和下面的几部分组织组成，如图 1－2 所示为指甲的结构。

甲体由多层连接牢固的角化细胞构成，细胞内充满角蛋白丝。甲体下面的组织称为甲床，由非角化的复层扁平上皮和真皮组成。甲体的下面埋在皮肤构成的深凹内，称为甲根。

甲体两侧嵌在皮肤形成的甲壁内，与甲床黏着十分牢固，在甲体的腹侧与甲床间有许多纵行的沟及嵴，使甲床与其下方真皮结缔组织与甲板牢固地黏着在一起。甲根附着处的甲床

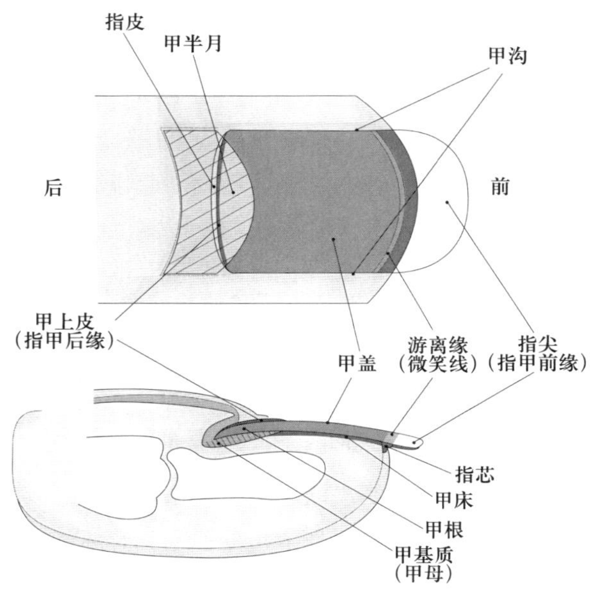

图 1 – 2　指甲的结构

上皮为甲母质，该部位细胞增殖活跃，是甲体的生长区。指（趾）甲受损或拔除后，如甲母质保留，甲体仍能再生。各指（趾）甲的生长速度并不相同，此外还受年龄、外界湿度和其他因素的影响。

指（趾）甲的功能主要是保护指尖免受损伤、协助手部精细工作、使指尖的感觉更灵敏和增强指尖的力量等。在现代，美化指甲也成为美容的重要组成部分。

二、毛发的结构与生理功能

毛发是哺乳类动物的特征之一，除掌、指（趾）末节背面、唇红、乳头、女性生殖器外，人体全身几乎都有毛发。对动物而言，毛发可起到保暖御寒、减缓摩擦等保护身体的作用；对人类而言，毛发不但能起到保护、调节体温的作用，还能体现性征和美容，亮泽柔顺的头发、优美的发型和男性整洁的胡须常常能带来特有的魅力。从心理学、美容学角度来说，毛发的多少、形状、颜色、光泽等对人们有非常重要的作用。

（一）毛囊与毛发的组织结构

毛发与皮肤的纵切面由上到下分别是毛干、毛根、毛囊、毛乳头，如图 1 – 3 所示。

从毛干的横切面上来看，由三个部分组成，由外到内分别为毛小皮、毛皮质和毛髓质，如图 1 – 4 所示。

毛发露出皮肤表面以上的部分为毛干，在皮肤下面处于毛囊内的部分为毛根，毛根下端与毛囊下部相连的部分为毛球，毛球下端向内凹入部分称为毛乳头。毛乳头中有结缔组织、神经末梢及毛细血管等，对毛发的生长起着至关重要的作用，并使毛发具有感觉功能。

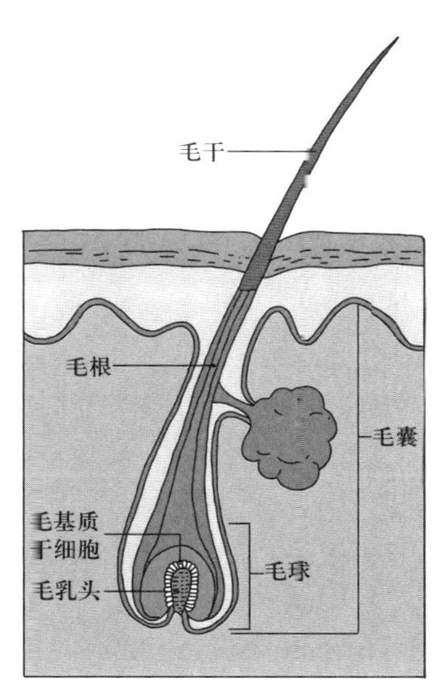

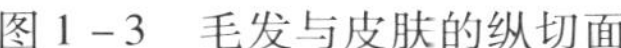
图 1－3　毛发与皮肤的纵切面

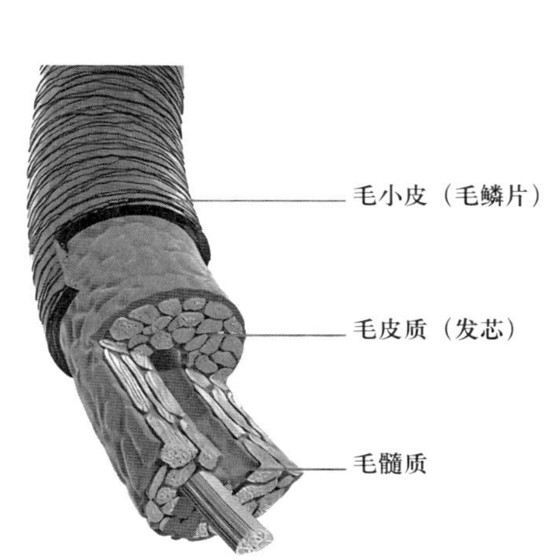

图 1－4　毛干的结构

毛小皮是毛发的外表层，其作用是保护毛皮质，赋予头发光泽及弹性，并在一定程度上决定头发的色调。毛小皮一般由 6 ~ 10 层的鳞片状细胞重叠排列而成，总厚度一般为 3 ~ 4 μm。在扫描电镜下观察，可发现健康未受损的毛小皮平整光滑、排列有序。

毛皮质处于毛发横切面的中间部分，由螺旋状的纤维体组成，是头发纤维的核心，它控制毛发的水分，决定毛发的韧性、弹性和强度。

毛髓质是毛发的中心部分，为皮质细胞所围绕，面积只占毛发总截面积的 3% 左右。毛髓质中间有色素颗粒存在，其作用是提高毛发结构强度和刚性。不是所有的毛发都有毛髓质，据统计约有 10% 的毛发没有毛髓质。

（二）毛发的种类

1. 毛发的长度与质地

毛发由角化的角质形成细胞构成，根据其长度与质地分为胎毛、毳毛和终毛。

胎毛是胎儿在母体子宫内生长时皮肤上所生长的细软绒毛。通常在胎儿 3 个月时开始生长，出生后约 1 个月自动脱落。

毳毛也被称为汗毛，细软，颜色淡，主要分布于面部、四肢和躯干。

终毛又分为长毛和短毛。长毛包括头发、胡须、腋毛和阴毛，短毛包括眉毛、睫毛、鼻毛、耳毛等，短毛中眉毛和睫毛这样的硬毛是美容加工修饰的重点对象。

2. 毛发的色泽

在毛球的上半球含有黑色素细胞，黑色素细胞会产生黑色素颗粒。黑色素颗粒沿着蛋白质中氨基酸链而排列，故在电子显微镜下观察像一串珍珠，其中大多数分布在毛皮质的外缘。

毛皮质中黑色素颗粒的种类和数量决定了毛发的颜色：颜色深的优黑色素多见于黑发及

白种人的浅黑色头发中；色泽淡的褐黑色素多见于红发及黄发中，红发中几乎全部为褐黑色素。在许多人的毛发中常混有这两种黑色素颗粒，但不同人的毛发的这两种黑色素颗粒的多少、比例是不同的，甚至在同一个人身上每根毛发之间也不一样，这与人种、性别、年龄、遗传、生活环境及营养情况等有关。所以，毛发呈现出黑色、白色、黄色、灰色、棕色及红色等多种颜色。

3. 毛发的形态与直径

毛发的形态有直状、波状和卷状。角蛋白在形成过程中受到毛囊的压迫而影响其内部的化学结构，产生不同的毛发外形。人种不同，毛发的直径和形态均有区别，毛囊的形状及其开口决定了毛发的形态与直径。例如：黄种人的头发是直的圆柱形，黑色，较粗；白种人的头发的形态变化较大，有的较直有的呈波浪状，直径变化也大（50 ~ 90 μm），切面呈卵圆形，颜色从黑色到浅黄甚至几乎为白色；黑种人的头发外形细密卷曲，黑色，横切面多为卵圆形。

（三）毛囊与毛发的密度

毛发的密度随种族、性别、年龄、个体和部位而有明显差异，一般到成年期就不再增添新毛囊，成年男子全身约有 500 万个毛囊。头部毛囊的密度在婴儿期是每平方厘米有 500 ~ 700 个，随着头部发育长大，至成年时其密度则降至每平方厘米 250 ~ 350 个，至老年时毛囊的密度则稍微减少。一般黄种人单位面积毛发的密度要比黑种人低，但比白种人高，前额和颊部毛囊的密度为躯干和四肢的 4 ~ 6 倍。

（四）头发及其理化性质

一般来说，无论疏密还是曲直，实质上每根头发都是一样的，都是由死去的角质形成细胞组成的，与形成皮肤和手指甲的角质层相同。

1. 主要成分

头发的主要化学成分是角蛋白，角蛋白由多种氨基酸所组成，其中胱氨酸的含量最高。头发的角蛋白结构特别精细，因此既有硬度又富有弹性，既牢固又能做成各种形状。此外，头发内还含有水、脂质、色素和一些与角蛋白结合的微量元素（如硅、磷、铜、锌、铁、锰、钙、镁）等。正常头发的含水量可以滋润头发，使头发不干燥。将头发置于空气中，头发会吸收或放出水分以达到与空气中水蒸气保持平衡的状态，所以环境相对湿度高时头发的含水率也会增加。

头发利用氨基酸和角蛋白的双重特性，可达到染发、卷发的目的。

2. 化学键

头发结构的稳定性是由多肽链之间各种化学键作用力所决定的，如共价多肽键、二硫键、盐键、氢键、酯键和范德华力等。

二硫键是多肽链上两个半胱氨酸之间形成的一种比较稳定的化学键，可使多肽链的两个不同区域之间紧密地靠拢，对头发结构稳定性起着十分重要的作用。二硫键数目越多，头发的刚性越强。

任务实施

一、皮肤类型的分析及护理方案

5种类型皮肤及其特征见表1-10，常见问题皮肤的护理见表1-11，皮肤日护理流程如图1-5所示，皮肤周护理流程如图1-6所示。

表1-10　5种类型皮肤及其特征

类型	中性皮肤	干性皮肤	油性皮肤	混合性皮肤	敏感性皮肤
典型特征	完美皮肤，不多见	缺水缺油、易衰老、易敏感	毛孔粗大，有油光；易有黑头、粉刺	脸部的T区油、U区干	反复出现红痒、发炎、斑疹情况

表1-11　常见问题皮肤的护理

问题皮肤	皮肤特征	护理建议	宜选用的化妆品
缺水干燥	• 紧绷不适，有缺水纹或细小干纹 • 肤质粗糙，有皮屑翘起现象 • 肤色无光泽，暗沉	• 补水保湿 • 加强滋润	柔肤水、补水精华液、抗皱精华霜、日霜、晚霜
油脂暗疮	• 面泛油光，尤其T区 • 毛孔粗大，常有黑头、白头 • 易发暗疮，并留有暗疮印	• 深层清洁 • 加强控油 • 消炎杀菌	爽肤水、洁面乳、卸妆水、平衡乳液、去角质护肤品
色斑暗哑	• 色斑明显，主要分布于双颊处 • 色素沉积成片状，肤色不均匀 • 肤色暗淡，没有光泽	• 美白、祛斑、防晒	美白产品、洁面乳、卸妆水、防晒乳、去角质护肤品
脆弱黄气	• 抵抗力弱，易因外界刺激出现不适 • 肤质较薄，有红血丝扩张现象 • 黄气重，肤色暗淡，无精神	• 抗氧保护、镇静舒缓	美容修饰产品、眼部精华液、眼霜、抗皱精华霜、面膜
初期老化	• 细纹增多，或有幼纹出现 • 鼻翼两侧毛孔粗大，皮肤弹性下降 • 伴有皮肤干燥、肤色暗沉等现象	• 补充胶原蛋白、全面修护、注重滋润	抗皱精华霜、修护液、去角质护肤品、面膜
过敏	• 反复出现红痒、发炎、斑疹情况	• 舒缓，抗过敏、修护、止痒	舒缓水乳霜

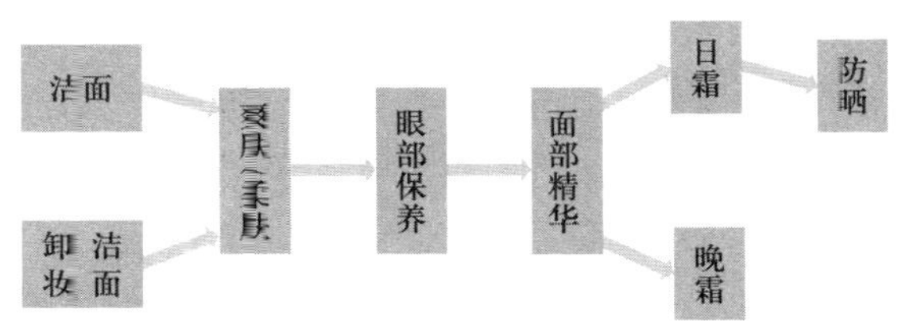

图1-5　皮肤日护理流程

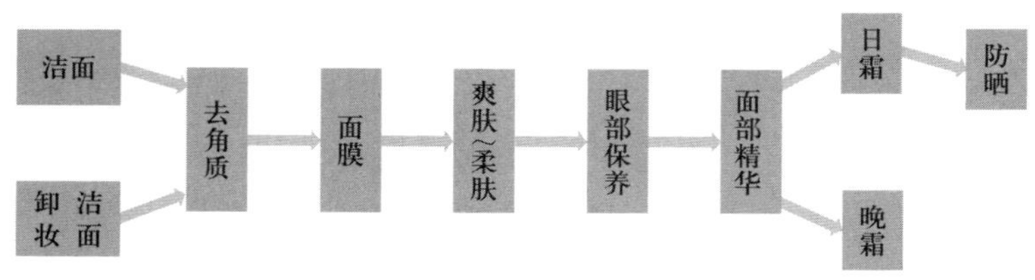

图 1－6　皮肤周护理流程

二、头发类型的分析及护理方案

4 种类型头发及其特征见表 1－12，常见问题头发的护理见表 1－13。

表 1－12　　4 种类型头发及其特征

类型	中性头发	干性头发	油性头发	其他类型
典型特征	健康正常，有自然的色泽、柔顺，软硬适度，丰润柔软；既不油腻也不干燥；是理想的发质	没有光泽，常见色泽为深色或红色；干燥，粗糙感；因干燥而卷曲，造型后易变形	柔软而无力，细小、扁平；油腻发光，有黏腻感；洗发后很快变得油腻和有湿润感，容易变脏	纤细疏松，软弱无力，整体稀薄；数量太少，不够粗，纤维弹性不足；易掉发、白发，受损严重

表 1－13　　常见问题头发的护理

问题头发	头发特征	护理建议	宜选用的化妆品
化学性损伤	发生在头发中的化学反应引起的结构改变、蛋白质流失及结晶度下降而造成的损伤，颜色枯黄，缺乏光泽，含水量降低，拉伸强度下降，弹性及韧性下降	减少烫发、染发次数；补充油分与水分，以维护其光亮、柔软和弹性	护发素、焗油膏、发油
物理性损伤	粗糙不齐，毛小皮受损严重	补充头发油分与水分，以维护其光亮、柔软和弹性	护发素、发油、发乳、发膏
日光性损伤及气候性老化	纤维结构产生变化，毛皮质逐渐变脆干燥，易断裂；外观上有淡颜色的线条，黑色素会因受到氧化而发生褪色现象（俗称日光漂白）；损伤后多数伴随脱发、局部炎症等改变	防晒、护理	护发素、发乳、发油、发膏
热性损伤	发质变脆弱，拉伸度与强度下降；毛小皮局部脱落，颜色和光泽消失，表面粗糙；毛小皮完全脱落、毛皮质裸露，发干分叉、断裂，发梢分叉开裂	减少烫发次数，避免户外太阳直晒，避免对头发直接加热	护发素、发油、发乳、发膏

指导问题头发者选择合适的化妆品，需要先分析其头发类型及问题情况，然后提供合理的护理方案，分析后填写头发分析表 1－14。

表 1-14　头发情况分析表

被分析者代号		性别	○男　○女
头发属性	○干性　○中性　○油性　○其他类型 ○混合性偏干 ○混合性偏油	发质情况	○纤细　○柔软　○粗硬 ○染后发质　○烫后发质
头皮分泌情况	○不足　○适中　○过多	头皮状况	○过敏　○头皮屑　○脱发头痒　○起疱疹
头皮受损情况	化学性损伤：○轻　○中　○重 物理性损伤：○轻　○中　○重 热性损伤：○轻　○中　○重		
护理建议			

分析人：　　　　　　　　　　　　　　日期：

任务测评

任务结束后填写任务测评表 1-15。

表 1-15　任务测评表

序号	考核内容	考核标准	配分	得分
1	素质考核	课堂出勤率、学习态度、行为规范	30	
2	课堂表现	课堂互动、团队协作、创新建议	30	
3	专业知识	皮肤、毛发的结构，皮肤、头发的类型，皮肤、头发的护理	40	
合计			100	

思考与练习

一、单选题

1. 下列皮肤类型中，属于健康皮肤的是（　　）。

A. 中性皮肤　　B. 干性皮肤
C. 油性皮肤　　D. 敏感性皮肤

2. （　　）不是决定皮肤颜色因素。

A. 黑色素　　B. 类黑色素　　C. 胡萝卜素　　D. 黄色素

3. （　　）由螺旋状的纤维体组成，控制毛发的水分，决定毛发的韧性、弹性和强度。

A. 毛小皮　　B. 毛皮质　　C. 毛髓质　　D. 皮脂腺

4. （　　）的功能是润滑角质层、防止水分损失、维持皮肤的 pH 值为 4.5～6.5 的弱酸性状态。

A. 毛囊　　B. 毛乳头　　C. 汗腺　　D. 皮脂

5. 头发的主要化学成分是角蛋白，角蛋白有多种氨基酸组成，其中以（　　）的含量最高。

A. 谷氨酸　　B. 胱氨酸　　C. 亮氨酸　　D. 蛋氨酸

6. 头发利用（　　）和角蛋白的双重特性，可达到染发、卷发的目的。

A. 氨基酸　　B. 二硫键　　C. 盐键　　D. 氢键

二、判断题

1. 皮肤对外界环境的变化具有感知作用，是人体最大的器官。（　　）

2. 皮肤及其附属器官具有保护、调节体温、感觉、分泌与排泄、吸收等生理功能。（　　）

3. 头发的主要成分是角蛋白，因此既有硬度又富有弹性，既牢固又能做成各种形状。（　　）

三、简答题

1. 皮肤的颜色与哪些因素有关？
2. 简述皮肤的结构和生理功能。
3. 简述毛发的结构和生理功能。
4. 如何对问题皮肤进行护理？
5. 如何对问题头发进行护理？

课题三　化妆品原料基础知识

化妆品是由多种原料按照配方比例经过制备加工而成的混合物。化妆品原料是化妆品形成的基础，对产品的安全性及品质具有重要影响。化妆品原料的基本要求：安全，不对皮肤产生刺激性与毒性；不会导致皮肤产生异常的生理变化；稳定，在保质期内不变色、不变味；气味小、颜色浅，易与其他原料配伍；符合我国相关法律法规的要求；在正常和可预见的条件下使用时是安全的。

学习目标

【知识目标】了解化妆品原料的常见理化指标及定义；掌握化妆品原料的分类、性质和作用；了解已使用化妆品原料目录；掌握化妆品禁用、限用原料的范围；了解化妆品原料的储存条件。

【技能目标】懂得化妆品原料的理化指标和辨识；掌握化妆品原料相关知识和常见化妆品原料的辨识；能正确核对化妆品原料的中文名称；能正确写出化妆品原料 INCI 名称/英文名称；会查找化妆品原料的淋洗类产品最高历史使用量（%）；会查找化妆品原料的驻留类产品最高历史使用量（%）；会查找判定化妆品原料是否为禁用、限用物质；会检查把关化妆品原料的储存条件进行原料的储存、取样、检验及放行等管理。

【素养目标】培养信息检索能力，提升专业判断力；提高分析辨别能力，培养认真、细致的职业素养；传承中华文化，培养文化自信，增强法治意识；培养分析归类的职业技能，增强统筹协调能力。

任务引入

×××化妆品有限公司技术开发部对新员工进行化妆品原料基础知识培训及相关技能实训。

任务分析

因化妆品是由多种原料通过一定操作制成的日用品，在化妆品注册、备案、制作和使用时，必须了解化妆品原料的常见理化指标及定义，掌握化妆品原料的分类、性质和作用，了解化妆品原料的中文名称，了解化妆品原料 INCI 名称/英文名称，了解化妆品原料的用量范围，了解化妆品原料的储存条件并能够进行分类分库存放，这样才能顺利完成化妆品的配方技能实训任务。

相关知识

一、化妆品原料常用理化指标及定义

（一）熔点和凝固点

熔点是油脂和蜡类物质的一个重要理化指标。由于油脂是混合物，其熔点和凝固点是一个范围，因此了解其熔点和凝固点，选择合适熔点和凝固点的化妆品原料，使产品的某些容易随着季节性变化的质量属性控制在最小幅度内。同时，这对产品的生产工艺条件和质量管理也是非常重要的。

合成油与天然油的凝固点表现不一样，天然油的凝固点范围较宽，合成油脂的纯度较高，凝固点范围较窄。

脂肪酸的熔点是随烷基碳链长度（即碳原子数）增加而增加的，并随其不饱和程度的增加而减少；在饱和脂肪酸分子链中引入双键或甲基支链，其熔点会下降，顺式结构脂肪酸熔点比反式结构脂肪酸低；双键位置的影响是双键离羧基远，熔点就低，但顺式和反式结构有时会起决定作用；异构化越少熔点越高，反之凝固点越低；侧链的位置也会影响熔点，一般说来，侧链越接近烷基链的中心部，其熔点就越低。

熔点不仅影响产品稠度，还影响使用时的铺展性和皮肤对其感觉。

（二）黏度

黏度是分子间内摩擦的一个量度。黏度系数用 η 表示，定义为在单位距离的两个平行层之间维持单位速度差时，每单位面积上所需要的力。油脂之所以具有较高的黏度，主要由于其长链分子间的吸引力所致。通常，油脂的黏度随着其不饱和度的增加而略有减小，随氢化程度的增加会稍有增大。在饱和度相同的条件下，油脂成分中的脂肪酸分子量较低则其黏度相应较低。

油脂的黏度直接影响化妆品的铺展性和黏性，这些特性与化妆品的感观质量及商品价值密切相关。从理论上来说，铺展性就是一定量物质所能展开的面积，对化妆品来说则意味着在皮肤表面上铺展时所受到的阻力。

（三）pH 值

pH 值表示所含氢离子浓度的常用对数的负值，也称氢离子浓度指数、酸碱值，是溶液中氢离子活度的一种标度，也就是通常意义上溶液酸碱程度的衡量标准。

通常情况下（25 ℃左右），当 pH 值小于 7 的时候，溶液呈酸性；当 pH 值大于 7 的时候，溶液呈碱性；当 pH 值等于 7 的时候，溶液为中性。

（四）相对密度

物质在 20 ℃时的密度与水在 4 ℃时的密度的比值称为该物质的相对密度。大多数油脂的相对密度小于 1，一般为 0.9～0.95。

（五）折光率

折光率又叫折光指数，是物质的重要物理常数，可用来鉴别油脂的类型、纯度等。不同油脂因所含脂肪酸不同，其折光率也不同，测定折光率可迅速了解油脂的成分情况，广泛用于鉴别化妆品原料中各类油脂的类型和含量。

（六）碘值

油脂的碘值是指 100 g 油脂中所能吸收（加成）碘的克数。可以根据碘值的大小对油脂进行分类：碘值小于 100 的油脂称为不干性油脂，如椰子油（碘值为 7～10）、棕榈油（碘值为 44～54）等；碘值为 100～130 的油脂称为半干性油脂，如杏仁油（碘值为 93～105）等；碘值大于或等于 130 的油脂称为干性油脂，如油酸（碘值为 125～135）等。化妆品中使用的油脂几乎均是不干性油脂和部分半干性油脂，大部分半干性油脂和干性油脂由于稳定性较差，需经精制除去不饱和组分后才能使用。

干性油脂和半干性油脂容易发生氧化而变质，最终产生酸败。油脂酸败后，酸值升高，折光率增大，黏度、色泽、气味都会发生变化，并产生刺激性、有毒的低分子物质。防止油脂酸败的主要措施是防止油脂氧化或水解，一般要使其避光、避热，降低水分，减小金属离子含量，除去叶绿素等光敏物质，除去亲水杂质和可能存在的游离脂肪酸及有关微生物，加入抗氧化剂和增效剂等，以提高油脂的稳定性。

（七）酸值

油脂的酸值是指中和 1 g 油脂中的游离脂肪酸所需要使用的氢氧化钾的毫克数。对于各种不同来源的油脂，都含有少量的游离脂肪酸，有着各自的酸值。一般来说，酸值低的油

脂，则其质量比较高，表示这种油脂所含杂质比较少，对于以氢氧化钾计的酸值大于6 mg/g的油脂，一般是不能用作食用油的，因此可以说酸值是衡量油脂质量的重要指标之一。

酸败是指油脂中的脂酰基或游离的脂肪酸分子受空气中氧的作用，逐渐发生了变化，产生一种难闻臭味的现象。引起油脂酸败的原因可能是：油脂中不饱和脂肪酸的双键被空气中的氧所氧化，从而产生了小分子的醛和酮，这些物质具有臭味；在热、湿、通风不良的条件下，微生物大量生长繁殖，使油脂发生水解，水解产物再被微生物进一步分解，产生酮类和低分子的酸类，这些物质具有臭味。另外，光、热、湿气，以及铜、铁等金属盐能够促进油脂的酸败。

防止油脂酸败的办法：将油脂盛在密闭的容器中，并储藏在低温低湿条件下。另外，也可向油脂中加入抗氧化剂，利用抗氧化剂夺走油脂中游离的氧分子，以防止油脂的氧化。

（八）皂化值与不皂化物

皂化是指油脂的碱性水解，是不可逆反应。皂化反应时，碱作为催化剂，脂肪酸与碱反应生成金属盐。油脂可以完全水解并转化成脂肪酸盐和甘油。

皂化值是指皂化1 g油脂所需要的氢氧化钾的毫克数。油脂中脂肪酸相对分子质量大的，其皂化值小；油脂中脂肪酸相对分子质量小的，其皂化值大。根据皂化值可以计算出油脂的平均相对分子质量，一般油脂以氢氧化钾计的皂化值为180～200 mg/g。

不皂化物是指溶解于油脂中的不能被碱皂化的物质，如蜡中的脂肪醇部分、甾醇、酚类、烷烃、树脂类等物质。普通油脂中不皂化物含量在1%（质量分数）左右，鱼油的不皂化物一般较高，糠油中不皂化物含量高达11%（质量分数）。

（九）总固形物含量

总固形物含量是指产品或原料中所有的固体物质的含量，包括不溶于水的或悬浮于溶液中的固体物质与溶于水的固体物质含量之和。

（十）油性

油性是油脂最重要的特性之一，即形成润滑薄膜的能力，与油脂表面张力和油脂对某种界面（如皮肤）的界面张力有关。

（十一）水分

水分是影响化妆品原料质量的主要成分。在生产、使用以及用容器密封储存等过程中，均会影响化妆品原料的水分。例如：卡波在使用后包装密封不严，会因吸湿引起水分增加而结块；氯化锌易因水分增加而液化；水溶胶类原料因水分太高会结块，进而为微生物繁殖创造条件。

二、化妆品原料的分类

化妆品原料的分类方法很多，常见的是按其来源、化学结构、功能、结构与物理性质、功效进行分类。

（一）按来源分类

化妆品原料按来源可分为天然原料和化学合成原料两大类，见表1－16。

表1－16　化妆品原料按来源分类

大类	类别	举例
天然原料	动物来源原料	蜂蜡、羊毛脂、角鲨烷、蛇脂
	植物来源原料	椰子油、杏仁油、巴西棕榈蜡、淀粉、卡拉胶
	矿物来源原料	矿脂、地蜡、微晶蜡
化学合成原料	全合成原料	肉豆蔻酸异丙酯、硅油类、卡波姆、聚乙二醇
	半合成原料	脂肪酸、脂肪醇、羟乙基纤维素

（二）按化学结构分类

化妆品原料按化学结构分类详见表1－17。

表1－17　化妆品原料按化学结构分类

序号	类别	序号	类别
1	醇类	22	羧酸类
2	醛类	23	着色剂
3	烷酰胺类	24	精油类
4	烷醇胺类	25	酯类
5	烷氧基化醇类	26	醚类
6	烷氧基化酰胺类	27	油脂类
7	烷氧基化胺类	28	脂肪酸类
8	芳香族磺酸盐类	29	脂肪醇类
9	烷基醚硫酸酯类	30	甘油酯及其衍生物类
10	烷基取代的氨基酸和亚氨基酸类	31	亲水性胶及其衍生物
11	烷基硫酸盐类	32	卤素化合物
12	烷基酰胺类	33	杂环化合物
13	酰胺类	34	烃类化合物
14	氧化胺类	35	咪唑啉化合物类
15	胺类	36	无机酸类
16	氨基酸类	37	无机碱类
17	二苯酮类	38	无机盐类
18	甜菜碱类	39	无机物类
19	生物聚合物及其衍生物	40	羟乙磺酸酯类
20	生物制品类	41	酮类
21	糖类	42	羊毛脂及其衍生物

续表

序号	类别	序号	类别
42	有机盐类	53	硅氧烷和硅烷类
44	对氨基苯甲酸衍生物	54	皂类
45	酚类	55	失水山梨糖醇的衍生物
46	含磷化合物类	56	固醇类
47	聚醚类	57	磺酸类
48	聚醇类	58	磺基琥珀酸酯和磺基琥珀酸酰胺盐/酯类
49	蛋白质衍生物	59	硫酸酯类
50	蛋白质类	60	硫基化合物类
51	季铵盐化合物类	61	不能皂化物类
52	肌氨酸酯和肌氨酸的衍生物	62	蜡类

（三）按功能分类

化妆品原料按功能分类详见表1－18。

表1－18　　化妆品原料按功能分类

序号	类别	序号	类别	序号	类别
1	磨砂剂	18	着色剂	35	香精原料
2	吸收剂	19	络合剂	36	发用着色剂
3	胶黏剂	20	胼胝/肉赘去除剂	37	发用调理剂
4	抗痤疮剂	21	腐蚀抑制剂	38	发用定型剂
5	抗结块剂	22	化妆品用收敛剂	39	卷发/直发剂
6	抗龋齿剂	23	化妆品用生物杀灭剂	40	保湿剂
7	去头屑剂	24	变性剂	41	溶解剂
8	消泡剂	25	除臭剂	42	指甲改善剂
9	抗真菌剂	26	脱毛剂	43	乳浊剂
10	抗微生物剂	27	药物收敛剂（口腔保健药物）	44	口腔保健剂
11	抗氧化剂	28	药物分散剂（口腔保健药物）	45	口腔卫生保健药物
12	抑汗剂	29	乳液稳定剂	46	氧化剂
13	抗静电剂	30	去毛剂	47	杀虫剂
14	人工指甲成型剂	31	去皮剂	48	酸度调节剂
15	黏合剂	32	外用止疼剂	49	成塑剂
16	缓冲剂	33	成膜剂	50	防腐剂
17	填充剂	34	芳香剂	51	推进剂

续表

序号	类别	序号	类别	序号	类别
52	还原剂	61	溶剂	70	悬浮剂（表面活性剂）
53	皮肤漂白剂	62	防晒剂	71	悬浮剂（非表面活性剂）
54	皮肤调理剂	63	表面性质改性剂	72	紫外线吸收剂
55	润滑剂（皮肤调理剂）	64	表面活性剂	73	黏度控制剂
56	湿润剂（皮肤调理剂）	65	洗涤剂（表面活性剂）	74	黏度降低剂
57	封闭剂（皮肤调理剂）	66	乳化剂（表面活性剂）	75	水溶液（黏度增加剂）
58	其他功能（皮肤调理剂）	67	稳泡剂（表面活性剂）	76	非水溶液（黏度增加剂）
59	皮肤保护剂	68	水溶助剂（表面活性剂）	—	—
60	助滑剂	69	增溶剂（表面活性剂）	—	—

（四）按结构与物理性质分类

化妆品原料按结构与物理性质分类详见表1－19。

表1－19　化妆品原料按结构与物理性质分类

序号	类别	举例
1	表面活性剂	聚乙二醇类、司盘类、吐温类、甘油脂肪酸酯类、蔗糖硬脂酸酯、磷脂
2	高分子化合物	卡波姆、聚丙烯酸钠、聚乙二醇
3	油脂	椰子油、杏仁油、矿油
4	多元醇	丙二醇、甘油、双丙甘醇
5	蛋白质	胶原、水解牛奶蛋白、蚕丝胶蛋白
6	肽	燕麦肽、大豆肽、六肽-9
7	氨基酸	L-精氨酸、肌氨酸、丝氨酸

（五）按功效分类

化妆品原料按功效可分为基质原料和功能性原料，见表1－20。

表1－20　化妆品原料按功效分类

类别	作用	举例
基质原料	填充、赋形、分散、稳定、溶解、调节防腐、着色、赋香等	pH值调节剂、螯合剂、缓冲剂、抗氧化剂、增溶剂、溶剂、推进剂、增稠剂、悬浮剂、助乳化剂、乳化剂、乳化稳定剂、分散剂、润湿剂、防腐剂、着色剂、降黏剂、珠光剂
功能性原料	达到化妆品功效宣称对应效果，包括护肤、美容修饰、清洁、护发、特殊功效类	护肤类如保湿剂、美白剂、抗氧化剂、促渗透剂、皮肤调理剂、润肤剂、收敛剂
		美容修饰类如成膜剂、黏合剂、抗结块剂、增色剂、色淀剂、填充剂、吸附剂、增塑剂、指甲护理剂、睫毛调理剂
		清洁类如发泡剂、增泡剂、稳泡剂、清洁剂

续表

类别	作用	举例
功能性原料	达到化妆品功效宣称对应效果，包括护肤、美容修饰、清洁、护发、特殊功效类	护发类如发用定型剂、发用调理剂、抗静电剂、柔顺剂、去头屑剂
		特殊功效类如化学脱毛剂、物理脱毛剂、卷发/直发剂、发用着色剂、还原剂、氧化剂、匀染剂、稳定剂、除臭剂、抑汗剂、抗粉刺剂、祛斑剂

三、常见化妆品原料

（一）常见油脂原料

在化妆品原料中，狭义上的油脂是指高级脂肪酸与丙三醇生成的酯，即甘油三酯；广义上的油脂是指不溶于水的油性原料，并在护肤产品中主要用作润肤剂。本教材所指的油脂是广义上的油脂，包括脂肪酸酯、聚二甲基硅氧烷、脂肪酸、脂肪醇、烷烃等各种化学结构的物质。常见油脂分类见表 1－21。

表 1－21　常见油脂分类

大类	类别	特点	常用原料
天然油脂	植物油脂	主要成分是脂肪酸、甘油三酯类；与人皮脂接近，与皮肤的相容性好，营养价值高，能抑制水分蒸发，大多数是混合物；带有一定色泽，有特殊气味；熔点和凝固点范围宽；容易被氧化，使化妆品变味变色，使刺激性增大	椰子油、棕榈油、蓖麻油、油橄榄果油、杏仁油、葡萄籽油、霍霍巴籽油、芒果籽脂、牛油果树果脂、巴西棕榈蜡、小烛树蜡
	动物油脂		蜂蜡、貂油、鸸鹋油、羊毛脂、紫虫胶蜡、角鲨烷、角鲨烯
合成油脂	合成脂肪酸酯	一般无色，有一定的气味，化学稳定性高，结构多样；肤感从清爽到厚重	棕榈酸异丙酯、肉豆蔻酸异丙酯、异壬酸异壬酯、碳酸二辛酯、二异硬脂醇苹果酸酯、辛酸/癸酸甘油三酯、甘油三（乙基己）酯
	聚硅氧烷	高度柔顺态，润滑性好，化学稳定性高，不刺激，无生物降解	聚二甲基硅氧烷（不同黏度）、环状甲基硅油、聚二甲基硅氧烷醇、烷基硅油、苯基聚三甲基硅氧烷、氨端聚二甲基硅氧烷、三甲基硅氧基硅酸酯
	合成烷烃	都是带支链的烷烃，澄清透明，化学稳定性高，无黏腻感	氢化聚异丁烯、氢化聚癸烯、异辛烷、异十二烷、异十六烷、异二十烷
半合成油脂	脂肪酸	油脂皂化、水解、酸化制得，主要为 C_{12} ~ C_{22} 的脂肪酸；主要用作洗涤剂原料，清洁剂乳化剂、增稠剂、稳定剂	月桂酸、肉豆蔻酸、棕榈酸、异硬脂酸、硬脂酸
	脂肪醇	主要为 C_{16} ~ C_{22} 的高级脂肪醇；主要用作助乳化剂、增稠剂、稳定剂	鲸蜡醇、鲸蜡硬脂醇、油醇、山嵛醇
矿物油脂	矿物油脂	主要为正构烷烃；非极性，沸点高，对热和光稳定，不易腐败酸败；价格低廉	矿油、矿脂、石蜡、微晶蜡、地蜡

（二）常见乳化剂原料

乳化剂是具有乳化作用的表面活性剂，它能使一种或多种液体均匀分散于另一种互不相溶的液体中。按乳化剂在水溶液中是否电离出离子，可将其分为非离子型乳化剂和离子型乳化剂；按乳化剂的亲水亲油平衡值（HLB 值），可将其分为水包油乳化剂和油包水乳化剂，一般 HLB 值为 3 ~6 为油包水（W/O）乳化剂，HLB 值为 8 ~18 为水包油（O/W）乳化剂。常见乳化剂分类见表 1 –22。

表 1 –22　常见乳化剂分类

大类	类别	特点	常用原料
离子型乳化剂	阴离子型乳化剂	在水溶液中电离成带有烷基或芳基的阴离子亲水基团、已羧酸盐、磺酸盐、硫酸盐、磷酸盐等为主；价格便宜，种类多，但与阳离子表面活性剂不能共复配，抗硬水能力差	鲸蜡醇磷酸酯钾、月桂醇硫酸酯钠、鲸蜡硬脂醇硫酸酯钠、硬脂酸钠、硬脂酸钾
	阳离子型乳化剂	除了有乳化作用外，还具有抑菌、抗静电、调理头发的作用，广泛用于护发素和焗油膏等护发产品中	西曲氯铵、硬脂基三甲基氯化铵、棕榈酰胺丙基三甲基氯化铵
	两性离子型乳化剂	两性离子表面活性剂，也有一定的乳化能力但实际应用较少；主要是带有一定功效的磷脂类，在原料体系中起一定的助乳化作用	磷脂、大豆卵磷脂、氢化卵磷脂
非离子型乳化剂	聚乙二醇类	乳化能力强，耐硬水，易降解；价格低	硬脂醇聚醚-2、硬脂醇聚醚-21、鲸蜡硬脂醇聚醚-6、鲸蜡硬脂醇聚醚-25、鲸蜡硬脂醇聚醚-20、油醇醚-10、PEG-40 硬脂酸酯、PEG-100 硬脂酸酯、PEG-30 二聚羟基硬脂酸酯
	硅油类	以聚二甲基硅氧烷为亲油基团、聚醚为亲水基团；一般为液体或凝胶状，具有良好的表面活性，为高效的 W/O 乳化剂	鲸蜡基 PEG/PPG-10/1 聚二甲基硅氧烷、双 PEG/PPG-14/14 聚二甲基硅氧烷
	甘油脂肪酸酯	由甘油与脂肪酸酯化而成，乳化性能温和；广泛用于食品、化妆品和药品	甘油硬脂酸酯、甘油油酸酯、甘油异硬脂酸酯
	聚甘油脂肪酸酯	从淡黄色液体到蜡状固体，可得到从亲水性至亲油性的不同甘油聚合度，HLB 值为 2 ~15；可用作 O/W 型和 W/O 型乳化剂、增溶剂、保湿剂、分散剂等，也可应用于食品行业	聚甘油-10 硬脂酸酯、聚甘油-3 二异硬脂酸酯、聚甘油-2 二聚羟基硬脂酸酯
	山梨醇类	包括失水山梨醇脂肪酸酯（司盘类）和聚氧乙烯失水山梨醇硬脂酸酯（吐温类）；优点是耐电解质、安全、温和，用于食品、化妆品；缺点是有特殊的气味、容易氧化变色、不够清爽	山梨坦月桂酸酯、山梨坦棕榈酸酯、山梨坦硬脂酸酯、山梨坦油酸酯、山梨坦倍半油酸酯、山梨坦异硬酯、聚山梨醇酯-20、聚山梨醇酯-40、聚山梨醇酯-60、聚山梨醇酯-80、聚山梨醇酯-85
	糖类衍生物	葡萄糖苷类和蔗糖酯类	—

（三）常见增稠剂原料

增稠剂是一种流变助剂，它可以提高液体的黏度，使液体保持均匀悬浮状态、乳状液状态或凝胶状态。化妆品加入增稠剂有增加体系的黏稠度、悬浮性、稳定性的作用，可改变产品外观及其体系的流变特性。

1. 增稠剂的作用机理

增稠剂的作用机理比较复杂，对于水溶性增稠剂的作用机理有链缠绕增稠、共价交联增稠、缔结增稠三种。

2. 常见增稠剂的分类

增稠剂的种类很多，按其水溶解性，可分可分为水溶性增稠剂、水分散增稠剂（微粉增稠剂）；按其来源，可分为天然增稠剂、半合成增稠剂、合成增稠剂。常见增稠剂的分类见表 1－23。

表 1－23　　常见增稠剂的分类

大类	类别	举例
水溶性增稠剂	有机天然增稠剂	黄原胶、瓜尔胶、小核菌胶、果胶、海藻酸钠、结冷胶
	有机半合成增稠剂	甲基纤维素、羟乙基纤维素、羟丙基甲基纤维素
	有机合成增稠剂	卡波姆、聚丙烯酸钠、聚丙烯酸（酯）共聚物、丙烯酰二甲基牛磺酸铵/VP 共聚物、聚丙烯酸酯交联聚合物-6、聚乙二醇、聚乙烯醇
散粉增稠剂	无机微粉增稠剂	硅酸铝镁、二氧化硅（硅石）
	改性无机微粉增稠剂	气相改性二氧化硅、二硬脂二甲铵锂蒙脱石
	有机微粉增稠剂	微晶纤维

（四）常见保湿剂原料

保湿剂是一类在产品中实现相对湿度宽广范围变化，能较长时间内增加或保持皮肤水分的化合物。保湿剂可以通过控制产品与周围空气之间水分的交换，使皮肤维持在高于正常水含量的平衡状态，起到缓减皮肤干燥的作用。

皮肤中的水、天然保湿因子（NMF）、脂质能使皮肤表皮角质层保持一定的含水量。正常皮肤表皮角质层含水量为 10%～30%（质量分数），低于 10% 时皮肤的张力、光泽会消失，角质层容易剥离，皮肤变得干枯暗淡，皱纹增加。

1. 保湿剂的作用

保湿剂能防止皮肤表皮角质层水分的流失，保持化妆品本身的水分有助于保持整个产品体系的稳定。

2. 保湿剂的分类

保湿剂按来源可分为天然保湿剂和合成保湿剂，按化学结构可分为多元醇、氨基酸、多糖、有机盐等。常用天然保湿剂有赤藓糖、山梨醇、甘露醇糖、透明质酸钠、PCA 钠、泛醇、乳酸、乳酸钠、聚谷氨酸钠、甜菜碱、芦荟提取物等，常用合成保湿剂有甘油、丙二醇、双甘油、1,3-丙二醇，双丙甘醇、丁二醇、聚甘油-10、甘油聚醚-26、聚乙二醇、芦芭胶、芦芭油等。

(五) 常见着色剂原料

着色剂对化妆品来说起着十分重要的作用，是使用者在视觉选择的主要内容。

1. 着色剂的分类

着色剂按溶解度可分为如下3类：

(1) 染料。染料是指能溶于所使用的介质的着色剂。它能溶解在指定的溶剂中，根据溶解性能可分为油溶性染料和水溶性染料。

(2) 颜料。颜料是指不溶于所使用的介质的着色剂。颜料不溶于指定的溶剂中，且有良好的遮盖力，能使其他的物质着色，根据性质可分为无机颜料和有机颜料两大类，每一大类可再分为天然颜料和合成颜料。一般有机颜料较无机颜料颜色深，无机颜料较有机颜料性质稳定。

(3) 色淀。色淀是指由水溶性的染料吸附在不溶性载体上而制得的一种不溶于水的颜料。色淀不溶于普通的溶剂，有高度的分散性。

《化妆品安全技术规范》(2015年版) 中规定了157种准用着色剂，也规定了准用着色剂的最高用量。

2. 着色剂的重要性质

(1) 外观。除色浆外，一般粉末状的着色剂均为易于流动的干燥细粉，不会结团和发黏。

(2) 颗粒大小、形状和粒度。粉体的颗粒大小也称粒度，包含颗粒大小和粒度分布双重含义，是粉体的基本性质。粉体颗粒的大小变化会引起一系列着色剂光学性能（光吸收、光散射）的变化，从而带来着色剂颜色的明度、色相和饱和度的变化。从着色力和遮盖力的比较研究表明，某一种着色剂对某一特定波长的光波的散射有其最佳的粒度范围。粒度也影响着色剂的表面性质和悬浮分散特性，粒度越小，比表面积越大，吸附性能越强。悬浮体颗粒的沉淀速度与颗粒的半径平方成正比。

(3) 遮盖力。着色剂加在透明的基料中使之不透明，完全盖住基片的黑白格所需的最少着色剂用量称为遮盖力。遮盖力是着色剂对光线产生散射和吸收光线的结果，其中主要是靠散射，特别是白色着色剂。对于彩色着色剂对光吸收也起到一定的作用，高吸收的黑色着色剂也具有很强的遮盖力。遮盖力的光学本质是着色剂和存在其周围介质的折光率之差所造成的，当着色剂的折光率与基质的折光率相同时是透明的，两者之差越大，表现出的遮盖力就越强。着色剂的遮盖力随其颗粒的粒径大小变化和入射光的波长变化而变化，在一定的入射光的波长条件下，存在着色剂最大遮盖力和最佳的粒度。此时着色剂对入射光的散射能力最强，遮盖力最佳。

(4) 着色力。着色力是指某一种着色剂与另一种基准着色剂混合后染色的能力。对于白色着色剂的着色力，是其对光线吸收和散射的结果，且主要取决于对光线吸收，吸收能力越强，其着色力越高。着色剂对光线吸收的能力主要取决于其化学成分，但其颗粒的大小、形状、粒度分布、晶型结构等也有一定影响。着色力直接决定着色剂的用量与成本。

（5）稳定性。着色剂的稳定性包括与基质配伍稳定性（耐油性和 pH 值变化稳定性等）、耐光性（储存过程光照影响）、耐热性、对皮肤分泌物（汗、脂肪类）的稳定性和对包装容器的稳定性等。

3. 常用着色剂

（1）常用有机合成着色剂有偶氮染料、蒽醌染料、靛类染料、三苯甲烷染料、杂环染料、菁系染料、硫化染料、酞菁染料、溴酸染料等。

（2）常用无机着色剂有氧化铁红、氧化铁黄、氧化铁黑、氧化铬绿、氯氧化铋、二氧化钛、亚铁氰化铁、群青、锰紫、炭黑等。

（六）常见防腐剂原料

防腐剂是用于抑制或防止微生物在含水化妆品中生长和活动，并以此防止化妆品腐败的物质。

1. 防腐剂的作用机理

足够浓度的防腐剂与微生物的细胞接触后，能够破坏细胞壁和细胞膜的保护结构，干扰细胞的新陈代谢，从而起到防腐的作用。

防腐剂对皮肤具有一定的毒性或刺激性，是导致化妆品过敏或接触性皮炎的主要原因之一。《化妆品安全技术规范》（2015 年版）中对防腐剂的准用范围、用量有具体规定，《化妆品监督管理条例》规定，新防腐剂原料经国务院药品监督管理部门注册后方可使用。新防腐剂原料通过 3 年的安全监测期后，经过安全评价合格才能进入已使用化妆品原料目录。

2. 常用防腐剂

常用的防腐剂有卡松类、尼泊金类、双（羟甲基）咪唑烷基脲、羟甲基甘氨酸钠、DM-DM 乙内酰脲、山梨酸钾、苯甲酸、苯甲酸钠等。防腐剂的选用要注意使用范围和限制条件，如防腐剂卡松类的活性含量（质量分数）不得大于 0.015%，以卡松类原料活性物 1.5% 计，折算后在配方中用量不得超过 0.1%。卡松类一般只用于淋洗类产品，驻留类产品则不得使用；卡松类不能和甲基异噻唑啉酮同时使用。

另外也有一类原料未列入《化妆品安全技术规范》（2015 年版）的限用要求，但对微生物有一定的抑制作用。这类原料的刺激性和毒性较小，使用者很喜欢，在高端化妆品的应用越来越广泛，主要有乙醇、异丙醇、1,2-戊二醇、1,2-己二醇、辛甘醇、1,2-癸二醇、辛酰羟肟酸、甘油辛酸酯、山梨坦辛酸酯、苯乙醇、对羟基苯乙酮等。这一类原料在产品的注册、备案时，其作用或目的不能写成防腐。

（七）常见助剂原料

化妆品常见助剂原料可分类为溶剂、推进剂、珠光剂、增溶剂等，详见表 1－24。

表 1－24　常见助剂分类

类别	原料	说明
溶剂	水	一般用纯化水、去离子水或蒸馏水，是化妆品中使用最多的溶剂原料

续表

类别	原料	说明
溶剂	乙醇	是香水、古龙水、花露水的主要溶剂原料，也可作为提取物的溶剂，在化妆品中主要作为溶剂、增溶剂、消泡剂、清凉剂、分散剂使用。为了防止误服，化妆品生产时常在乙醇中添加一定量的变性剂，即使用变性乙醇
	丙酮	主要用于指甲油的溶剂
	乙酸乙酯	主要用于指甲油成膜剂的溶剂、香料的成分
	乙酸丁酯	主要用于指甲油成膜剂的溶剂、香料的成分
	甲苯	主要用于指甲油成膜剂的溶剂
推进剂	三氯一氟甲烷、二氯二氟甲烷、二氯四氟甲烷、二甲醚、丙烷、丁烷	压缩液化气体
	二氧化碳、氮气、空气	单纯压缩气体
珠光剂	乙二醇硬脂酸酯	产生的珠光细腻、立体感强
	乙二醇二硬脂酸酯	产生的珠光强烈、均匀
	珠光浆	表面活性剂与珠光片按一定的配方制造成的膏状混合物，冷配配方中可直接添加。特点是产生的珠光靓丽、效果闪亮
增溶剂	PEG-40 氢化蓖麻油、PEG-60 氢化蓖麻油	最常用的增溶剂
	壬基酚聚醚-10、壬基酚聚醚-15	增溶效果好，用量少
螯合剂	EDTA 二钠	用于香皂、洗涤剂和化妆品的金属离子螯合剂
	羟乙二磷酸	用于发用产品不能超过 1.5%，用于香皂不能超过 0.2%，不能用于护肤化妆品
	羟基喹啉硫酸盐（8-羟基喹啉硫酸盐）	金属离子螯合剂，也可用于过氧化氢稳定剂
pH 值调节剂	无机酸	主要有盐酸、硫酸、磷酸、磷酸二氢钠、磷酸二氢二钠等
	有机酸	主要有乳酸、柠檬酸、乙酸、琥珀酸、草酸、苹果酸等
	无机碱	主要有氢氧化钠、氢氧化钾、氧化钙、磷酸氢二钠、磷酸三钠等
	有机碱	主要有三乙醇胺、氨水、精氨酸、异丙醇胺、氨基丙二醇等
抗氧化剂	维生素 E（生育酚）	一般用维生素 E（生育酚）乙酸酯
	丁羟茴醚（BHA）	能对酸类、氢醌、甲硫氨基酸、卵磷脂及硫化二丙酸等起抗氧化作用
	丁羟甲苯（BHT）	有助于延缓皮肤衰老
	叔丁基氢醌	遇铁不变色，也不会改变产品的味道或气味
	无机盐	主要有亚硫酸钠、亚硫酸氢钠、焦亚硫酸钠等
无机盐	氯化钠	含铵盐表面活性剂体系增稠剂、油包水体系稳定剂
	硫酸镁	油包水体系稳定剂

续表

类别	原料	说明
无机盐	氯化钾	皂基体系增稠剂、胶凝剂、稳定剂
	氯化镁	稳定剂
	氯化钙	稳定剂
	氯化铵	含铵盐表面活性剂体系增稠剂
	硫酸钠	粉状洗涤剂填充剂

（八）常见清洁剂原料

清洁剂是指具有清洁作用的表面活性剂，通过润湿皮肤表面，乳化或溶解体表的油污/油垢，以达到清洁作用。清洁剂主要用于洗面奶、洗发液、沐浴露等产品。

1. 常见清洁剂分类

常见清洁剂可分类为阴离子清洁剂、两性清洁剂、非离子清洁剂，见表1－25。

表1－25　常见清洁剂分类

大类	类别	举例
阴离子清洁剂	硫酸酯盐	月桂醇硫酸酯钠（K12）、月桂醇硫酸酯铵（K12A）、月桂醇硫酸酯TEA盐、月桂醇聚醚硫酸酯钠（AES）、月桂醇聚醚硫酸酯铵（AESA）、月桂醇聚醚硫酸酯TEA盐
	磺酸盐	十二烷基苯磺酸钠（LAS）、2-磺基月桂酸甲酯钠（MES）
	氨基酸表面活性剂	月桂谷氨酸钠、月桂肌氨酸钠、椰油酰甘氨酸钾、椰油酰甘氨酸钠、甲基椰油酰基牛磺酸钠、椰油酰氨基丙酸钠
	羧酸盐	月桂酸钾、硬脂酸钾、月桂醇聚醚-4羧酸钠
	磷酸酯盐	月桂醇磷酸酯钾、月桂醇聚醚-3磷酸酯
	磺基琥珀酸酯	月桂醇磺基琥珀酸酯二钠、月桂醇聚醚磺基琥珀酸酯二钠
两性清洁剂	甜菜碱类	椰油基甜菜碱、椰油基羟基磺基甜菜碱、椰油酰胺丙基甜菜碱
	咪唑啉类	椰油酰两性基乙酸钠、月桂酰两性基乙酸钠、椰油酰两性基二乙酸二钠、月桂酰两性二基乙酸二钠
非离子清洁剂	烷基糖苷	月桂基葡糖苷、椰油基葡糖苷、辛基/癸基葡糖苷
	烷基乙醇酰胺	椰油酰胺DEA（6501）、椰油酰胺MEA（CMEA）
	氧化胺类	月桂基胺氧化物、月桂酰胺丙基胺氧化物（LAO-30）

2. 清洁剂的性能影响因素

（1）溶解度在允许的范围内，清洁剂的疏水链增长则其清洁力增强。

（2）疏水链的数目相同，直链比支链的清洁剂具有更强的清洁力。

（3）清洁剂的亲水基团在端基上的比在链内的清洁效果更好。

（4）非离子清洁剂的温度稍低于浊点时，清洁效果最佳。

（5）聚氧乙烯型非离子清洁剂的聚氧乙烯链越长，溶解度越大，则其清洁能力越弱。

（九）常见肤用功效原料

肤用功效原料是对皮肤功效宣称起作用的化妆品原料，包括清洁、卸妆、保湿、滋养、修护、芳香、除臭、抗皱、紧致、舒缓、控油、去角质、爽身、美容修饰、抗衰老，美白、防晒、祛斑、祛痘等作用的原料。

这里主要介绍常见美白祛斑原料、抗衰老原料和抗粉刺原料。

1. 常见美白祛斑原料

常见美白祛斑原料分类见表 1－26。

表 1－26　常见美白祛斑原料分类

类别	举例
苯二酚及其衍生物	熊果苷、α-熊果苷、4-丁基间苯二酚、苯乙基间苯二酚（俗称 377）、鞣花酸
维生素 C 及其衍生物	抗坏血酸（维生素 C）、抗坏血酸磷酸酯钠、抗坏血酸磷酸酯镁、抗坏血酸棕榈酸酯、抗坏血酸四异棕榈酸酯、抗坏血酸葡糖苷、抗坏血酸磷酸酯镁
曲酸及其衍生物	曲酸、曲酸二棕榈酸酯
果酸	乳酸、苹果酸、酒石酸、柠檬酸、甲氧基水杨酸钾、扁桃酸
植物提取物	光甘草定、油溶性甘草提取物、构树叶提取物、母菊花提取物、根皮素
其他化合物	烟酰胺、红没药醇、阿魏酸乙基己酯

2. 常见抗衰老原料

抗衰老是化妆品的重要功效之一，目前化妆品抗衰老原料按作用机理可分为三大类：抗氧化类，促进细胞新陈代谢、改善机体的代谢功能类，多肽类。常见抗衰老原料分类见表 1－27。

表 1－27　常见抗衰老原料分类

类别	作用机理	举例
抗氧化类	具有清除自由基的功能，从而达到抗衰老效果	维生素 C、维生素 E、泛醌（辅酶 Q10）、原花青素、生育酚磷酸酯类钠
促进细胞新陈代谢，改善机体的代谢功能类	促进细胞新陈代谢，改善机体的代谢功能	维生素 A、大豆异黄酮、果酸、白藜芦醇、神经酰胺、人参提取物、葛根素
多肽类	促进神经和肌肉松弛、细胞外基质蛋白的生成、抗炎、抗自由基	三肽-1、三肽-1 铜、棕榈酰三肽-1、棕榈酰三肽-5、乙酰基二肽-1 鲸蜡酯、棕榈酰四肽-1、肌肽、谷胱甘肽、九肽-1、乙酰基六肽-1

3. 常见抗粉刺原料

粉刺俗称青春痘，医学上称为痤疮。抗粉刺原料的作用机理主要有以下 4 方面：

（1）调节毛囊、皮脂腺上皮细胞的分化，减少粉刺的形成。

（2）杀灭或抑制毛囊中的痤疮丙酸杆菌等微生物。

（3）抗过敏、消炎。

（4）收敛作用，促进毛孔、紧致皮肤收缩。

（十）常见发用功效原料

发用功效原料是指对头发或头皮具有一定功效的化妆品原料。常见发用功效原料有头发调理剂、去屑剂和定型剂。

1. 头发调理剂

头发调理剂使用后能够吸附在头发上，提高头发的柔顺度、光滑度、抗静电性，使头发柔软、飘逸、光亮、滑爽、易于梳理。常见头发调理剂有阳离子表面活性剂和阳离子聚合物。

（1）阳离子表面活性剂。阳离子表面活性剂含有一个或多个长链的疏水基和一个带正电荷的亲水基团，具有表面活性，对固体表面的吸附能力强，除了作为头发调理剂外，还可用作防腐剂、乳化剂、抗静电剂。常见阳离子表面活性剂分类见表1-28。

表1-28　常见阳离子表面活性剂分类

类别	INCI标准中文名	别名
季铵盐	月桂基三甲基氯化铵	十二烷基三甲基氯化铵、1231
	西曲氯铵	十六烷基三甲基氯化铵、1631
	硬脂基三甲基氯化铵	十八烷基三甲基氯化铵、1831
	山嵛基三甲基氯化铵	二十二烷基三甲基氯化铵、2231
叔胺	硬脂酰胺丙基二甲胺	十八烷酰胺丙基二甲胺、S18
	山嵛酰胺丙基二甲胺	二十二烷酰胺丙基二甲胺、S22

（2）阳离子聚合物。阳离子聚合物是溶于水后带正电荷的聚合物。常见阳离子聚合物可分类为聚季铵盐系列和阳离子瓜尔胶系列，见表1-29。

表1-29　常见阳离子聚合物分类

类别	INCI标准中文名	别名
聚季铵盐系列	聚季铵盐-7	M550
	聚季铵盐-10	阳离子纤维
	聚季铵盐-15	聚季铵盐-32
	聚季铵盐-39	M3330
	聚季铵盐-47	M2001
	聚季铵盐-73	皮傲宁
阳离子瓜尔胶系列	瓜尔胶羟丙基三甲基氯化铵	阳离子瓜尔胶

2. 去屑剂

去屑剂按作用机理可分为抗菌、抑制微生物剂，角质层剥脱剂，目前应用较多的是抗微生物的原料。常见去屑剂分类见表1-30。

表1-30　　常见去屑剂分类

类别	INCI标准中文名	别名
抗菌、抑制微生物剂	吡硫鎓锌	吡啶硫酸铜、ZPT
	氯咪巴唑	甘宝素
	吡罗克酮乙醇胺盐	OCT
	月桂酰精氨酸乙酯盐酸盐	乙基月桂酰精氨酸盐酸盐
	二硫化硒	硫化硒
角质层剥脱剂	水杨酸	柳酸

3. 定型剂

定型剂根据结构可分为聚乙烯吡咯烷酮（PVP）及其衍生物、聚季铵盐、丙烯酸共聚物、水性聚氨酯、改性天然聚合物，见表1-31。

表1-31　　常见定型剂分类

类别	特性	应用	原料
聚乙烯吡咯烷酮（PVP）及其衍生物	硬度高，抗湿性差，易产生白屑，但其衍生物性能全面提高	凝胶、摩丝、喷发胶	聚乙烯吡咯烷酮（PVP）VP/VA共聚物、VP/甲基丙烯酸二甲氨基乙酯共聚物、VP/甲基丙烯酰胺/乙烯基咪唑共聚物
聚季铵盐	光泽性好，易清洗	凝胶、摩丝、喷发胶	聚季铵盐-11、聚季铵盐-69
丙烯酸共聚物	根据不同中和度有不同的疏水性，易溶于乙醇	凝胶、摩丝、喷发胶、发蜡	VP/丙烯酸（酯）类/月桂醇甲基丙烯酸酯共聚物
水性聚氨酯	疏水性、柔韧性和弹性好，易溶于乙醇	喷发胶、发蜡	聚氨酯-1、聚氨酯-6、聚氨酯-10、聚氨酯-15
改性天然聚合物	环保性好，可以生物降解	凝胶、摩丝、喷发胶	脱氢黄原胶

（十一）常见防晒剂原料

防晒剂是用于化妆品或药品中，涂抹于皮肤上来吸收或者散射阳光中的紫外线，防止皮肤晒伤晒黑的化学物质。《化妆品安全技术规范》（2015年版）规定了27种准用防晒剂。防晒剂按吸收紫外线的波长可分为UVA（长波紫外线，320~400 nm）防晒剂、UVB（中波紫外线，290~320 nm）防晒剂；根据作用机理分为物理防晒剂和化学防晒剂；根据化学性质可分为有机防晒剂和无机防晒剂。常见防晒剂分类见表1-32。

表1-32　　常见防晒剂分类

大类	类别	原料	作用紫外线波长
有机防晒剂	对氨基苯甲酸及其衍生物	PEG-25对氨基苯甲酸	UVB
		二甲基PABA乙基己酯	UVB

续表

大类	类别	原料	作用紫外线波长
有机防晒剂	水杨酸酯类化合物	水杨酸乙基己酯	UVB
		胡莫柳酯	UVB
	肉桂酸酯类	甲氧基肉桂酸乙基己酯	UVB
		对甲氧基肉桂酸异戊酯	UVB
	二苯甲酮类化合物	二苯酮-3	UVB + UVA
		二苯酮-4	UVB + UVA
		二苯酮-5	UVB + UVA
	二苯甲酰甲烷类化合物	丁基甲氧基二苯甲酰甲烷	UVA
		二乙氨羟苯甲酰基苯甲酸己酯	UVA
	樟脑类化合物	3-亚苄基樟脑（禁用）	UVB
		4-甲基亚苄基樟脑	UVB
		亚苄基樟脑磺酸及其盐类	UVB
		樟脑苯扎铵甲基硫酸盐	UVB
		对苯二亚甲基二樟脑磺酸及其盐类	UVB
	三嗪类衍生物	双-乙基己氧苯酚甲氧苯基三嗪	UVA + UVB
		二乙基己基丁酰胺基三嗪酮	UVA + UVB
		乙基己基三嗪酮	UVB
	苯并三唑类衍生物	苯基二苯并咪唑四磺酸酯二钠	UVA + UVB
		苯基苯并咪唑磺酸	UVA + UVB
		亚甲基双－苯并三唑基四甲基丁基酚	UVA + UVB
	其他类型	聚硅氧烷-15	UVA + UVB
		甲酚曲唑三硅氧烷	UVA + UVB
		奥克立林	UVA + UVB
无机防晒剂	—	二氧化钛（纳米级）	UVB + UVA
		氧化锌（纳米级）	UVB + UVA

（十二）常见天然活性物原料

天然活性物是由动物、植物或微生物产生的，对人体具有生理调节、控制作用的微量或少量的物质。常见天然活性物有蛋白质、肽、氨基酸和糖。

1. 蛋白质

蛋白质是由氨基酸组成的多肽链经过盘曲折叠形成的具有一定空间结构的物质，是生物体最主要的组成物质之一，并且生物界绝大部分的生命活动，如细胞分裂、新陈代谢、传递信息以及抵抗疾病，都是依赖蛋白质来完成的。

常见蛋白质有胶原、水解胶原、蚕丝胶蛋白、水解牛奶蛋白、水解小麦蛋白、水解大麦蛋白、水解大豆蛋白、水解玉米蛋白等。

2. 肽

肽是由两个或两个以上氨基酸通过肽键共价连接形成的化合物。肽是人体抗衰老的活性成分，部分合成多肽还有美白、促进头发生长、抗菌的功效。

肽按功能分为水解蛋白肽和多功能肽，其分类比较见表1－33。

表1－33　　肽的分类比较

分类	水解蛋白肽	功能多肽
来源	酸解法或酶解法	化学合成（固相合成或液相合成）
组成	组分不稳定、质量难控制	单一成分，有确定的相对分子质量和分子结构，纯度高，稳定性高，质量可控
功效	功效不确定，主要用于保湿	广泛的皮肤活性物，针对皮肤特定的问题，作用机理比较明确，相对分子质量小，并通过脂肪酸酰化易于被皮肤吸收
原料	大豆多肽、普通小麦肽、燕麦肽、酵母菌多肽	二肽二氨基丁酰苄基酰胺二乙酸盐、乙酰基六肽-8、乙酰基八肽-3、三肽-1、三肽-1铜、棕榈酰三肽-1、棕榈酰三肽-5、乙酰基二肽-1鲸蜡酯、棕榈酰四肽-1、肌肽、谷胱甘肽、九肽-1、乙酰基六肽-1

3. 氨基酸

氨基酸是含有氨基和羟基的一类有机化合物的通称，是具有生物功能大分子蛋白的基本单位，是构成动物营养所需蛋白的基本物质。已发现的天然氨基酸有300多种，其中人体所需的有20多种。按人体对其需要程度，氨基酸可分为必需氨基酸、半必需氨基酸和非必需氨基酸，见表1－34。

表1－34　　氨基酸的分类

类别	定义	举例
必需氨基酸	是指人体不能合成或合成速率远不适应机体的需要，必须由食物蛋白供给的氨基酸	共8种，包括赖氨酸、色氨酸、苯丙氨酸、苏氨酸、蛋氨酸（又叫甲硫氨酸）、异亮氨酸、亮氨酸、缬氨酸
半必需氨基酸	又称为条件必需氨基酸，是指人体虽然能够合成，但不能满足需要的氨基酸	精氨酸、组氨酸等
非必需氨基酸	是指人体自身能由简单的前体合成，可不必从食物中获得的氨基酸	天冬氨酸、天冬酰胺、谷氨酸、谷氨酰胺、脯氨酸、丝氨酸、甘氨酸、酪氨酸、丙氨酸、肌氨酸等

4. 糖

糖是一大类天然物质，俗称碳水化合物，是生命体内不可缺少的重要成分。糖在化妆品中具有保湿、稳定、改善肤色、抗衰老和抗菌等功效。

糖可分为单糖、低聚糖、多糖以及其他类型多糖，见表1－35。

表 1-35 糖的分类

类别	举例
单糖	葡萄糖、岩藻糖、鼠李糖
低聚糖	蔗糖、低聚果糖、海藻糖
多糖	β-葡聚糖、酵母 β-葡聚糖、燕麦 β-葡聚糖
其他类型多糖	银耳多糖、咖啡黄葵果提取物

四、已使用化妆品原料的目录

以下内容为《已使用化妆品原料目录（2021 年版）》的说明。

（1）本目录是对在我国境内生产、销售的化妆品所已使用原料的客观收录。国家药品监督管理局在组织对原料安全性进行系统评价，化妆品注册人、备案人在选用本目录所列原料时，应当符合国家有关法律法规、强制性国家标准、技术规范的相关要求，并承担产品质量安全责任。

（2）在本目录中收录的原料已被列为化妆品禁用组分、限用组分或者准用组分管理的，化妆品注册人、备案人应当按照《化妆品安全技术规范》规定，选择使用符合法律法规、强制性国家标准、技术规范相关要求的原料。

（3）本目录所列原料的标准中文名称与 INCI（International Nomenclature Cosmetic Ingredient）名称/英文名称，参考《国际化妆品原料标准中文名称目录（2010 年版）》与美国个人护理品协会（PCPC）编撰的《International Cosmetic Ingredient Dictionary and Handbook（2018 版）》，同一原料使用了不同版本 INCI 名称的，使用时需予以说明。目录“INCI 名称/英文名称”栏中，斜体字的表示为英文名称。

（4）本目录中原料名称为“某某植物提取物”形式的，原则上表示该植物全株及其提取物均为已使用原料，使用时应当注明其具体部位。原料名称为“某某植物花/叶/茎提取物”或“某某植物花/叶/藤提取物”形式的，原则上表示该植物的地上部分及其提取物均为已使用原料，使用时应当注明其具体部位。

（5）中文名称栏中标注了“＊”的原料，表示为某一类别原料的总称，使用时应注明其具体原料的名称，使用的具体原料未收载于本目录时，应提供该具体原料已在我国注册或备案产品中使用的证明材料。证明材料包括且不限于：原料生产商出具的具体原料的说明和企业采购该原料的购货凭证；使用过该原料的产品注册/备案信息、配方及生产投料记录等。

（6）中文名称栏中标注了“＊＊”的原料，其名称表述不规范且动植物基原不清，使用时应当标注规范的具体原料名称，并提供该原料已在我国注册或备案产品中使用的证明材料。证明材料包括且不限于：原料生产商出具的具体原料的说明和企业采购该原料的购货凭证；使用过该原料的产品注册/备案信息、配方及生产投料记录等。

（7）一个序号后列出了两个名称的，表示为同一原料，使用时应选择 INCI 收录或以标准中文名称命名原则命名的植物原料名称，不建议使用已标注为“曾用名”的名称。

（8）本目录载明的原料最高历史使用量，可作为化妆品安全评估报告（简化版）的证据类型，为化妆品安全评估提供参考，化妆品注册人、备案人应当结合产品类型正确使用原料最高历史使用量，只有驻留类产品最高历史使用量信息的原料，淋洗类产品可参照驻留类产品信息使用。

（9）对目录未提供最高历史使用量的原料，化妆品注册人、备案人可按照《化妆品安全评估技术导则》要求，提供相应的材料作为评估证据，或者按风险评估程序进行安全风险评估，确保原料的使用安全。

《已使用化妆品原料目录（2021 年版）》的格式示例见表 1－36。

表 1－36　《已使用化妆品原料目录（2021 年版）》的格式示例

序号	中文名称	INCI 名称/英文名称	淋洗类产品最高历史使用量/%	驻留类产品最高历史使用量/%	备注
00001	1-(3,4-二甲氧基苯基)－4,4-二甲基-1,3-戊二酮	1-(3,4-DIMETHOXYPHENYL)-4,4-DIMETHYL-1,3-PENTANEDIONE			
00002	1,10-癸二醇	1,10-DECANEDIOL	0.375	0.125	
00003	1,2-丁二醇	1,2-BUTANEDIOL	8	6	
…	…	…	…	…	…
08972	细茎石斛（DENDROBIUM CANDIDUM）提取物	DENDROBIUM CANDIDUM EXTRACT	0.1	0.002	

五、化妆品禁用、限用原料

（一）化妆品禁用原料

《化妆品安全技术规范》（2015 年版）中规定的禁用组分共 1 388 项，2021 年 5 月 26 日，《国家药监局关于更新化妆品禁用原料目录的公告》（2021 年第 74 号）对《化妆品安全技术规范》（2015 年版）进行修订后，发布《化妆品禁用原料目录》共 1 284 项，自公告发布之日起不得生产、进口产品配方中使用了《化妆品禁用原料目录》规定的禁用原料的化妆品。

（二）化妆品禁用植（动）物原料

《化妆品安全技术规范》（2015 年版）中规定的禁用植（动）物组分共 98 项，2021 年 5 月 26 日，《国家药监局关于更新化妆品禁用原料目录的公告》（2021 年第 74 号）对《化妆品安全技术规范》（2015 年版）进行修订后，发布《化妆品禁用植（动）物原料目录》共 109 项，自公告发布之日起不得生产、进口产品配方中使用了《化妆品禁用植（动）物原料目录》规定的禁用原料的化妆品。

（三）化妆品限用组分

《化妆品安全技术规范》（2015 年版）中规定的限用组分共 47 项。

（四）化妆品准用防腐剂

《化妆品安全技术规范》（2015 年版）中规定的准用防腐剂共 51 项。

2020 年 12 月 21 日，《国家药监局关于批准月桂酰精氨酸乙酯 HCl 等 4 个原料作为化妆品原料使用的公告》（2020 年第 141 号）中新增月桂酰精氨酸乙酯 HCl 为准用防腐剂。

2021 年 5 月 26 日发布的《化妆品禁用原料目录》已经将甲醛和多聚甲醛、苄氯酚列为禁用物质。

（五）化妆品准用防晒剂

《化妆品安全技术规范》（2015 年版）中规定的准用防晒剂共 27 项。

2021 年 5 月 26 日发布的《化妆品禁用原料目录》已经将 3-亚苄基樟脑列为禁用物质。

（六）化妆品准用着色剂

《化妆品安全技术规范》（2015 年版）中规定的准用着色剂共 157 项。

（七）化妆品准用染发剂

《化妆品安全技术规范》（2015 年版）中规定的准用染发剂共 75 项。

2021 年 5 月 26 日发布的《化妆品禁用原料目录》已经将 2-氯对苯二胺、2-氯对苯二胺硫酸盐、2-硝基对苯二胺列为禁用物质。

六、化妆品原料储存条件

化妆品原料储存条件是指对化妆品原料储藏与保管的基本要求，一般以下列名词术语表示。

（一）常温

化妆品原料储存中的常温是指 10 ~ 30 ℃。除另有规定外，原料说明中的储存项未规定储存温度的一般是指常温。

（二）阴凉

阴凉处是指避光并不超过 20 ℃的地方。

（三）冷藏

冷藏是指 2 ~ 10 ℃温度下储藏。

（四）密闭

密闭是指将储存或包装容器密闭，以防止尘土、异物甚至空气进入。

（五）密封

密封是指将储存容器密闭，以防止原料风化、吸潮、挥发或异物进入。

（六）避光

遮光是指避免日光直射，需要用不透光的容器包装。例如，使用棕色容器或用黑色包装材料包裹的无色透明、半透明容器储存原料。

任务实施

一、查找相关原料的质量指标

根据原料的检验报告（COA）项目，查找原料的指标值。

二、整理原料的质量指标

根据原料的检验报告（COA）或质量标准，制定原料企业内控标准。

三、原料的辨识

根据原料标签或原料的企业代码确认原料，再根据原料实物的理化指标和功效对原料进行辨识确认。

四、原料的分类

查找相关资料对原料进行分类。

五、辨识原料的合法性

查找关于化妆品准用原料、禁用原料、限用原料的法律法规，辨识原料的合法性。

六、原料的储存管理

（一）基本要求

1. 应建立原料入库、接收、标识、储存、处理的管理规范，以保障原料的质量符合要求。

2. 应根据供应商对原料储存条件的要求，对原料的技术特性、稳定性进行评估，制定原料的仓储要求。企业应创建合适的仓储环境以满足原料的储存条件要求，建议设立常温库、恒温库、冷藏库、暖房、易燃易爆品库等。

3. 应建立原料效期管理制度，对于失效的原料进行及时处理和报废。

4. 应对出入库原料做好台账管理并定期进行盘点，做到库存原料账目清晰可查。

（二）入库及仓储管理

1. 收货时应检查原料包装的完整密封性及运输工具的卫生情况，确保包装无破损或渗漏及运输保护均符合要求，并对原料的名称、规格、数量、批号、供应商名称等信息进行核对，索取出厂检验报告（COA），以确定到货原料与采购订单一致。

2. 库存原料应做好标识，包括原料名称（代号）、供应商名称（代号）、来料日期（生产日期）、批号等信息及其检验状态，标明待检、接收、拒收、隔离等状态信息，以防混用、误用。

3. 应建立原料储存制度，并根据规定的原料仓储条件进行储存，防止变质或带来安全

隐患。对温度、相对湿度或其他有特殊储存要求的物料和产品应按规定条件储存，并对储存环境进行监测和记录。

4. 易燃易爆等危险化学品应做好安全标识并单独存放。应建立危险化学品原料清单，收集并提供原料的安全数据（SDS），按国家有关规定验收、储存和领用。

5. 原料应按批次定位定点存放，且应当离地离墙存放，并根据情况留出适当空间便于清洁、检查和周转。

6. 原料应按照先进先出（效期最优）的原则和生产指令，根据领料单据发放。原料入库、出库应做好台账管理，记录原料的名称（代号）、数量、批号、入库日期、效期、状态、仓储条件等信息，做到账目记录清晰可查，以利于核查与追溯。

（三）原料的效期管理

1. 应根据相关标准（如国家标准、行业标准、地方标准等）建立原料效期及使用期限的标准和管理制度并严格执行。

2. 应根据原料的技术特性、稳定性、储存条件、供应商提供的效期（复检日期、保质期）等，规定每一种原料的效期或使用期限。

3. 应制定合理的重新评估机制，确定对产品质量安全没有影响的情况下可延长原料的效期。企业应保留相关原料的重新评估记录以利于核查与追溯。

（四）原料开封后的管理

1. 原料开封后应重新密封保存并做好标识，避免二次污染。

2. 原料开封后应尽早用完，如短期内不能消耗完毕，应重新评估原料的储存条件、效期及复检周期和复检项目并严格执行。

七、原料取样管理

1. 应制定原料取样管理规定并按规定进行取样。取样前应确保原料均匀一致且具有代表性，取样数量应能满足检验及留样复核所用。

2. 应针对不同原料状态选择合适的工具进行取样，取样前应对工具进行清洁消毒以避免二次污染。取样后应对原包装及时进行密封，做好标识表明样品已抽取并优先使用。

3. 样品应标识清晰，避免混淆，并按规定的条件储存，应标识原料名称、批号、取样日期、取样数量、取样人等。

八、原料检验及放行管理

（一）检验与放行

1. 应建立每一种原料的质量标准（包括检验项目、检验方法、检验频次、控制要求等）并配备相应的检验能力。对于不能检验的项目，可以委托具有资质的第三方检验机构进行检验。

2. 应获取当批原料的供应商检验报告（COA）并与所收到的货物进行核对，根据每一个原料的质量标准进行检验（自检或外检）判定并保留检验记录，检验合格方可用于生产。必须复检的原料应进行识别并按规定的复检项目和频次实施复检，复检合格方可继续使用。

3. 在供应商质量体系有保障且经过用户充分检验验证通过的前提下，可以对原料部分检验项目实施免检。对于实施免检的原料，应核查供应商的检验报告并对原料的外观、气味进行比对及实施一项鉴别实验。每隔一段时间应对该原料进行一次全检，并与分析报告进行比较，核查分析报告的可靠性。

4. 对于原料中可能存在的风险物质，应定期索取供应商第三方检验报告或鉴定书，制订检验监督计划并严格执行，以确保原料中的风险物质得到适当的控制，确保产品的质量安全。

5. 应对每一批原料进行留样，留样数量应至少满足原料检验需求的两倍。

6. 应建立检验结果超标的管理制度，对超标结果进行分析、确认和处理，并保留相应记录。

（二）不合格原料的处理

1. 原料检验或复检不合格应当及时做好状态标识，并隔离存储，防止未经许可而用于生产。

2. 应对不合格原料的处理做好记录并对不合格的原因进行分析，必要时采取纠正措施。

3. 需要报废的原料应遵循化学品管控的法规要求进行处理，不得自行填埋、丢弃，避免污染环境和危害人身安全。

（三）原料使用要求

1. 原料使用前，应检查其状态及标识，避免误用不合格、超过有效期或其他情况不明的原料。

2. 取用原料时，应保证原料均匀、无污染，使用清洁的工具避免二次污染。

3. 原料使用时，应记录其名称（代号）、批号、日期等信息并能由此追溯到原料的所有进货及检验记录等信息。

4. 原料的称重和测量需经第二人复核，确认物料的名称（代号）、批号、数量与配料单一致。盛原料的容器要正确地标识，称重和测量装置应该有合适的精度以保证计量的准确性。

5. 原料的加料顺序及配制方法应遵照生产工艺严格执行。预配的原料如需短期保存，应对存储条件、使用期限进行评估，以确保预配原料符合使用要求。

6. 应收集所有危险化学品原料的安全数据（SDS），原料的储存、运输、使用、处理等都应该依据 SDS 上的安全警示并遵照化学品相关法律法规和标准进行管控。

任务测评

任务结束后填写任务测评表 1－37。

表 1－37　任务测评表

序号	考核内容	考核标准	配分	得分
1	素质考核	课堂出勤率、学习态度、行为规范	30	
2	课堂表现	课堂互动、团队协作、创新建议	30	
3	专业知识	化妆品原料的常见理化指标、定义、分类、性质、作用、标准中文名称，以及其用量、范围、储存条件	40	
合计			100	

思考与练习

一、单选题

1. 下列原料属于半干性油脂的是（　　）。

A. 椰子油　　B. 棕榈油　　C. 杏仁油　　D. 油酸

2. 下列原料属于干性油脂的是（　　）。

A. 椰子油　　B. 棕榈油　　C. 杏仁油　　D. 油酸

3. pH 值表示所含（　　）浓度的常用对数的负值。

A. 氧离子　　B. 氢氧根　　C. 氢离子　　D. 二氧化碳

4. 物质在（　　）时的密度与水在 4 ℃时的密度的比值称为该物质的相对密度。

A. 25 ℃　　B. 23 ℃　　C. 20 ℃　　D. 28 ℃

5. 下列属于全合成原料的是（　　）。

A. 肉豆蔻酸异丙酯　　B. 蜂蜡

C. 微晶蜡　　D. 脂肪醇

6. 防止油脂酸败的办法是（　　）。

A. 将油脂盛在密闭的容器中　　B. 储藏在低温低湿条件下

C. 可向油脂中加入抗氧化剂　　D. 以上都是

二、判断题

1. 油脂之所以具有较高的黏度，主要由于其中长链分子间的吸引力所致。（　　）

2. 油脂酸败的难易程度是由油脂分子中脂肪酸碳链长短决定的。（　　）

3. 碘值是指 1 g 油脂样品中能加碘的克数。（　　）

4. 不皂化物是指油脂在皂化过程中，其成分中不能与纯碱起作用的部分。（　　）

三、简答题

1. 脂肪酸的熔点与烷基碳链长度有什么关系?
2. pH 值是如何定义的?
3. 原料储存的基本要求主要有哪些?
4. 不合格原料应如何处理?

课题四　化妆品感官评价

学习目标

【知识目标】了解感官评价的基本概念。

【技能目标】掌握感官评价方法与分析，以及如何实施感官评价。

【素养目标】多感官教学，培养学生感受美的能力。

任务引入

×××化妆品有限公司技术开发部对新员工进行化妆品感官评价技能实训。

任务分析

化妆品的质量好坏对使用效果影响极大，实训者和使用者必须通过感官评价，初步评价化妆品的使用效果。

相关知识

一、感官评价的基本概念

感官评价是指通过人的视觉、嗅觉、触觉、味觉和听觉来唤起、测量、分析和解释感知到的物质的特征或者性质，并建立合理的、特定的、联系的一种科学方法，为正确合理地决策提供依据。简而言之，感官评价就是利用人的感觉器官评价产品质量优劣。

感官评价的主要目的是判断产品差异或描述产品性状，还可以估计出某种产品的配方或工艺的细微变化，或者推理出目标消费群喜爱某种产品的人数比例。

二、感官评价的指标

感官评价的指标多种多样，产品不同则所用的指标也不同，但一般都会涉及色泽、外观、质地、气味、声音或者肤感等方面。

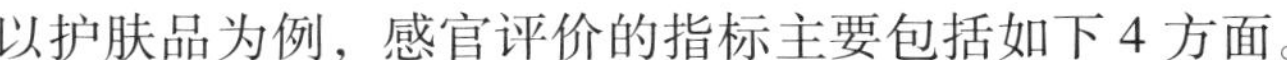

以护肤品为例，感官评价的指标主要包括如下 4 方面。

（一）外观

外观指标一般包括颜色、透明度、稀稠度等。

（二）气味

气味指标一般包括香味类型、浓度等。

（三）质地

质地指标一般包括黏度、颗粒度、轻薄/厚重感、延展性、流动性、光滑度等。

（四）肤感

肤感指标一般包括黏腻感、皮肤光滑度、油腻感等。

三、感官评价方法与分析

感官评价方法与分析主要来自行为研究方法，这种方法观察人的反应并对其进行量化，目前已经基本形成了比较完善的理论和实践体系。公认的感官评价方法与分析有三类。

（一）区别检验法

此方法解决的核心问题是比较两种或多种产品之间是否存在差异，借此可以用来进一步确定成分、工艺、包装及储存期的改变是否对产品带来影响。还可以靠此法筛选和培训检验人员，以锻炼其发现产品差别的能力。

（二）描述分析法

此方法解决的核心问题是产品的某项感官特性如何。

（三）情感试验

此方法解决的核心问题是综合评价对产品的喜爱程度或对比评价出更喜爱哪种产品。

每一类感官评价方法与分析中又包含许多具体方法，按照测试方式不同可以分为单一产品测试、配对测试、循环测试、三角检验、两点检验等；按照是否给出详尽的产品信息可以分为盲测和明测等。

四、结果分析

通过统计结果分析，可以得出各个评价者之间的一致性，以剔除一致性差的评价者。对具有显著差异的样品，如果检验人员没有正确区分，说明该检验人员辨别化妆品感官差异的能力较差，需要进一步培训和锻炼。

在比较不同产品或者使用产品前后某项感官的特性，并具有统计学差异时，可以判定该产品特性是否差异明显或者该产品是否具有某种感官效果。

》任务实施

化妆品感官评价的具体方法包括如下 4 方面。

一、看色泽

多数化妆品都对颜色和光泽有一定要求，色泽要鲜艳，包括均匀度、柔和度、与肤色配合的融洽度等。评价时，首先要看化妆品的颜色是否暗淡无光泽，如果质地细腻而无光泽，其原因可能是制造时添加的色素不当、失真，没有进行配色。无色粉状、固状、乳液膏霜状化妆品应洁白有光泽；液状化妆品应清晰透明，无沉淀、浑浊现象；有色化妆品应色泽纯正均匀，无变色。

二、闻气味

化妆品一般具有幽雅芬芳的香气，有的必须郁香持久，均不得有强烈的刺激性气味和异味。

化妆品的气味不需要很浓，但需要纯正、无异味，符合规定的香型。气味纯正的化妆品，其香气优雅，给人愉悦的感受。香味过浓，常常是由于加入过量的香料所致。化妆品存放时间太久，也会由于化学变化而使质地、色泽和香味发生变化。

三、比较外观质地

包装或者产品的外观一般对于消费者决定购买或尝试一个产品是非常重要的，外观还会影响对其他指标的评价。化妆品的包装应整洁、美观，封口严密，商标、装饰图案、文字说明应清晰且色泽鲜艳。不同种类的化妆品对产品外观的要求不同，先取出少量于表面皿、纸巾上，查看料体是否均匀一致。检验时，若在非阳光直射下目测检验，单纯用肉眼直接观察化妆品膏霜质地是否细腻是不容易做到的，必要时需要用食指、中指和拇指拈取一些产品触摸或反复碾揉；或者用手指蘸上少许，均匀地涂一薄层在手腕关节活动处，然后手腕上下活动几下，几秒钟后，可利用指尖触摸皮肤表面或直接目测。如果化妆品会均匀而且紧密地附着在皮肤上，且手腕上有皮纹的部位没有条纹的痕迹，便是质地细腻的化妆品；反之，如果出现或者有粗糙感或者有微粒状，说明这种化妆品质地不细腻。

四、评价使用感觉

各类化妆品无论选择什么样的包装材料和形式，首先要方便取用、容易涂抹，然后要考虑消费者在涂敷于皮肤、头发后是否感觉舒适、享受。虽然有些感觉和化妆品中活性成分的作用有一定联系，有些感觉几乎不影响产品功效，但这些感觉是使用者的直接感受，会让他感觉舒适或不舒适、喜欢或不喜欢。

» 任务测评

任务结束后填写任务测评表 1－38。

表 1－38　任务测评表

序号	考核内容	考核标准	配分	得分
1	素质考核	课堂出勤率、学习态度、行为规范	30	
2	课堂表现	课堂互动、团队协作、创新建议	30	
3	专业知识	感官评价的基本概念、评价方法与分析	40	
合计			100	

思考与练习

一、单选题

1. 公认的感官评价方法与分析不包括（　　）。

A. 区别检验法　　B. 描述分析法

C. 情感试验　　D. 机器人（AI）评价法

2. 化妆品感官评价方法中，看色泽的内容包括（　　）。

A. 粗糙感　　B. 肤感　　C. 气味　　D. 浑浊现象

3. 护肤品感官评价的指标包括（　　）。

A. 外观　　B. 气味　　C. 质地

D. 肤感　　E. 以上都是

4. 感官评价的指标中，质地指标包括（　　）。

A. 皮肤光滑度　　B. 颗粒度　　C. 透明度　　D. 稀稠度

二、判断题

1. 感官评价就是利用人的感觉器官评价产品质量优劣。（　　）

2. 感官评价可推理出目标消费群喜爱某种产品的人数比例。（　　）

三、简答题

1. 简述感官评价的主要目的。

2. 化妆品感官评价的具体方法主要有哪几种？

课题五　化妆品生产常用设备

化妆品生产设备大体可分为公用系统和产品的制造设备。其中，公用系统有水处理系统、空调净化系统、压缩空气系统；产品的制造设备按生产过程和单元操作，主要用于粉碎、研磨、混合、乳化、分散、分离、加热和冷却、物料输送、填充灌装、灭菌消毒等。本课题主要针对化妆品的纯化水生产设备、各剂型的制备设备以及产品清毒方法，内容包括纯化水生产设备、液体类产品生产设备、粉类产品生产设备、固体液体分离设备、产品消毒方法等。

学习目标

【知识目标】了解化妆品生产常用设备类型。

【技能目标】掌握化妆品生产常用设备的特点和应用，以及化妆品消毒方法。

【素养目标】培养信息搜集和自主学习能力。

任务引入

×××化妆品有限公司技术开发部对新员工进行化妆品常用设备类型、原理认识技能实训。

任务分析

应根据化妆品不同的剂型、不同的生产工艺，选择合适的生产设备，因此必须了解常见生产设备类型、原理，才能制作出合格的化妆品。

相关知识

一、纯化水生产设备

化妆品常用水处理方法有离子交换法、反渗透法和电渗析法。单独离子交换法设备已很少用了，目前用得较多的是一级反渗透纯化水生产系统、二级反渗透纯化水生产系统、反渗透—复床式离子交换纯化水生产系统。

二、液体类产品生产设备

（一）搅拌器

液体类产品生产设备主要是一种带有搅拌功能的配制罐，其搅拌器的结构和搅拌方式直接影响物料的分散与乳化功能。搅拌器的类型及其特点见表 1－39。

表 1－39　　搅拌器的类型及其特点

类型	特点
螺旋桨式搅拌器	结构简单、制造方便，可调整搅拌速度
涡轮式搅拌器	使流体剪切成微小旋涡，搅拌效能高
框式搅拌器	转速较慢，搅拌缓和，不易形成气泡，适合生产洗涤类产品
锚式搅拌器	转速不快，用于搅拌黏性或有沉淀的液体，以及搅拌需混合程度不高的产品

（二）简单搅拌配制罐

简单搅拌配制罐主要有立式、卧式和轻便式等类型。其中，立式搅拌配制罐最常见，其特点是震动小、稳定性好、噪声小，适合于小批量的生产和中试生产。

（三）真空乳化机

真空乳化机结构复杂，一般带有刮壁搅拌器和高速均质头。其中，高速均质头使乳化膏体更细腻，再通过抽真空状态下消除大部分泡沫，可使膏体稳定有光泽。

（四）胶体磨

胶体磨能混合、分散、乳化、粉碎处理固—液和液—液体系。

（五）液体灌装机

液体灌装机分半自动灌装机和全自动灌装机，半自动灌装机结构简单、调节方便，适用于小批量和样品的灌装；全自动灌装机灌装速度快、精度高，可在线自动旋盖，生产效率高，减少环境污染。

三、粉类产品生产设备

（一）球磨机

球磨机主要由卧式筒体、端盖、轴承和动力装置组成。当筒体的转速过快，研磨体在筒内呈“周转状态”，则不会对物料造成撞击和研磨的作用；当筒体的转速过慢，物料与研磨体在筒体内壁的旋转角度偏小就下滑，即没有上升至足够的高度便下落，不会起到冲击和撞击物料的作用，研磨效率较低；当筒体转速适中时，研磨体随筒壁做圆周运动，被甩出后形成抛物线的运动轨迹，形成“抛落”状态，这样才有足够的动能撞击、研磨物料，从而达到粉碎物料的效果。

（二）粉饼压粉机

自动粉饼压粉机只需输入成型时数据，附属装置输入数据自动调整即可生产。自动粉饼压粉机的计算机控制项目包括压机的压力、粉饼重量、汽缸速度、粉饰厚度、多段压成、压缩时间、粉料供给、粉盒供给、重量记录等。

四、固体液体分离设备

（一）板框式压滤机

板框式压滤机由压紧板、止推板、过滤介质、滤板、滤框、压紧装置、集液槽等部件组成。操作时，待过滤的料液通过输送泵从进料孔进入滤室，固体物料被滤布截留在滤室中并逐渐形成滤饼，滤液则通过滤板的沟槽引流至板框通道后排出。过滤结束后，通入清水洗涤滤渣，完毕后再通入压缩空气去除多余的洗涤液。待全部工序完成后，应拆卸压滤机内的滤板清除滤渣并清洗滤布，然后重新安装好，完成一个过滤循环。板框式压滤机的操作可分为四步，分别是压紧、进料、洗涤及风干卸饼。

（二）筒式过滤机

筒式过滤机是由接管、筒体、滤芯、法兰、法兰盖及紧固件等部件构成的，可安装在管道中。物料在泵的作用下产生一定的压力，输送到装有滤芯的筒体后，固体物料被滤芯阻隔下来，滤液则通过滤芯从筒体的下部流出。

五、产品消毒方法

(一) 臭氧消毒法

通过管道或将臭氧消毒发生器放置于生产车间，可对车间内的空气消毒，也可用于内包材的消毒。

(二) 高温消毒法

当耐高温的产品在 80 ~ 95 ℃温度下维持 20 ~ 30 min，能有效杀灭其中的微生物。

任务实施

1. 了解化妆品生产常用设备的类型及其原理。
2. 熟悉化妆品生产常用设备的特点及其应用。
3. 熟悉化妆品的消毒方法。

任务测评

任务结束后填写任务测评表 1 -40。

表 1 -40　任务测评表

序号	考核内容	考核标准	配分	得分
1	素质考核	课堂出勤率、学习态度、行为规范	30	
2	课堂表现	课堂互动、团队协作、创新建议	30	
3	专业知识	纯化水生产设备、液体类产品生产设备、粉类产品生产设备、固体液体分离设备的原理，及其特点和应用，以及化妆品消毒方法	40	
合计			100	

思考与练习

一、单选题

1. 搅拌器的类型有（　　）。

A. 螺旋桨式搅拌器　B. 涡轮式搅拌器　C. 框式搅拌器

D. 锚式搅拌器　E. 以上都是

2. 螺旋桨式搅拌器的特点是（　　）。

A. 结构简单、制造方便，可调整搅拌速度

B. 使流体剪切成微小旋涡

C. 搅拌缓和，不易形成气泡

D. 用于搅拌黏性或有沉淀的液体，以及搅拌需混合程度不高的产品

3. 下列不属于真空乳化机特点的是（　　）。

A. 结构复杂　　B. 高速

C. 噪声小　　D. 可使膏体稳定有光泽

4. 当耐高温的产品在 80～95 ℃温度下维持（　　）min，能有效杀灭其中的微生物。

A. 20～30　　B. 1～5　　C. 6～10　　D. 11～19

二、判断题

1. 球磨机的筒体转速越快越好。（　　）

2. 通过管道或将臭氧消毒发生器放置于生产车间，可对车间内的空气消毒，也可用于内包材的消毒。（　　）

3. 筒式过滤机可安装在管道中。（　　）

三、简答题

1. 化妆品生产常用设备有哪些？

2. 简述板框式压滤机的结构。

课题六　主要法律法规

自 2021 年 1 月开始施行的《化妆品监督管理条例》是化妆品行业管理的最高行政法规，还有相关的配套规范文件如《化妆品安全技术规范》《化妆品分类规则和分类目录》《化妆品注册备案管理办法》《化妆品功效宣称评价规范》《化妆品安全评估技术导则》《化妆品标签管理办法》等，为规范化妆品行业管理、保证化妆品的质量安全提供了有力的管理与技术基础和保障。

学习目标

【知识目标】会查找化妆品的相关法律法规要求。

【技能目标】掌握化妆品法律法规的查询方法。

【素养目标】培养“知法、守法、懂法、用法”的法治观念。

任务引入

×××化妆品有限公司技术开发部对新员工进行化妆品法律法规运用技能实训。

任务分析

化妆品是属于行政许可生产的日用工业产品，相关产品及其原料必须符合《化妆品监督管理条例》《化妆品安全技术规范》《化妆品分类规则和分类目录》《化妆品注册备案管理办法》《化妆品功效宣称评价规范》《化妆品安全评估技术导则》《化妆品标签管理办法》等法规和规范文件。

相关知识

一、《化妆品监督管理条例》

《化妆品监督管理条例》经2020年1月3日国务院第77次常务会议通过，中华人民共和国国务院令第727号公布，自2021年1月1日起施行。

《化妆品监督管理条例》共有六章：第一章为总则；第二章为原料与产品；第三章为生产经营；第四章为监督管理；第五章为法律责任；第六章为附则。

《化妆品监督管理条例》的重点内容有如下几个方面。

（一）化妆品的定义

第三条规定：本条例所称化妆品，是指以涂擦、喷洒或者其他类似方法，施用于皮肤、毛发、指甲、口唇等人体表面，以清洁、保护、美化、修饰为目的的日用化学工业产品。相较于被替换的《化妆品卫生监督条例》中化妆品的定义，在使用目的中删除了“消除不良气味”。

《化妆品监督管理条例》对化妆品的定义，参照了其他国家的定义，但又不尽相同。从使用方法、使用部位、使用目的、产品属性4个方面定义化妆品。在我国，同时满足这4个方面的要求才算是化妆品。因此，用于仪器或者工具辅助导入的产品，例如微针、美容针等；各种黏膜类产品，包括口腔黏膜类产品；注射、口服胶原蛋白、口服美白丸等都不属于化妆品。

（二）基于风险的分类管理

依据第四条规定，国家对特殊化妆品和风险程度较高的化妆品新原料实行注册管理，对普通化妆品和其他化妆品新原料实行备案管理。

首先是产品的分类管理。不同的化妆品风险不同，为了保证化妆品基本的安全需求，根据风险程度，分为特殊化妆品和普通化妆品，管理方式也分为注册和备案管理。

在《化妆品卫生监督条例》中，特殊用途化妆品有9类，《化妆品监督管理条例》规定的特殊化妆品是“5+1”（染发、烫发、祛斑美白、防晒、防脱发+新功效），原来属于特殊用途化妆品的育发、脱毛、美乳、健美、除臭等几类产品，根据风险程度，风险较低的作为普通化妆品监管，其他归入药品新功效管理。

其次是原料的分类管理。基于风险的不同，原料分为新原料和已使用原料，新原料根据多年的经验积累和科学的论证，分为高风险新原料（防腐、防晒、着色、染发、祛斑美白

功能）和其他新原料，分别按照注册和备案管理；已使用原料采用目录管理。

（三）主体责任

《化妆品监督管理条例》强调化妆品注册人、备案人的主体责任，境外化妆品注册人、备案人应当指定我国境内的企业法人办理化妆品注册、备案，协助开展化妆品不良反应监测、实施产品召回。

二、《化妆品安全技术规范》

《化妆品安全技术规范》（简称《技术规范》）是原卫生部印发的《化妆品卫生规范》（2007 年版，简称《卫生规范》）的修订版。为了满足我国化妆品监督管理实际的需要，结合行业发展和科学认识的提高，原国家食品药品监督管理总局组织完成了对《卫生规范》的修订工作，编制了《技术规范》（2015 年版），2015 年 11 月经化妆品标准专家委员会全体会议审议通过，由原国家食品药品监督管理总局批准颁布，自 2016 年 12 月 1 日起施行。

《技术规范》（2015 年版）的内容共分为如下八章：

第一章为概述，包括范围、术语和释义、化妆品安全通用要求。

第二章为化妆品禁用、限用组分要求，包括 1 388 项化妆品禁用组分及 47 项限用组分要求。

第三章为化妆品准用组分要求，包括 51 项准用防腐剂、27 项准用防晒剂、157 项准用着色剂和 75 项准用染发剂的要求。

第四章为理化检验方法，收载了 77 个方法。

第五章为微生物学检验方法，收载了 5 个方法。

第六章为毒理学试验方法，收载了 16 个方法。

第七章为人体安全性检验方法，收载了 2 个方法。

第八章为人体功效评价检验方法，收载了 3 个方法。

《技术规范》（2015 年版）细化了化妆品安全技术通用要求，根据化妆品中有关重金属及安全性风险物质的风险评估结果，将铅的限量要求由 40 mg/kg 调整为 10 mg/kg，砷的限量要求由 10 mg/kg 调整为 2 mg/kg，增加镉的限量要求为 5 mg/kg，根据国家规范性技术文件的要求，收录了 2 种有害物质的限量要求，分别为二噁烷不超过 30 mg/kg，石棉为不得检出。

三、《化妆品分类规则和分类目录》

《化妆品分类规则和分类目录》自 2021 年 5 月 1 日起施行，列出了功效宣称、作用部位、使用人群、产品剂型和使用方法 5 组分类目录及相应说明。其中，对于功效宣称分类目录，除新功效外，《化妆品分类规则和分类目录》规定将化妆品功效类别细化分为染发、祛斑美白、滋养、清洁、美容修饰等 26 类。

四、《化妆品注册备案管理办法》

《化妆品注册备案管理办法》自 2021 年 5 月 1 日起施行，内容包括总则、化妆品新原料注册和备案管理、化妆品注册和备案管理、监督管理、法律责任和附则，主要是为了规范化妆品注册和备案行为，保证化妆品质量安全。

五、《化妆品功效宣称评价规范》

《化妆品功效宣称评价规范》自2022年5月1日起施行，内容包括目的、适应范围、定义、责任要求、信息公开、功效评价一般要求、功效评价的项目要求、免予以公布摘要的情形、未限定功效评价方式的情形、限定功效评价方式的情形、需开展人体功效试验的情形、特定宣称的评价方式、新功效评价要求、功效评价试验基本原则、功效评价试验方法、功效评价试验机构、功效评价试验报告等规定。

六、《化妆品安全评估技术导则》

《化妆品安全评估技术导则》自2021年5月1日起施行，内容包括适用范围、基本原则与要求、化妆品安全评估人员的要求、风险评估程序、毒理学研究、原料的安全评估、化妆品产品的安全评估、安全评估报告等规定。

七、《化妆品标签管理办法》

《化妆品标签管理办法》自2022年5月1日起施行，内容包括目的、适应范围、化妆品标签的定义、原则要求、进口产品标签、标签内容、标签文字要求、商标名、通用名、属性名要求、产品名称标注要求、产品执行的标准编号标注要求、化妆品全成分标注要求、净含量标注要求、使用期限标注要求、安全警示用语标注要求、小规格包装标注要求、创新用语、功效宣称依据的公示、禁止标注或宣称、禁用语管理、标签瑕疵、法律责任等规定。

任务实施

1. 查询并讲解化妆品相关法律法规。
2. 按照化妆品相关法律法规的规定，进行规范研发、生产、经营活动。

任务测评

任务结束后填写任务测评表1－41。

表1－41　任务测评表

序号	考核内容	考核标准	配分	得分
1	素质考核	课堂出勤率、学习态度、行为规范	30	
2	课堂表现	课堂互动、团队协作、创新建议	30	
3	专业知识	《化妆品监督管理条例》《化妆品安全技术规范》《化妆品分类规则和分类目录》《化妆品注册备案管理办法》《化妆品功效宣称评价规范》《化妆品安全评估技术导则》《化妆品标签管理办法》）等化妆品相关法律法规的主要内容	40	
合计			100	

思考与练习

一、单选题

1. 依据化妆品的定义，下列（　　）不属于化妆品。

A. 美容针　　B. 口服胶原蛋白

C. 口服美白丸　　D. 以上都不属于

2.《化妆品分类规则和分类目录》列出（　　）、作用部位、使用人群、产品剂型和使用方法 5 组分类目录及相应说明。

A. 作用目的　　B. 产地　　C. 经销商　　D. 功效宣称

3.《化妆品注册备案管理办法》自（　　）起施行。

A. 2016 年 12 月 1 日　　B. 2021 年 1 月 1 日

C. 2021 年 5 月 1 日　　D. 2022 年 5 月 1 日

二、判断题

1. 脱毛膏属于《化妆品监督管理条例》中规定的特殊化妆品。(　　)

2. 防腐、防晒、着色、染发、祛斑美白功能新原料为高风险新原料。(　　)

三、简答题

1. 写出《化妆品监督管理条例》中化妆品的定义。

2.《化妆品分类规则和分类目录》将化妆品功效类别细化分为几类？

3.《化妆品安全技术规范》(2015 年版）中规定了多少项准用防腐剂？

模块二

护肤类化妆品配方实训

护肤类化妆品以剂型进行分类，主要包括化妆水类化妆品、护肤啫喱类化妆品和膏霜乳液类化妆品。其中，化妆水类化妆品和护肤啫喱类化妆品是最常用的黏度低、流动性的液态化妆品，是日常生活中应用最广泛的一类化妆品，基本作用是给洗净后的皮肤补充水分，使角质层柔软，保持其正常功能，并具有抑菌、收敛、清洁、营养等功效，即提供润肤、收敛、柔软皮肤的作用，主要包括爽肤水、柔肤水、肌底液、卸妆水等产品；膏霜乳液类化妆品是利用乳化体系制成的具有一定黏度的流动液体或半固体状化妆品，如护肤乳液、身体乳、护手霜、护肤膏霜等。

本模块将以爽肤水配方实训、柔肤液配方实训、面膜液配方实训、护肤精华液配方实训、眼部啫喱配方实训、身体乳配方实训、护手霜配方实训、保湿霜配方实训共 8 个课题进行内容设置。

课程思政小课堂

“一带一路”下的化妆品企业国际化道路

2013 年，“一带一路”倡议提出，得到了占全球 100 多个的国家和几十个国际组织的响应。“一带一路”贯穿亚欧非大陆，连接太平洋、印度洋和大西洋，涵盖 65 个国家，总人口近 46.7 亿，经济总量达 27.4 万亿美元，成为当今世界深受欢迎的国际合作平台。

作为“一带一路”倡议的重要载体和标志性成果，中欧班列拉近了沿线国家交流交往交融和文明互鉴的纽带，开启了亚欧合作发展的新篇章，成为共建“一带一路”的旗舰项目之一。截至 2022 年年初，我国中欧班列累计开行突破 5 万列，通达欧洲 23 个国家、180 多个城市，成为欧亚商品交往的重要通道。

通过“一带一路”倡议和中欧班列的桥梁作用，可以从经贸往来与文化交流的角度，

进一步加强我国化妆品企业与沿线国家的区域交流，深化长远合作，为我国化妆品企业通过国际贸易与协作，让自己的产品走出国门、走向世界提供了更为宽阔的舞台。化妆品企业也可以借助我国电子商务平台全球领先的优势，进行宣传、推广与销售，配合着中华文化的传播，构建属于中国品牌的核心竞争力。

“一带一路”倡议给全球化妆品市场带来新的发展机遇，除了中国品牌积极走出去，越来越多的沿线国家优秀品牌也将走进中国这个广袤的市场。2022 年起，中欧班列相继开启特色商品销售服务，销售的产品中就包括了眼霜、面膜、口红、口气清新剂等化妆品，让旅客朋友们“足不出户”，就能购买到泰国、法国等地生产的商品，并且价格实惠，受到许多旅客的青睐。

“一带一路”倡议给中国化妆品行业带来良好的发展机遇，也带来巨大的挑战与竞争压力。随着我国经济的不断发展、民族自信心的不断增强，相信中国化妆品国际化之路也会走得更加顺畅。这个关于美丽的行业承载着人民群众对美好生活的向往和追求，我们有理由相信，未来的中国化妆品一定会在国际上掌握更多话语权，并且在国际上拥有至关重要的一席之地。

课题一　爽肤水配方实训

任务一　接受任务

学习目标

【知识目标】能识读任务书。

【技能目标】能初步评估任务计划（生产范围、生产能力、法规符合性等）。

【素养目标】运用课程思政小课堂开阔国际视野，立足中国放眼世界，培养以改革创新为核心的时代精神；培养接受、分析、评估任务的能力。

任务引入

×××化妆品有限公司技术开发部对新员工进行爽肤水配方技能实训。

任务分析

本次实训安排比较简单的爽肤水配方，让新员工熟悉本单位的打版实训流程，培养操作的规范性。

爽肤水属于化妆水类，是一种低黏度、流动性好的液体，大部分有透明外观，多数在洗面洁面后使用，其作用是给清洗后的皮肤补充水分，使角质层柔软，保持皮肤正常的功能，还有收敛、营养等作用。

爽肤水的质量要求：由于产品拟在国内销售，爽肤水的质量必须符合国家的相关法律法规及标准要求。产品和所用原料必须符合《化妆品安全技术规范》(2015 年版）和《化妆品禁用原料目录》《化妆品禁用植（动）物原料目录》(2021 年版）的规定，产品必须符合《化妆水》(QB/T 2660—2004)。

相关知识

爽肤水的质量指标见表 2－1。

表 2－1　爽肤水的质量指标

项目		质量指标	
		单层型	多层型
感官指标	外观	均匀液体，不含杂质	两层或多层液体
	香气	符合规定香型	
理化指标	耐热	(40 ±1)℃保持 24 h，恢复至室温后与试验前无明显性状差异	
	耐寒	(－5 ±2)℃保持 24 h，恢复至室温后与试验前无明显性状差异	
	pH 值（25 ℃）	4.0～8.5（含 α-羟基酸、β-羟基酸类产品除外）	
	相对密度	规定值 ±0.02	
微生物学指标	菌落总数/(CFU/g 或 CFU/mL)	≤1 000	
	霉菌和酵母菌总数/(CFU/g 或 CFU/mL)	≤100	
	耐热大肠菌群/(g 或 mL)	不得检出	
	金黄色葡萄球菌/(g 或 mL)	不得检出	
	铜绿假单胞菌/(g 或 mL)	不得检出	
有害物质	汞/(mg/kg)	≤1	
	铅/(mg/kg)	≤10	
	砷/(mg/kg)	≤2	
	镉/(mg/kg)	≤5	
	甲醇/(mg/kg)	≤2 000	

任务实施

一、任务接受

见附表 1 任务接受单。

二、任务计划

见附表 2 任务计划表。

任务测评

任务结束后填写任务测评表 2－2。

表 2－2　　任务测评表

序号	考核内容	考核标准	配分	得分
1	素质考核	课堂出勤率、学习态度、行为规范	30	
2	课堂表现	课堂互动、团队协作、创新建议	30	
3	专业知识	爽肤水配方实训任务的分析评估能力	40	
合计			100	

任务二　打版的改进与质量分析

学习目标

【知识目标】能正确对原料进行辨识。

【技能目标】能正确操作搅拌机；掌握爽肤水的制作流程；能正确按流程完成制作；掌握爽肤水质量评价。

【素养目标】培养信息分析和处理能力，夯实专业素养，培养专业、细致的职业精神。

任务引入

接已完成的上一项任务。

任务分析

上一项任务已了解课题计划、实训产品质量标准和要求，本项任务需进一步了解产品的配方结构、原料辨识方法、配方操作，完成打版实训任务。

相关知识

一、配方结构

爽肤水的主要组分是水、保湿剂、营养剂、黏度调节剂、收敛剂、缓冲剂、pH 值调节剂、螯合剂、着色剂、香精、增溶剂、防腐剂等。爽肤水配方结构组分、主要功能、代表性原料见表 2－3。

表 2-3　　爽肤水配方结构组分、主要功能、代表性原料

结构组分	主要功能	代表性原料
水	溶解、稀释	—
保湿剂	滋润、保湿	甘油、丙二醇、聚乙二醇、透明质酸钠、PCA钠、甜菜碱
营养剂	滋润、修复、保护	β-葡聚糖、马齿苋提取物、金缕梅提取液
黏度调节剂	调节产品的流变性、提高产品的稳定性	卡波姆、AVC（丙烯酰胺二甲基牛磺酸铵/VP共聚物）、黄原胶
收敛剂	抑制皮肤过多的油分和调节肌肤松紧度，收缩皮肤的毛孔	苯酚磺酸锌、氯化羟铝、金缕梅提取物液
缓冲剂	平衡皮肤 pH 值	柠檬酸、乳酸、乳酸钠
pH 值调节剂	调节产品 pH 值	氢氧化钠、三乙醇胺、异丙醇胺、精氨酸
螯合剂	使金属离子螯合，防止产品变色、褪色，对防腐有协同作用	EDTA 二钠、EDTA 四钠
着色剂	赋予产品颜色	各种化妆品允许使用的着色剂
香精	产品赋香	各种化妆品用香精
增溶剂	增加油溶性香精等的水溶性	PEG-40 氢化蓖麻油（CO40）、PEG-60 氢化蓖麻油（CO60）
防腐剂	防止细菌等微生物使产品腐败变质	羟苯甲酯、咪唑烷基脲、碘丙炔醇丁基氨甲酸酯、苯氧乙醇

二、主要原料的辨识

（一）甘油

INCI 中文名：甘油。

别名：丙三醇。

分子式：$C_3H_8O_3$。

性质：无色、无臭、有甜味、透明的浓稠液体，可混溶于乙醇、水，不溶于氯仿、醚、二硫化碳、苯、油类，可溶解某些无机物，有吸水性。

熔点：17.8 ℃。

沸点：290.9 ℃。

相对密度（20 ℃）：1.26。

折光率（20 ℃）：1.474。

（二）丙二醇

INCI 中文名：丙二醇。

别名：1,2-丙二醇（重要的异构体），甲基乙二醇。

分子式：$C_3H_8O_2$。

性质：常态下为无色、无臭，具有咸味、吸湿性的黏稠液体，可与水、乙醇、乙醚

浸溶。

熔点：-27 ℃。

沸点：约210 ℃。

闪点：79 ℃。

相对密度（20 ℃）：1.05。

折光率（20 ℃）：1.440。

（三）卡波姆

INCI中文名：卡波姆。

性质：卡波姆是一类非常重要的流变调节剂。不同型号的卡波姆树脂性能也不完全相同，但它们都具有一些通性，例如它们都是松散、白色、微酸性的粉末。

堆积密度：176～208 kg/m^3。

含水量（质量分数）≤2.0%。

质量分数为1%水分散液的pH值：2.5～3.5。

某市售常用卡波姆树脂特性见表2-4。

表2-4　某市售常用卡波姆树脂特性

商品名	溶剂	特性	用途	流变性/相对黏度
卡波姆941	苯	可形成低黏度的、稳定的乳液和悬浮液。相同pH值下，在低浓度时，增稠效率较卡波姆934和卡波姆940低	主要用于香波、乳液和稀凝胶的稳定剂，其透明度较突出，在中等浓度离子体系中，仍然有效	长流/低黏度
卡波姆934	苯	在高黏度时，有很好的稳定性，形成稠厚的凝胶、乳液和悬浮液	适用于稠厚的配方，如黏凝胶、乳液和悬浮液，其水溶液有较快回缩性，特别适于喷雾类化妆品	短流/高黏度
卡波姆940	苯	在高黏度时有优良的增稠效能，形成凝胶有触变性	主要用于透明凝胶类产品，在水或水—醇体系中形成清澈透明的凝胶。在溶剂体系中仍可增稠，制品有触变性	短流/高黏度
卡波姆980	环己烷、乙酸乙酯	适合高黏度配方稳定悬浮，在水体系对电解质敏感。肤感清润	可用于水、醇、乳液及表面活性剂体系增稠、稳定悬浮。在表面活性剂体系中与盐有很好的协同性。在香波体系有较好的调理感	短流/高黏度
卡波姆981	环己烷、乙酸乙酯	适合低黏度配方稳定悬浮，低黏度配方中比较耐盐。肤感清爽，自润湿	适用于各种体系	长流/低黏度
卡波姆Ultrez 10	环己烷、乙酸乙酯	适合中高黏度配方增稠、稳定悬浮，耐电解质。肤感滋润，自润湿	适合各种个人护理停留型配方	短流/高黏度

续表

商品名	溶剂	特性	用途	流变性/相对黏度
卡波姆 Ultrez 30	环己烷、乙酸乙酯	适合高黏度配方稳定悬浮，在水体系对电解质敏感。肤感清润	适合各种个人护理停留型配方，低 pH 值下即可增稠	中高流/中短黏度

（四）金缕梅提取液

INCI 中文名：北美金缕梅（HAMAMELIS VIRGINIANA）提取物。

别名：北美金缕梅蒸馏液、美国 AD 金缕梅。

性质：无色澄清液体，味苦并有金缕梅特有味道。

pH 值：3.0～5.0。

相对密度（20 ℃）：0.995～1.05。

细菌总数：≤100 个/mL。

（五）透明质酸钠

INCI 中文名：透明质酸钠。

别名：玻璃酸钠、玻尿酸钠、糠醛酸钠。

性质：白色粉末，无特殊异味，有很强的吸湿性，溶于水，不溶于醇、酮、乙醚等有机溶剂。透明质酸钠的水溶液带负电，高浓度时有很高的黏弹性和渗透压。透明质酸钠的亲水性非常强，亲和吸附的水分约为其本身重量的 1 000 倍。不同级别相对分子质量透明质酸钠的性质也不一样，高相对分子质量（$\geq 10^6$）的透明质酸钠能赋予产品很好的润滑性、成膜性和增稠作用，低相对分子质量（$<10^4$）的透明质酸钠增稠和成膜效果弱。

（六）三乙醇胺

INCI 中文名：三乙醇胺。

别名：TEA、2,2′,2″-次氮基三乙醇、2′,2″-三羟基三乙胺、氨基三乙醇。

分子式：$C_6H_{15}NO_3$。

性质：无色至淡黄色透明黏稠液体，微有氨味，低温时成为无色至淡黄色立方晶系晶体，易溶于水、乙醇、丙酮、甘油及乙二醇等，微溶于苯、乙醚及四氯化碳等，在非极性溶剂中几乎不溶解，有刺激性、吸湿性。易氧化，露置于空气中时颜色渐渐变深。

熔点：21.2 ℃。

沸点：360.0 ℃。

闪点：179 ℃。

相对密度（20 ℃）：1.124 2。

动力黏度：613.3 mPa·s（25 ℃）。

折光率（20 ℃）：1.485 2。

（七）丁二醇

INCI 中文名：丁二醇。

别名：1,3-丁二醇（重要的异构体）。

分子式：$C_4H_{10}O_2$。

性质：无色、无味、透明、黏稠液体，可与水、乙醇、丙酮互溶，微溶于乙醚，几乎不溶于苯、四氯化碳和脂肪烃，有吸湿性。丁二醇在化妆品中可用作保湿剂，具有甘油和丙二醇的优点，还有一定的抗菌作用。

熔点：-50 ℃。

沸点：207.5 ℃。

闪点：121 ℃。

相对密度（20 ℃）：1.01。

折光率（20 ℃）：1.440 1。

三、设备要求

带有加热、冷却系统的搅拌配制罐。

任务实施

一、配方及工艺

（一）配方

爽肤水配方见表 2-5。

表 2-5　爽肤水配方

序号	原料商品名	作用	质量分数/%	备注
1	去离子水	稀释	加至 100	
2	卡波姆 941	增稠	0.12	
3	EDTA 二钠	螯合	0.05	
4	羟苯甲酯	防腐	0.20	
5	甘油	保湿	8.00	
6	丁二醇	保湿	5.00	
7	1% 透明质酸钠	保湿	5.00	
8	三乙醇胺	pH 值调节	0.10	
9	金缕梅提取液	收敛	5.00	
10	苯氧乙醇	防腐	0.30	
11	香精	芳香	0.05	
12	增溶剂	增溶	0.40	

（二）打版流程

爽肤水打版流程如图 2-1 所示。

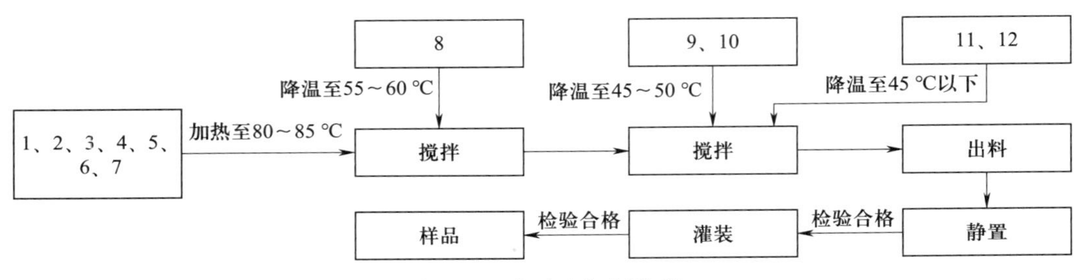

图 2－1 爽肤水打版流程

（三）操作步骤

1. 将表 2－5 中的原料 1、2、3、4、5、6、7 加入烧杯水相中，加热至 80～85 ℃，搅拌使其溶解。

2. 降温至 55～60 ℃时加入 8，搅拌 10 min。

3. 降温至 45～50 ℃时加入 9、10，搅拌 10 min。

4. 降温至 45 ℃以下，将 11、12 混合均匀后，加入水相中搅拌至溶解均匀，出料。

二、打版准备

1. 按实训室 6S 管理（包括整理、整顿、清扫、清洁、素养、安全 6 个项目）做好打版前准备。

2. 准备试剂和仪器。

3. 仪器的清洁消毒。

4. 原料预处理。

三、实训操作

（一）仪器与原料

1. 仪器：烧杯、玻璃试管、温度计、电炉、搅拌器、玻璃棒、电子秤、pH 计、恒温烘箱、冰箱、密度计、阿贝折光仪。

2. 原料：详见表 2－5。

（二）打版操作

边操作边记录，打版记录表见附表 3。

【操作提示】

①操作过程要加 1%～2% 的补充水。

②注意保证卡波姆 941 和羟苯甲酯溶解充分后才开始降温。

③香精和液体状防腐剂和活性物质要低温加入，防止香精挥发或活性成分降解。

（三）质量指标考察

1. 质量指标检验

对打版后样品的感官指标（外观、香气）、理化指标（耐热试验、耐寒试验、pH 值、相对密度）、微生物学指标（菌落总数、霉菌和酵母菌总数）进行检验，并填写质量报告记

录表 2－6。

表 2－6　　质量报告记录表

产品名称		生产日期		生产批号	
项目	指标			结果	
外观	不分层，无明显悬浮（加入均匀悬浮颗粒组分的产品除外）或沉淀，无明显杂度的均匀产品				
香气	无异味				
耐热	(40 ± 1) ℃保持 24 h，恢复至室温后与试验前无明显性状差异				
耐寒	(－5 ± 2) ℃保持 24 h，恢复至室温后与试验前无明显性状差异				
pH 值（25 ℃）	4.0～8.5（含 α-羟基酸、β-羟基酸类产品除外）				
相对密度	规定值 ± 0.02				
菌落总数/（CFU/g 或 CFU/mL）	≤1 000				
霉菌和酵母菌总数/（CFU/g 或 CFU/mL）	≤100				

2. 质量指标稳定性考察

一般保存试验是指在设定的温度、湿度、光照条件下，将化妆品样品静置一定时间，观察测定样品状态的变化。

温度条件：－10 ℃、－5 ℃、0 ℃、25 ℃、30 ℃、37 ℃、45 ℃、50 ℃、60 ℃等。

光照条件：室外自然光、室内人工光源。

保存时间：1 天至 1 个月、2 个月、6 个月、1～3 年等。

观察项目：外观变化和气味变化。

测定项目：不同时间点的 pH 值、黏度等。

可以采取长期存放的办法，但也会因为储存的地区不同而产生不同的结果，因此通常在实验室中使用强化自然条件的方法来测定化妆品的稳定性。

根据本产品的特点，以 25 ℃作为常温保存试验 7 天、48 ℃作为耐热试验 7 天、－10 ℃作为耐寒试验 7 天、室外自然光光照 7 天作为稳定性考察的项目进行实训，分别填写质量指标考察表 2－7。

表 2－7　　质量指标考察表

产品名称		生产日期		生产批号	
开始试验日期		结束试验日期		报告日期	
试验条件	□ 25 ℃作为常温保存试验 7 天 □ 48 ℃作为耐热试验 7 天 □ －10 ℃作为耐寒试验 7 天 □ 室外自然光光照 7 天 □ 其他条件：________				

续表

考察项目		考察结果
考察项目	外观	
	色泽	
	气味	
	pH 值	
	黏度	
结论		
检验人		复核人	

（四）打版样品感官评价

对打版样品进行感官评价，填写感官评价表 2－8。

表 2－8　　感官评价表

项目	指标	评价结果
看色泽	色泽均匀、柔和与肤色配合融洽度好	
闻气味	气味纯正，与标准样香型一致	
比较外质地	清澈透明，无任何沉淀，无明显分层，无浑浊，无明显杂质和黑点	
使用肤感	皮肤产品在使用过程中的感官效果，一般指使用感（如滑爽、润滑、黏稠、干燥、油腻）、延展性（是否容易涂敷，涂布层均匀度）、清爽度、渗透性等。营养护肤类应使皮肤变得柔软细腻有弹性，收敛类应使毛孔有所收缩，皮肤有滑爽、清爽感	

》任务测评

任务结束后填写实操任务测评表 2－9。

表 2－9　　实操任务测评表

序号	考核内容	考核标准	配分	得分
1	实训项目基础	准确辨识爽肤水原料、配方结构	30	
2	实训打版项目	能按操作规程进行爽肤水打版	30	
3	6S 管理	遵守 6S 管理	40	
合计			100	

任务三　总结及归档

学习目标

【知识目标】能对爽肤水配方实训结果进行统计。

【技能目标】能分析爽肤水配方实训的完成情况，并撰写总结报告。

【素养目标】培养负责、严谨的工作态度，树立大局观，提高分析、解决实际问题的能力。

任务引入

接已完成的上两项任务。

任务分析

前面的任务已完成课题实训任务，本项任务进一步对实训结果进行统计、分析并总结归档。

相关知识

实训结果评价流程如图 2－2 所示。

图 2－2　实训结果评价流程

任务实施

一、实训结果的统计

对爽肤水配方实训结果进行统计。

二、实训任务完成情况的分析

对爽肤水配方实训任务完成情况进行分析。

三、总结与归档

1. 将爽肤水配方实训任务实施情况进行总结。
2. 将爽肤水配方实训数据进行整理归档。

任务测评

任务结束后填写任务测评表 2－10。

表 2－10 任务测评表

序号	考核内容	考核标准	配分	得分
1	素质考核	课堂出勤率、学习态度、行为规范	30	
2	课堂表现	课堂互动、团队协作、创新建议	30	
3	专业知识	爽肤水配方实训任务后的总结归档能力	40	
合计			100	

思考与练习

1. 在爽肤水打版过程中，为什么增溶剂要与香精先混合后才加入体系中？
2. 写出爽肤水配方结构。
3. 写出爽肤水的打版操作步骤。

课题二　柔肤液配方实训

任务一　接受任务

学习目标

【知识目标】能识读任务书。
【技能目标】能初步评估任务计划（生产范围、生产能力、法规符合性等）。
【素养目标】培养接受、分析、评估任务的能力。

任务引入

×××化妆品有限公司技术开发部对新员工进行柔肤液配方技能实训。

任务分析

本次实训安排柔肤液配方，让新员工熟悉本单位的打版实训流程，培养操作的规范性。

柔肤液属于化妆水类，是一种稍有一点黏度、流动性好的液体，大部分有透明外观，多数在洗面洁面后使用，其作用是给清洗后的皮肤补充水分使角质层柔软，保持皮肤正常的功能，还有修复、营养等作用。

柔肤液的质量要求：由于产品拟在国内销售，柔肤液的质量必须符合国家的相关法律法规及标准要求。产品和所用原料应符合《化妆品安全技术规范》(2015 年版）和《化妆品禁用原料目录》《化妆品禁用植（动）物原料目录》(2021 年版）的规定，产品应符合《化妆水》(QB/T 2660—2004)。

相关知识

柔肤液的质量指标见表 2－11。

表 2－11　　柔肤液的质量指标

项目		质量指标	
		单层型	多层型
感官指标	外观	均匀液体，不含杂质	两层或多层液体
	香气	符合规定香型	
理化指标	耐热	(40 ±1)℃保持 24 h，恢复至室温后与试验前无明显性状差异	
	耐寒	(－5 ±2)℃保持 24 h，恢复至室温后与试验前无明显性状差异	
	pH 值（25 ℃）	4.0～8.5（含 α-羟基酸、β-羟基酸类产品除外）	
	相对密度	规定值 ±0.02	
微生物学指标	菌落总数/(CFU/g 或 CFU/mL)	≤1 000	
	霉菌和酵母菌总数/(CFU/g 或 CFU/mL)	≤100	
	耐热大肠菌群/(g 或 mL)	不得检出	
	金黄色葡萄球菌/(g 或 mL)	不得检出	
	铜绿假单胞菌/(g 或 mL)	不得检出	
有害物质	汞/(mg/kg)	≤1	
	铅/(mg/kg)	≤10	
	砷/(mg/kg)	≤2	
	镉/(mg/kg)	≤5	
	甲醇/(mg/kg)	≤2 000	

任务实施

一、任务接受

见附表 1 任务接受单。

二、任务计划

见附表 2 任务计划表。

任务测评

任务结束后填写任务测评表 2 – 12。

表 2 – 12　任务测评表

序号	考核内容	考核标准	配分	得分
1	素质考核	课堂出勤率、学习态度、行为规范	30	
2	课堂表现	课堂互动、团队协作、创新建议	30	
3	专业知识	柔肤液配方实训任务的分析评估能力	40	
合计			100	

任务二　打版的改进与质量分析

学习目标

【知识目标】能正确对原料进行辨识。

【技能目标】能正确操作搅拌机；掌握柔肤液的制作流程；正确按流程完成制作；掌握柔肤液质量评价。

【素养目标】夯实专业素养，培养以改革创新为核心的时代精神。

任务引入

接已完成的上一项任务。

任务分析

上一项任务已了解课题计划、实训产品质量标准和要求，需进一步了解产品的配方结构、原料辨识方法、配方操作，完成打版实训任务。

相关知识

一、配方结构

柔肤液属于化妆水的一种，主要成分是水、保湿剂、营养剂、黏度调节剂、缓冲剂、pH 值调节剂、螯合剂、着色剂、香精、防腐剂、增溶剂等。柔肤液结构组分、主要功能及代表性原料见表 2 – 13。

表 2－13　　柔肤液结构组分、主要功能及代表性原料

结构组分	主要功能	代表性原料
水	溶解、稀释	—
保湿剂	滋润、保湿	甘油、丙二醇、聚乙二醇、透明质酸钠、PCA 钠、甜菜碱、芦芭油
营养剂	滋润、修复、保护	β-葡聚糖、马齿苋提取物
黏度调节剂	调节产品的流变性、提高产品的稳定性	卡波姆、AVC（丙烯酰胺二甲基牛磺酸铵/VP 共聚物）、黄原胶
缓冲剂	平衡皮肤 pH 值	柠檬酸、乳酸、乳酸钠
pH 值调节剂	调节产品 pH 值	氢氧化钠、三乙醇胺、异丙醇胺、精氨酸
螯合剂	使金属离子螯合，防止产品变色、褪色，对防腐有协同作用	EDTA 二钠、EDTA 四钠
着色剂	赋予产品颜色	各种化妆品允许使用的着色剂
香精	产品赋香	各种化妆品用香精
防腐剂	防止细菌等微生物使产品腐败变质	羟苯甲酯、苯氧乙醇、杰马 BP
增溶剂	增加油溶性香精等的水溶性	PEG-40 氢化蓖麻油（CO40）、PEG-60 氢化蓖麻油（CO60）

二、主要原料的辨识

（一）1,3-丙二醇

INCI 中文名：1,3-丙二醇。

分子式：$C_3H_8O_2$。

性质：无色、无臭，有吸水性黏稠液体，可与水、乙醇、乙醚混溶。

熔点：－27 ℃。

沸点：约 210 ℃。

相对密度（水＝1）：1.05（20 ℃）。

折光率（20 ℃）：1.440。

（二）杰马 BP

INCI 中文名：双（羟甲基）咪唑烷基脲、碘丙炔醇丁基氨甲酸酯。

别名：杰马 BP。

性质：无色至微黄色透明黏稠液体，略带特征性气味，混溶于丙二醇，可溶于水。

氮含量：7.5%～8.5%。

色度：≤50 黑曾（Hazen）。

相对密度（20 ℃）：1.15～1.25。

pH 值（1%水溶液）：6.0～8.0。

（三）CO40

INCI 中文名：PEG-40 氢化蓖麻油。

别名：CO40、RH40。

性质：室温下为白色至黄白色的浆状物。由于本品含有亲水基和疏水基两个部分，它的HLB值为14~16，因而本品对于不易溶于水中的活性成分具有较好的增溶作用。加入少量的聚乙二醇、丙二醇和甘油可以增强其增溶作用，并减小其他增溶剂的用量。

pH值（10%水溶液）：6.0~7.0。

凝固点：20~28 ℃。

（四）芦芭油

INCI中文名：甘油、甘油丙烯酸酯/丙烯酸共聚物、丙二醇、PVM/MA共聚物。

别名：芦芭油。

性质：水合聚合物，无色透明水溶性黏稠液体，略有特征气味，完全溶于水。

pH值：5~6。

相对密度（20 ℃）：1.0~1.2。

（五）芦芭胶

INCI中文名：甘油、甘油丙烯酸酯/丙烯酸共聚物、丙二醇。

别名：芦芭胶。

性质：水合聚合物，无色透明水溶性凝胶，略有特征气味。

pH值：5~6。

相对密度（20 ℃）：1.0~1.2。

三、设备要求

带有加热、冷却系统的搅拌配制罐。

任务实施

一、配方及工艺

（一）配方

柔肤液配方见表2-14。

表2-14　柔肤液配方

序号	原料商品名	作用	质量分数/%	备注
1	纯化水	稀释	88.30	
2	卡波姆940	增稠	0.10	
3	1%透明质酸钠	保湿	5.00	
4	甘油	皮肤调理	3.00	
5	芦芭油	保湿	3.00	
6	1,3-丙二醇	保湿	5.00	

续表

序号	原料商品名	作用	质量分数/%	备注
7	三乙醇胺	pH 值调节	0.10	
8	杰马 BP	防腐	0.20	
9	香精	芳香	0.05	
10	增溶剂	增溶	0.20	

（二）打版流程

柔肤液打版流程如图 2－3 所示。

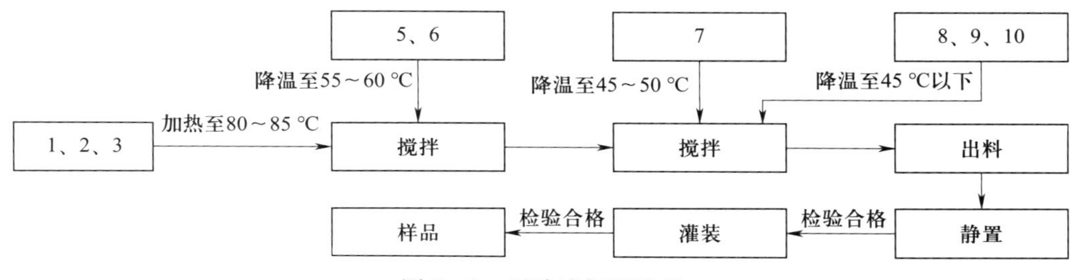

图 2－3　柔肤液打版流程

（三）操作步骤

1. 将表 2－14 中的原料 1、2、3 加入烧杯水相中，加热至 80～85 ℃，搅拌使其溶解。
2. 降温至 55～60 ℃时加入 5、6，搅拌 10 min。
3. 降温至 45～50 ℃时加入 7，搅拌 10 min。
4. 降温至 45 ℃以下，将 8、9、10 混合均匀后，加入水相中搅拌至溶解均匀，出料。

二、打版准备

1. 按实训室 6S 管理做好打版前准备。
2. 准备试剂和仪器。
3. 仪器的清洁消毒。
4. 原料预处理。

三、实训操作

（一）仪器与原料

1. 仪器：烧杯、玻璃试管、温度计、电炉、搅拌器、玻璃棒、电子秤、pH 计、恒温烘箱、冰箱、旋转黏度计。

2. 原料：详见表 2－14。

（二）打版操作

边操作边记录，打版记录表见附表 3。

【操作提示】

①操作过程要加1% ~2%的补充水。

②注意保证卡波姆940溶解充分后才开始降温。

③香精和液体状防腐剂和活性物质要低温加入，防止香精挥发或活性成分降解。

（三）质量指标考察

1. 质量指标检验

对打版后样品的感官指标（外观、香气）、理化指标（耐热试验、耐寒试验、pH值、相对密度）、微生物学指标（菌落总数、霉菌和酵母菌总数）进行检验，并参考表2-6填写质量报告记录表。

2. 质量指标稳定性考察

根据本产品的特点，以25 ℃作为常温保存试验7天、48 ℃作为耐热试验7天、-10 ℃作为耐寒试验7天、室外自然光光照7天作为稳定性考察的项目进行实训，分别填写考察项目，并参考表2-7填写质量指标考察表。

（四）打版样品感官评价

对打版样品进行感官评价，并参考表2-8填写感官评价表。

任务测评

任务结束后填写实操任务测评表2-15。

表2-15　实操任务测评表

序号	考核内容	考核标准	配分	得分
1	实训项目基础	能准确辨识柔肤液原料、配方结构	30	
2	实训打版项目	能按操作规程进行柔肤液打版	30	
3	6S管理	遵守6S管理	40	
合计			100	

任务三　总结及归档

学习目标

【知识目标】能对柔肤液配方实训结果进行统计。

【技能目标】能分析柔肤液配方实训的完成情况，并撰写总结报告。

【素养目标】培养负责、严谨的工作态度，树立大局观，提高分析、解决实际问题的能力。

任务引入

接已完成的上两个任务。

任务分析

前面的任务已完成课题实训任务，本任务进一步对实训结果进行统计、分析并总结归档。

相关知识

实训结果评价流程如图 2－4 所示。

图 2－4　实训结果评价流程

任务实施

一、实训结果的统计

对柔肤液配方实训结果进行统计。

二、实训任务完成情况的分析

对柔肤液配方实训任务完成情况进行分析。

三、总结与归档

1. 将柔肤液配方实训任务实施情况进行总结。
2. 将柔肤液配方实训数据进行整理归档。

任务测评

任务结束后填写任务测评表 2－16。

表 2－16　　任务测评表

序号	考核内容	考核标准	配分	得分
1	素质考核	课堂出勤率、学习态度、行为规范	30	
2	课堂表现	课堂互动、团队协作、创新建议	30	
3	专业知识	柔肤液配方实训任务后的总结归档能力	40	
合计			100	

思考与练习

1. 为什么柔肤液打版样与标准样存在黏稠度偏差？
2. 写出柔肤液配方结构。
3. 写出柔肤液的打版操作步骤。

课题三　面膜液配方实训

面膜类产品包括贴膜状面膜、泥状面膜、啫喱状面膜、水洗膏状面膜，随着化妆品市场的发展，附有面膜液的贴膜状面膜成为市场面膜类产品的主流。下面以贴膜状面膜的主要内容物——面膜液来进行学习。

任务一　接受任务

学习目标

【知识目标】能识读任务书。
【技能目标】能初步评估任务计划（生产范围、生产能力、法规符合性等）。
【素养目标】培养接受、分析、评估任务的能力。

任务引入

×××化妆品有限公司技术开发部对新员工进行面膜液配方技能实训。

任务分析

本次实训安排面膜液配方，让新员工熟悉本单位的打版实训流程，培养操作的规范性。

面膜液属于面膜类组分的一种，是一种低黏度、流动性好的液体，大部分有透明或半透明外观，多数在洗面洁面后使用，其作用是给清洗后的皮肤补充水分，使角质层柔软，保持皮肤的保湿功能，还有修复、营养等作用。

面膜液的质量要求：由于产品拟在国内销售，面膜液的质量必须符合国家的相关法律法规及标准要求。产品和所用原料必须符合《化妆品安全技术规范》(2015 年版）和《化妆品禁用原料目录》《化妆品禁用植（动）物原料目录》（2021 年版）的规定，产品必须符合

《面膜》（QB/T 2872—2017）。

相关知识

面膜液的质量指标见表 2－17。

表 2－17　面膜液的质量指标

项目		质量指标
感官指标	外观	均匀液体，不含杂质
	香气	符合规定香气，无异味
理化指标	耐热	(40±1)℃保持 24 h，恢复至室温后与试验前无明显性状差异
	耐寒	(－8±2)℃保持 24 h，恢复至室温后与试验前无明显性状差异
	pH 值（25 ℃）	4.0～8.0
微生物学指标	菌落总数/(CFU/g 或 CFU/mL)	≤1 000
	霉菌和酵母菌总数/(CFU/g 或 CFU/mL)	≤100
	耐热大肠菌群/(g 或 mL)	不得检出
	金黄色葡萄球菌/(g 或 mL)	不得检出
	铜绿假单胞菌/(g 或 mL)	不得检出
有害物质	汞/(mg/kg)	≤1
	铅/(mg/kg)	≤10
	砷/(mg/kg)	≤2
	镉/(mg/kg)	≤5
	甲醇/(mg/kg)	≤2 000

任务实施

一、任务接受

见附表 1 任务接受单。

二、任务计划

见附表 2 任务计划表。

任务测评

任务结束后填写任务测评表 2－18。

表 2-18　任务测评表

序号	考核内容	考核标准	配分	得分
1	素质考核	课堂出勤率、学习态度、行为规范	30	
2	课堂表现	课堂互动、团队协作、创新建议	30	
3	专业知识	面膜液配方实训任务的分析评估能力	40	
合计			100	

任务二　打版的改进与质量分析

学习目标

【知识目标】正确对原料进行辨识。

【技能目标】能正确操作搅拌机；掌握面膜液的制作流程；能正确按流程完成制作；掌握面膜液质量评价。

【素养目标】夯实专业素养，培养以改革创新为核心的时代精神。

任务引入

接已完成的上一项任务。

任务分析

上一项任务已了解课题计划、实训产品质量标准和要求，需进一步了解产品的配方结构、原料辨识方法、配方操作，完成打版实训任务。

相关知识

一、配方结构

面膜液的主要成分是水、保湿剂、营养剂、黏度调节剂、缓冲剂、pH 值调节剂、螯合剂、抗过敏剂、着色剂、香精、增溶剂、防腐剂等。面膜液结构组分、主要功能及代表性原料见表 2-19。

表 2-19　面膜液结构组分、主要功能及代表性原料

结构组分	主要功能	代表性原料
水	溶解、稀释	—
保湿剂	滋润、保湿	甘油、丙二醇、聚乙二醇、透明质酸钠、PCA 钠、甜菜碱、芦芭油
营养剂	滋润、修复、保护	β-葡聚糖、马齿苋提取物

续表

结构组分	主要功能	代表性原料
黏度调节剂	调节产品的流变性、提高产品稳定性	卡波姆、AVC（丙烯酰胺二甲基牛磺酸铵/VP共聚物）、黄原胶、藻酸钠
缓冲剂	平衡皮肤 pH 值	柠檬酸、乳酸、乳酸钠
pH 值调节剂	调节产品 pH 值	氢氧化钠、三乙醇胺、异丙醇胺、精氨酸
螯合剂	使金属离子螯合，防止产品变色、褪色，对防腐有协同作用	EDTA 二钠、EDTA 四钠
抗过敏剂	舒缓、抗过敏	尿囊素
着色剂	赋予产品颜色	各种化妆品允许使用的着色剂
香精	产品赋香	各种化妆品用香精
增溶剂	增加油溶性香精等的水溶性	PEG-40 氢化蓖麻油（CO40）、PEG-60 氢化蓖麻油（CO60）
防腐剂	防止细菌等微生物使产品腐败变质	羟苯甲酯、苯氧乙醇、杰马 BP

二、主要原料的辨识

（一）甘油聚醚-26

INCI 中文名：甘油聚醚-26。

商品名：Liponic EG-1。

分子式：$C_{55}H_{112}O_{29}$。

性质：无色透明至微浑黏稠液体，溶于水、乙醇，不溶于矿油和植物油。

（二）黄原胶

INCI 中文名：黄原胶。

别名：汉生胶。

来源：是由芜菁甘蓝分离出来的野油菜黄单胞菌株以糖类化合物为主要原料，经培养发酵制得的多糖。

性质：市售黄原胶为米白色至淡黄色粉末，在良好的搅拌分散情况下，易溶于冷水、热水中，溶液呈中性，遇水分散、乳化变成稳定的亲水性黏稠胶体。由于支链的屏蔽作用，它具有一些独特的性质，对物理（剪切和热）和化学（酶）作用具有较好的耐受性。

（三）藻酸钠

INCI 中文名：海藻酸钠。

别名：海带胶。

来源：从褐藻类的海带或马尾藻中提取碘和甘露醇之后的副产物。

性质：白色或淡黄色粉末，几乎无臭、无味。溶于水，不溶于乙醇、乙醚、氯仿等有机溶剂。溶于水成黏稠状液体，1% 水溶液 pH 值为 6 ~ 8。当 pH 值为 6 ~ 9 时黏性稳定，加热至 80 ℃以上时则黏性降低。

（四）烟酰胺

INCI 中文名：烟酰胺。

别名：尼克酰胺、维生素 B_3、维生素 PP。

来源：由烟酸与氨水成盐后再脱水而得。

性质：白色结晶体或结晶性粉末，无臭或几乎无臭，微有酸味。本品在水或乙醇中易溶，在甘油中溶解，在乙醚中几乎不溶，在碳酸钠试液或氢氧化钠试液中易溶。

三、设备要求

带有加热、冷却系统的搅拌配制罐。

任务实施

一、配方及工艺

（一）配方

面膜液配方见表 2 – 20。

表 2 – 20　面膜液配方

序号	原料商品名	作用	质量分数/%	备注
1	纯化水	稀释	92.00	
2	海藻酸钠	增稠	0.30	
3	黄原胶	增稠	0.10	
4	透明质酸钠	保湿	0.04	
5	甘油	保湿	5.00	
6	聚乙二醇 400（PEG 400）	保湿	0.50	
7	羟苯甲酯	防腐	0.10	
8	烟酰胺	皮肤调理	0.10	
9	杰马 BP	防腐	0.05	
10	芦芭油	保湿	0.20	
11	Liponic EG-1	保湿	0.50	
12	香精	芳香	0.02	
13	增溶剂	增溶	0.10	

（二）打版流程图

面膜液打版流程如图 2 – 5 所示。

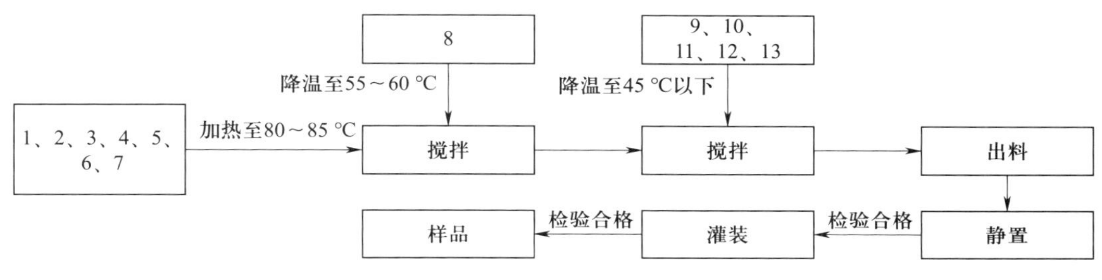

图2-5　面膜液打版流程

(三) 操作步骤

1. 将表2-20中的原料1、2、3、4、5、6、7加入烧杯水相中，加热至80～85 ℃，搅拌使溶解。

2. 降温至55～60 ℃时加入8，搅拌10 min。

3. 降温至45 ℃以下，将9、10、11加入，然后加入12、13混合均匀后，加入水相中搅拌至溶解均匀，出料。

二、打版准备

1. 按实训室6S管理做好打版前准备。
2. 准备试剂和仪器。
3. 仪器的清洁消毒。
4. 原料预处理。

三、实训操作

(一) 仪器与原料

1. 仪器：烧杯、玻璃试管、温度计、电炉、搅拌器、玻璃棒、电子秤、pH计、恒温烘箱、冰箱、旋转黏度计。

2. 原料：详见表2-20。

(二) 打版操作

边操作边记录，打版记录表见附表3。

【操作提示】

①操作过程要加1%～2%的补充水。

②注意保证海藻酸钠、黄原胶和羟苯甲酯溶解充分后才开始降温。

③香精和液体状防腐剂和活性物质要低温加入，防止香精挥发或活性成分降解。

(三) 质量指标考察

1. 质量指标检验

对打版后样品的感官指标（外观、香气）、理化指标（耐热试验、耐寒试验、pH值）、微生物学指标（菌落总数、霉菌和酵母菌总数）进行检验，并填写质量报告记录表2-21。

表 2－21　　质量报告记录表

<table>
<tr><td colspan="3">项目</td><td>指标</td><td>结果</td></tr>
<tr><td rowspan="2">感官指标</td><td colspan="2">外观</td><td>均匀液体不含杂质</td><td></td></tr>
<tr><td colspan="2">香气</td><td>符合规定香气，无异味</td><td></td></tr>
<tr><td rowspan="3">理化指标</td><td rowspan="2">稳定性</td><td>耐热</td><td>(40 ±1)℃保持 24 h，恢复至室温后与试验前无明显性状差异</td><td></td></tr>
<tr><td>耐寒</td><td>(−8 ±2)℃保持 24 h，恢复至室温后与试验前无明显性状差异</td><td></td></tr>
<tr><td colspan="2">pH 值（25 ℃）</td><td>4.0～8.0</td><td></td></tr>
<tr><td rowspan="2">微生物学指标</td><td colspan="2">菌落总数/（CFU/g 或 CFU/mL）</td><td>≤1 000</td><td></td></tr>
<tr><td colspan="2">霉菌和酵母菌总数/（CFU/g 或 CFU/mL）</td><td>≤100</td><td></td></tr>
</table>

2. 质量指标稳定性考察

根据本产品的特点，以 25 ℃作为常温保存试验 7 天、48 ℃作为耐热试验 7 天、－10 ℃作为耐寒试验 7 天、室外自然光光照 7 天作为稳定性考察的项目进行实训，分别填写质量指标考察表 2－7。

（四）打版样品感官评价

对打版样品进行感官评价，并参考表 2－8 填写感官评价表。

任务测评

任务结束后填写实操任务测评表 2－22。

表 2－22　　实操任务测评表

序号	考核内容	考核标准	配分	得分
1	实训项目基础	能准确辨识面膜液原料、配方结构	30	
2	实训打版项目	能按操作规程进行面膜液打版	30	
3	6S 管理	遵守 6S 管理	40	
合计			100	

任务三　总结及归档

学习目标

【知识目标】能对面膜液配方实训结果进行统计。

【技能目标】分析面膜液实训的完成情况，并撰写总结报告。

【素养目标】培养负责、严谨的工作态度，树立大局观，提高分析、解决实际问题的能力。

任务引入

接已完成的上两项任务。

任务分析

前面的任务已完成课题实训任务，本项任务进一步对实训结果进行统计、分析并总结归档。

相关知识

实训结果评价流程如图 2－6 所示。

图 2－6　实训结果评价流程

任务实施

一、实训结果的统计

将面膜液配方实训结果进行统计。

二、实训任务完成情况的分析

对面膜液配方实训任务完成情况进行分析。

三、总结与归档

1. 将面膜液配方实训任务实施情况进行总结。
2. 将面膜液配方实训数据进行整理归档。

任务测评

任务结束后填写任务测评表 2－23。

表 2－23　　任务测评表

序号	考核内容	考核标准	配分	得分
1	素质考核	课堂出勤率、学习态度、行为规范	30	
2	课堂表现	课堂互动、团队协作、创新建议	30	
3	专业知识	面膜液配方实训任务的分析、评价能力	40	
合计			100	

思考与练习

1. 面膜液打版如何控制微生物限度?
2. 写出面膜液配方结构。
3. 写出面膜液的打版操作步骤。

课题四　护肤精华液配方实训

护肤啫喱类化妆品是一种外观透明或半透明的有一定黏度的流动液体或半固体，如护肤精华液、护肤啫喱水等。下面以护肤精华液为例来进行学习。

任务一　接受任务

》学习目标

【知识目标】能识读任务书。

【技能目标】能初步评估任务计划（生产范围、生产能力、法规符合性等）。

【素养目标】培养接受、分析、评估任务的能力。

》任务引入

×××化妆品有限公司技术开发部对新员工进行护肤精华液配方技能实训。

》任务分析

本次实训安排护肤精华液配方，让新员工熟悉本单位的打版实训流程，培养操作的规范性。

护肤精华液属于护肤啫喱类化妆品，一般是以水性聚合物作为增稠剂，用于护肤啫喱类的聚合物一般为合成聚合物（如聚丙烯酸类、聚氧乙烯类）和天然聚合物（如植物发酵的多糖或化学改性多糖）。

护肤精华液的质量要求：由于产品拟在国内销售，护肤精华液的质量必须符合国家的相

关法律法规及标准要求。产品和所用原料必须符合《化妆品安全技术规范》(2015 年版) 和《化妆品禁用原料目录》《化妆品禁用植（动）物原料目录》（2021 年）的规定，产品必须符合《护肤啫喱》(QB/T 2874—2007)。

相关知识

护肤精华液的质量指标见表 2－24。

表 2－24　护肤精华液的质量指标

项目		质量指标
感官指标	外观	透明或半透明凝胶状，无异物（允许添加起护肤或美化作用的颗粒）
	香气	符合规定香气
理化指标	耐热	(40 ± 1)℃保持 24 h，恢复至室温后与试验前外观无明显差异
	耐寒	(－5 ~ －10)℃保持 24 h，恢复至室温后与试验前外观无明显差异
	pH 值（25 ℃）	3.5 ~ 8.5
微生物学指标	菌落总数/(CFU/g 或 CFU/mL)	≤1 000
	霉菌和酵母菌总数/(CFU/g 或 CFU/mL)	≤100
	耐热大肠菌群/(g 或 mL)	不得检出
	金黄色葡萄球菌/(g 或 mL)	不得检出
	铜绿假单胞菌/(g 或 mL)	不得检出
有害物质	汞/(mg/kg)	≤1
	铅/(mg/kg)	≤10
	砷/(mg/kg)	≤2
	镉/(mg/kg)	≤5
	甲醇/(mg/kg)	≤2 000

任务实施

一、任务接受

见附表 1 任务接受单。

二、任务计划

见附表 2 任务计划表。

任务测评

任务结束后填写任务测评表 2－25。

表 2－25　任务测评表

序号	考核内容	考核标准	配分	得分
1	素质考核	课堂出勤率、学习态度、行为规范	30	
2	课堂表现	互动、团队协作、创新建议	30	
3	专业知识	护肤精华液配方实训任务的分析评估能力	40	
合计			100	

任务二　打版的改进与质量分析

学习目标

【知识目标】能正确对原料进行辨识。

【技能目标】能正确操作搅拌机；掌握护肤精华液的制作流程；能正确按流程完成制作；掌握护肤精华液质量评价。

【素养目标】夯实专业素养，培养以改革创新为核心的时代精神。

任务引入

接已完成的上一项任务。

任务分析

上一项任务已了解课题计划、实训产品质量标准和要求，需进一步了解产品的配方结构、原料辨识方法、配方操作，完成打版实训任务。

相关知识

一、配方结构

护肤精华液的主要成分是水、增稠剂、保湿剂、营养剂、黏度调节剂、pH 值调节剂、螯合剂、着色剂、香精、增溶剂、防腐剂等。护肤精华液结构组分、主要功能及代表性原料见表 2－26。

表 2－26　护肤精华液结构组分、主要功能及代表性原料

结构组分	主要功能	代表性原料
水	溶解、稀释	纯化水

续表

结构组分	主要功能	代表性原料
增稠剂	稳定、悬浮，赋予产品啫喱状外观，调节产品流变性	卡波姆 940、卡波姆 980、卡波姆 U20、AVC（丙烯酰胺二甲基牛磺酸铵/VP 共聚物）、羟乙基纤维素、结冷胶、黄原胶
保湿剂	滋润、保湿	甘油、丙二醇、聚乙二醇、透明质酸钠、吡咯烷酮羧酸钠、芦芭胶
营养剂	滋润、修复、护肤	β-葡聚糖、马齿苋提取物、金缕梅提取物
黏度调节剂	调节产品的流变性，提高产品稳定性	卡波姆、AVC（丙烯酰胺二甲基牛磺酸铵/VP 共聚物）、黄原胶
pH 值调节剂	调节产品 pH 值	氢氧化钠、三乙醇胺、异丙醇胺、精氨酸
螯合剂	使金属离子螯合，防止产品变色、褪色，对防腐有协同作用	EDTA 二钠、EDTA 四钠
着色剂	赋予产品颜色	各种化妆品允许使用的着色剂
香精	产品赋香	各种化妆品用香精
增溶剂	增加油溶性香精等的水溶性	PEG-40 氢化蓖麻油（CO40）、PEG-60 氢化蓖麻油（CO60）
防腐剂	防止细菌等微生物使产品腐败变质	羟苯甲酯、苯氧乙醇、杰马 BP

二、主要原料的辨识

（一）保湿、营养剂

保湿剂起滋润、保湿作用，如甘油、丙二醇、聚乙二醇、透明质酸钠、吡咯烷酮羧酸钠、甜菜碱等；营养剂起滋润、修复、保护的作用，如 β-葡聚糖、马齿苋提取物等。

（二）黏度调节剂

黏度调节剂调节产品的流变性，提高产品稳定性，如卡波姆 940、AVC（丙烯酰胺二甲基牛磺酸铵/VP 共聚物）、黄原胶等。

（三）pH 值调节剂

pH 值调节剂调节产品的 pH 值，如三乙醇胺、氢氧化钠、精氨酸等。

（四）防腐剂

防腐剂防止微生物使护肤精华液腐败变质，如羟苯甲酯、杰马 BP、苯氧乙醇等。

三、设备要求

带有加热、冷却系统的搅拌配制罐或真空乳化机。

任务实施

一、配方及工艺

（一）配方

护肤精华液配方见表 2－27。

表 2－27　**护肤精华液配方**

序号	原料商品名	作用	质量分数/%	备注
1	纯化水	稀释	加至 100	
2	卡波姆 940	增稠	0.20	
3	1% 透明质酸钠	保湿	8.00	
4	1,3-丙二醇	皮肤调理	3.00	
5	芦芭油	保湿	2.00	
6	丁二醇	保湿	5.00	
7	甘油聚醚-26	保湿	0.50	
8	三乙醇胺	pH 值调节	0.20	
9	杰马 BP	防腐	0.20	
10	香精	芳香	0.05	
11	增溶剂	增溶	0.20	

（二）打版流程

护肤精华液打版流程如图 2－7 所示。

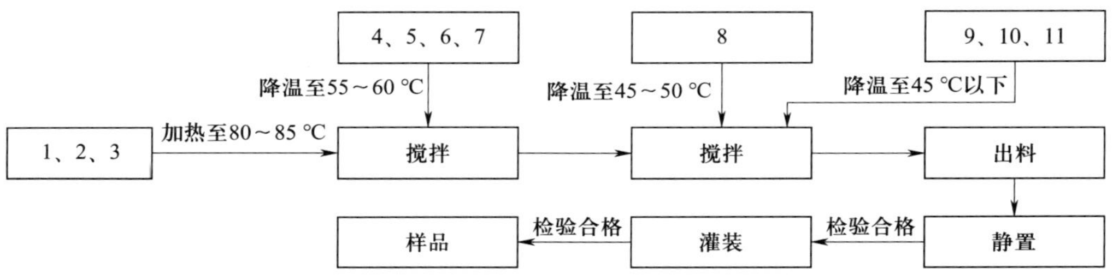

图 2－7　护肤精华液打版流程

（三）操作步骤

1. 将表 2－27 中的 1、2、3 加入烧杯水相中，加热至 80～85 ℃，搅拌 1 min 使溶解。
2. 降温至 55～60 ℃时加入 4、5、6、7，搅拌 10 min。
3. 降温至 45～50 ℃时加入 8，搅拌 10 min。
4. 降温至 45 ℃以下，将 9、10、11 混合均匀后，加入水相中搅拌至溶解均匀，出料。

二、打版准备

1. 按实训室6S管理做好打版前准备。
2. 准备试剂和仪器。
3. 仪器的清洁消毒。
4. 原料预处理。

三、实训操作

（一）仪器与原料

1. 仪器：烧杯、玻璃试管、温度计、电炉、搅拌器、玻璃棒、电子秤、pH计、恒温烘箱、冰箱、NDJ-1型旋转黏度计。

2. 原料：详见表2－27。

（二）打版操作

边操作边记录，打版记录表见附表3。

【操作提示】

①操作过程要加1%～2%的补充水。

②注意保证卡波姆940和羟苯甲酯溶解充分后才开始降温。

③香精和液体状防腐剂和活性物质要低温加入，防止香精挥发或活性成分降解。

（三）质量指标考察

1. 质量指标检验

对打版后样品的感官指标（外观、香气）、理化指标（耐热试验、耐寒试验、pH值）、微生物学指标（菌落总数、霉菌和酵母菌总数）进行检验，并填写质量报告记录表2－28。

表2－28　质量报告记录表

产品名称		生产日期		生产批号	
项目	指标		结果		
外观	透明或半透明凝胶状，无异物（允许添加起护肤或美化作用的颗粒）				
香气	无异味				
耐热	(40±1)℃保持24 h，恢复至室温后与试验前外观无明显差异				
耐寒	(－5～－10)℃保持24 h，恢复至室温后与试验前外观无明显差异				
pH值（25 ℃）	3.5～8.5				
菌落总数/（CFU/g或CFU/mL）	≤1 000				
霉菌和酵母菌总数/（CFU/g或CFU/mL）	≤100				

2. 质量指标稳定性考察

据本产品的特点，以25 ℃作为常温保存试验7天、48 ℃作为耐热试验7天、－10 ℃作为耐热试验7天、室外自然光光照7天作为稳定性考察的项目进行实训，分别填写考察项目，并参考表2－7填写质量指标考察表。

(四) 打版样品感官评价

对打版样品进行感官评价。并参考表2－8填写感官评价表。

任务测评

任务结束后填写实操任务测评表2－29。

表2－29　实操任务测评表

序号	考核内容	考核标准	配分	得分
1	实训项目基础	能准确辨识护肤精华液原料、配方结构	30	
2	实训打版项目	能按操作规程进行护肤精华液打版	30	
3	6S管理	遵守6S管理	40	
合计			100	

任务三　总结及归档

学习目标

【知识目标】能对护肤精华液配方实训结果进行统计。

【技能目标】能分析护肤精华液配方实训的完成情况，并撰写总结报告。

【素养目标】培养负责、严谨的工作态度，树立大局观，提高分析、解决实际问题的能力。

任务引入

接已完成的上两项任务。

任务分析

前面的任务已完成课题实训任务，本项任务进一步对实训结果进行统计、分析并总结归档。

相关知识

实训结果评价流程如图2－8所示。

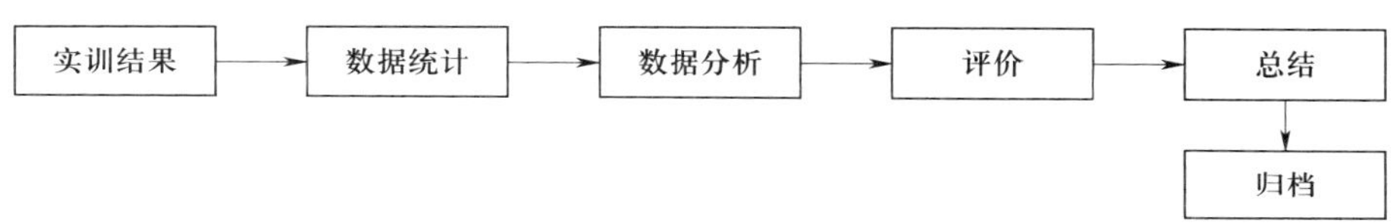

图 2－8　实训结果评价流程

任务实施

一、实训结果的统计

将护肤精华液配方实训结果进行统计。

二、实训任务完成情况的分析

对护肤精华液配方实训任务完成情况进行分析。

三、总结与归档

1. 将护肤精华液配方实训任务实施情况进行总结。
2. 将护肤精华液配方实训数据进行整理归档。

任务测评

任务结束后填写任务测评表 2－30。

表 2－30　任务测评表

序号	考核内容	考核标准	配分	得分
1	素质考核	课堂出勤率、学习态度、行为规范	30	
2	课堂表现	课堂互动、团队协作、创新建议	30	
3	专业知识	护肤精华液配方实训任务总结归档能力	40	
合计			100	

思考与练习

1. 为什么护肤精华液打版样与标准样存在黏稠度偏差？
2. 写出护肤精华液配方结构。
3. 写出护肤精华液的打版操作步骤。

课题五　眼部啫喱配方实训

任务一　接受任务

学习目标

【知识目标】能识读任务书。
【技能目标】能初步评估任务计划（生产范围、生产能力、法规符合性等）。
【素养目标】培养接受、分析、评估任务的能力。

任务引入

×××化妆品有限公司技术开发部对新员工进行眼部啫喱配方技能实训。

任务分析

本次实训安排眼部啫喱配方，让新员工熟悉本单位的打版实训流程，培养操作的规范性。

眼部啫喱是用于眼部的护肤啫喱类，一般是以水性聚合物作为增稠剂，作为凝胶类的成分一般为合成聚合物（如聚丙烯酸类、聚氧乙烯类）和天然聚合物（如植物发酵的多糖或化学改性多糖）。

眼部啫喱的质量要求：由于产品拟在国内销售，眼部啫喱的质量必须符合国家的相关法律法规及标准要求。产品和所用原料必须符合《化妆品安全技术规范》（2015 年版）和《化妆品禁用原料目录》《化妆品禁用植（动）原料目录》（2021 年版）的规定，产品必须符合《护肤啫喱》（QB/T 2874—2007）。

相关知识

眼部啫喱的质量指标见表 2－31。

表 2－31　眼部啫喱的质量指标

项目		质量指标
感官指标	外观	透明或半透明凝胶状，无异物（允许添加起护肤或美化作用的颗粒）
	香气	符合规定
理化指标	耐热	(40±1)℃保持 24 h，恢复至室温后与试验前外观无明显差异
	耐寒	(－5～－10)℃保持 24 h，恢复至室温后与试验前外观无明显差异
	pH 值（25 ℃）	3.5～8.5

续表

项目		质量指标
微生物学指标	菌落总数/(CFU/g 或 CFU/mL)	≤500
	霉菌和酵母菌总数/(CFU/g 或 CFU/mL)	≤100
	耐热大肠菌群/(g 或 mL)	不得检出
	金黄色葡萄球菌/(g 或 mL)	不得检出
	铜绿假单胞菌/(g 或 mL)	不得检出
有害物质	汞/(mg/kg)	≤1
	铅/(mg/kg)	≤10
	砷/(mg/kg)	≤2
	镉/(mg/kg)	≤5
	甲醇/(mg/kg)	≤2 000

任务实施

一、任务接受

见附表 1 任务接受单。

二、任务计划

见附表 2 任务计划表。

任务测评

任务结束后填写任务测评表 2－32。

表 2－32　任务测评表

序号	考核内容	考核标准	配分	得分
1	素质考核	课堂出勤率、学习态度、行为规范	30	
2	课堂表现	课堂互动、团队协作、创新建议	30	
3	专业知识	眼部啫喱配方实训任务的分析评估能力	40	
合计			100	

任务二　打版的改进与质量分析

学习目标

【知识目标】能正确对原料进行辨识。

【技能目标】能正确操作搅拌机；掌握眼部啫喱的制作流程；能正确按流程完成制作；掌握眼部啫喱质量评价。

【素养目标】夯实专业素养，培养以改革创新为核心的时代精神。

任务引入

接已完成的上一任务。

任务分析

上一任务已了解课题计划、实训产品质量标准和要求，需进一步了解产品的配方结构、原料辨识方法、配方操作，完成打版实训任务。

相关知识

一、配方结构

眼部啫喱的主要成分是水、增稠剂、保湿剂、营养剂、黏度调节剂、pH 值调节剂、螯合剂、着色剂、香精、增溶剂、防腐剂等。眼部啫喱的结构组分、主要功能及代表性原料见表 2－33。

表 2－33　眼部啫喱的结构组分、主要功能及代表性原料

结构组分	主要功能	代表性原料
水	溶解、稀释	纯化水
增稠剂	稳定、悬浮，赋予产品啫喱状外观，调节产品流变性	卡波姆 940、卡波姆 980、卡波姆 U20、AVC（丙烯酰胺二甲基牛磺酸铵/VP 共聚物）、羟乙基纤维素、结冷胶、黄原胶
保湿剂	滋润、保湿	甘油、丙二醇、丁二醇、透明质酸钠、芦芭胶
营养剂	修复、改善眼部血液循环	胶原、肝素钠、水解透明质酸钠
黏度调节剂	调节产品的流变性，提高产品稳定性	卡波姆、AVC（丙烯酰胺二甲基牛磺酸铵/VP 共聚物）、黄原胶
pH 值调节剂	调节产品 pH 值	氢氧化钠、三乙醇胺、异丙醇胺、精氨酸
螯合剂	使金属离子螯合，防止产品变色、褪色，对防腐有协同作用	EDTA 二钠、EDTA 四钠
着色剂	赋予产品颜色	各种化妆品允许使用的着色剂
香精	产品赋香	各种化妆品用香精
增溶剂	增加油溶性香精等的水溶性	PEG-40 氢化蓖麻油（CO40）、PEG-60 氢化蓖麻油（CO60）
防腐剂	防止细菌等微生物使产品腐败变质	羟苯甲酯、苯氧乙醇、杰马 BP

二、主要原料的辨识

（一）胶原

INCI 中文名：胶原。

别名：胶原蛋白。

来源：一般都是从动物的皮肤（如鱼皮、鱼鳞、动物皮）里提取的，以鱼皮居多。

性质：富含有除色氨酸和半胱氨酸外的 18 种氨基酸，其中维持人体生长所必需的氨基酸有 7 种。胶原中的甘氨酸占 30%，脯氨酸和羟脯氨酸共占约 25%，是各种蛋白质中含量最高的，丙氨酸、谷氨酸的含量也比较高，同时还含有在一般蛋白中少见的羟脯氨酸和焦谷氨酸以及在其他蛋白质中几乎不存在的羟基赖氨酸。化妆品中应用的水解胶原的相对分子质量一般为 1 000 ~ 5 000。

（二）肝素钠

INCI 中文名：肝素钠。

别名：达肝素钠、依诺肝素钠、肝磷脂钠盐、亭扎肝素钠。

性质：白色或类白色粉末，无味，有引湿性，易溶于水，不溶于乙醇、丙酮等有机溶剂。在水溶液中有强负电荷，能与一些阳离子结合成分子络合物。水溶液在 pH 值为 7 时较稳定。超低相对分子质量肝素钠是一种酸性黏多糖类物质，是目前化妆品的一个热点原料，能添加到营养霜、眼霜、去粉刺制品和生发剂等产品中。

三、设备要求

带有加热、冷却系统的搅拌配制罐或真空乳化机。

》任务实施

一、配方及工艺

（一）配方

眼部啫喱配方见表 2 – 34。

表 2 – 34　　眼部啫喱配方

序号	原料商品名	作用	质量分数/%	备注
1	纯化水	稀释	加至 100	
2	卡波姆 940	增稠	0. 50	
3	1% 透明质酸钠	保湿	8. 00	
4	1,3-丙二醇	皮肤调理	3. 00	
5	芦芭胶	保湿	2. 00	
6	丁二醇	保湿	5. 00	

续表

序号	原料商品名	作用	质量分数/%	备注
7	胶原	保湿	0.50	
8	三乙醇胺	pH 值调节	0.50	
9	杰马 BP	防腐	0.20	
10	香精	芳香	0.05	
11	增溶剂	增溶	0.20	

（二）打版流程

眼部啫喱打版流程如图 2－9 所示。

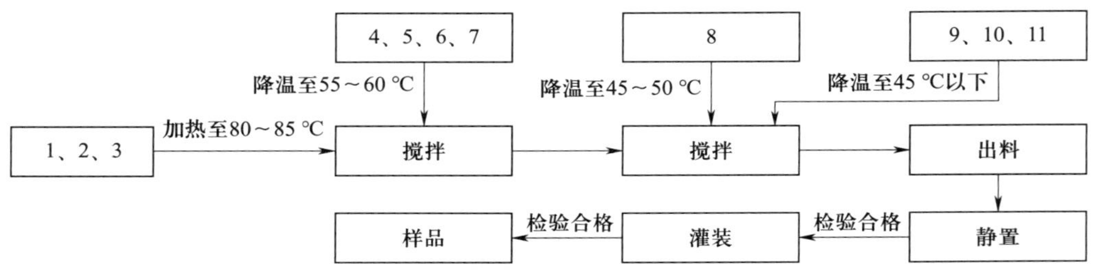

图 2－9　眼部啫喱打版流程

（三）操作步骤

1. 将表 2－34 中的 1、2、3 加入烧杯水相中，加热至 80～85 ℃，搅拌 1 min 使溶解。
2. 降温至 55～60 ℃时加入 4、5、6、7，搅拌 10 min。
3. 降温至 45～50 ℃时加入 8，搅拌 10 min。
4. 降温至 45 ℃以下，将 9、10、11 混合均匀后，加入水相中搅拌至溶解均匀，出料。

二、打版准备

1. 按实训室 6S 管理做好打版前准备。
2. 准备试剂和仪器。
3. 仪器的清洁消毒。
4. 原料预处理。

三、实训操作

（一）仪器与原料

1. 仪器：烧杯、玻璃试管、温度计、电炉、搅拌器、玻璃棒、电子秤、pH 计、恒温烘箱、冰箱、NDJ-1 型旋转黏度计。

2. 原料：详见表 2－34。

（二）打版操作

边操作边记录，打版记录表见附表 3。

【操作提示】

①操作过程要加1% ~2%的补充水。

②注意保证卡波姆940和羟苯甲酯溶解充分后才开始降温。

③香精和液体状防腐剂和活性物质要低温加入，防止香精挥发或活性成分降解。

（三）质量指标考察

1. 质量指标检验

对打版后样品的感官指标（外观、香气）、理化指标（耐热试验、耐寒试验、pH值）、微生物学指标（菌落总数、霉菌和酵母菌总数）进行检验，并参考表2－6填写质量报告记录。

2. 质量指标稳定性考察

根据本产品的特点，以25 ℃作为常温保存试验7天、48 ℃作为耐热试验7天、－10 ℃作为耐寒试验7天、室外自然光光照7天作为稳定性考察的项目进行实训，分别填写考察项目，并参考表2－7填写质量指标考察表。

（四）打版样品感官评价

对打版样品进行感官评价后，填写感官评价表2－35。

表2－35　　感官评价表

项目	指标	结果
看色泽	色泽均匀、柔和，与肤色配合融洽度好	
闻气味	气味纯正，与标准样香型一致	
比较外质地	透明不流动，均匀、细腻无结块，在常温时保持胶状，不干涸或呈液化状态	
使用肤感	在使用过程中的感官效果一般指使用感（如滑爽、润滑、黏稠、干燥或油腻）、延展性（容易涂敷，涂布层均匀）、清爽度、渗透性等	

任务测评

任务结束后填写实操任务测评表2－36。

表2－36　　实操任务测评表

序号	考核内容	考核标准	配分	得分
1	实训项目基础	能准确辨识眼部啫喱原料、配方结构	30	
2	实训打版项目	能按操作规程进行眼部啫喱打版	30	
3	6S管理	遵守6S管理	40	
合计			100	

任务三 总结及归档

学习目标

【知识目标】能对眼部啫喱配方实训结果进行统计。

【技能目标】能分析眼部啫喱配方实训的完成情况，并撰写总结报告。

【素养目标】培养负责、严谨的工作态度，树立大局观，提高分析、解决实际问题的能力。

任务引入

接已完成的上两项任务。

任务分析

前面的任务已完成课题实训任务，本项任务进一步对实训结果进行统计、分析并总结归档。

相关知识

实训结果评价流程如图 2－10 所示。

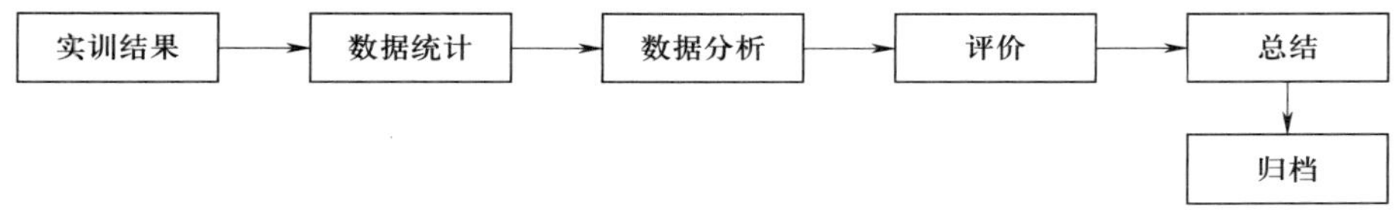

图 2－10 实训结果评价流程

任务实施

一、实训结果的统计

将眼部啫喱配方实训结果进行统计。

二、实训任务完成情况的分析

对眼部啫喱配方实训任务完成情况进行分析。

三、总结与归档

1. 将眼部啫喱配方实训任务实施情况进行总结。
2. 将眼部啫喱配方实训数据进行整理归档。

任务测评

任务结束后填写任务测评表2－37。

表2－37　　任务测评表

序号	考核内容	考核标准	配分	得分
1	素质考核	课堂出勤率、学习态度、行为规范	30	
2	课堂表现	课堂互动、团队协作、创新建议	30	
3	专业知识	眼部啫喱配方实训任务总结归档能力	40	
合计			100	

思考与练习

1. 写出眼部啫喱配方结构。
2. 写出眼部啫喱的打版操作步骤。

课题六　身体乳配方实训

膏霜乳液类是利用乳化体系制成的具有一定黏度的流动液体或半固体化妆品，如护肤乳液、身体乳、护手霜、护肤膏霜等。

任务一　接受任务

学习目标

【知识目标】能识读任务书。
【技能目标】能初步评估任务计划（生产范围、生产能力、法规符合性等）。
【素养目标】培养接受、分析、评估任务的能力。

任务引入

×××化妆品有限公司技术开发部对新员工进行身体乳配方技能实训。

》任务分析

本次实训安排身体乳配方，让新员工熟悉本单位的打版实训流程，培养操作的规范性。

膏霜乳液按乳化类型分为水包油（O/W）型和油包水（W/O）型，身体乳产品多数是水包油（O/W）型的，水包油（O/W）型乳液类一般是以水性聚合物作为增稠剂，用作身体乳的成分一般为合成聚合物（如聚丙烯酸类、聚氧乙烯类）和天然聚合物（如植物发酵的多糖或化学改性多糖）。

身体乳的质量要求：由于产品拟在国内销售，身体乳的质量必须符合国家的相关法律法规及标准要求。产品和所用原料必须符合《化妆品安全技术规范》（2015 年版）和《化妆品禁用原料目录》《化妆品禁用植（动）物原料目录》（2021 年版）的规定，产品必须符合《护肤乳液》（GB/T 29665—2013）。

》相关知识

身体乳的质量指标见表 2 – 38。

表 2 – 38　　身体乳的质量指标

项目		质量指标	
		水包油（O/W）型	油包水（W/O）型
感官指标	外观	均匀一致（添加不溶性颗粒或不溶粉末的产品除外）	
	香气	符合规定	
理化指标	pH 值（25 ℃）	4.0 ~ 8.5（含 α-羟基酸、β-羟基酸的产品除外）	
	耐热	(40 ± 1) ℃保持 24 h，恢复至室温后无分层现象	
	耐寒	(– 8 ± 2) ℃保持 24 h，恢复至室温后无分层现象	
	离心考验	2 000 r/min 离心 30 min 不分层（添加不溶颗粒或不溶粉末的除外）	
微生物学指标	菌落总数/(CFU/g 或 CFU/mL)	≤1 000	
	霉菌和酵母菌总数/(CFU/g 或 CFU/mL)	≤100	
	耐热大肠菌群/(g 或 mL)	不得检出	
	金黄色葡萄球菌/(g 或 mL)	不得检出	
	铜绿假单胞菌/(g 或 mL)	不得检出	
有害物质	汞/(mg/kg)	≤1	
	铅/(mg/kg)	≤10	
	砷/(mg/kg)	≤2	
	镉/(mg/kg)	≤5	

任务实施

一、任务接受

见附表1 任务接受单。

二、任务计划

见附表2 任务计划表。

任务测评

任务结束后填写任务测评表2－39。

表2－39　任务测评表

序号	考核内容	考核标准	配分	得分
1	素质考核	课堂出勤率、学习态度、行为规范	30	
2	课堂表现	课堂互动、团队协作、创新建议	30	
3	专业知识	身体乳配方实训任务的分析评估能力	40	
合计			100	

任务二　打版的改进与质量分析

学习目标

【知识目标】能正确对原料进行辨识。

【技能目标】能正确操作搅拌机和均质机；掌握身体乳的制作流程；能正确按流程完成制作；掌握身体乳质量评价。

【素养目标】夯实专业素养，培养以改革创新为核心的时代精神。

任务引入

接已完成的上一任务。

任务分析

上一任务已了解课题计划、实训产品质量标准和要求，需进一步了解产品的配方结构、原料辨识方法、配方操作，完成打版实训任务。

相关知识

一、配方结构

身体乳的主要成分是水、油脂、乳化剂、保湿剂、水溶性聚合物、pH 值调节剂、防腐剂、抗氧化剂、螯合剂、着色剂、香精、活性成分等。身体乳配方结构组分、主要功能及代表性原料见表 2－40。

表 2－40　身体乳配方结构组分、主要功能及代表性原料

结构组分	类别	主要功能	代表性原料
水	—	溶解、稀释	纯化水
动植物类油脂和蜡	固体类	①固化剂提高产品稳定性； ②赋予摇变和触变效果； ③改善肤感，增强疏水膜，赋予产品光泽	蜂蜡及其衍生物、鲸蜡、小烛树蜡、十六醇、十八醇、硬脂酸、纯羊毛脂
	半固体类	①具有固体状油脂和液体状油脂的双重特性； ②赋予皮肤柔软性、润滑性； ③促进皮肤对功效成分吸收； ④形成疏水膜，润肤； ⑤减少摩擦，增加光泽	可可脂、牛油树脂、羊毛脂及其衍生物
	液体类	①赋予皮肤柔软性、润滑性； ②促进皮肤对功效成分吸收； ③形成疏水膜，润肤； ④减少摩擦，增加光泽	橄榄油、杏仁油、小麦胚芽油、山茶油、鳄梨油、角鲨烷、各种植物油溶性提取物
矿物类蜡和油脂、合成油脂及半合成油脂	固体类	①固化剂，提高产品稳定性； ②赋予摇变和触变效果； ③改善肤感，增强疏水膜，赋予产品光泽	微晶蜡、固体石蜡、棕榈酸异丙酯、肉豆蔻酸异丙酯、十六醇、十八醇、十六十八醇、硬脂酸
	半固体类	①赋予皮肤柔软性、润滑性； ②促进皮肤对功效成分吸收； ③形成疏水膜，润肤； ④减少摩擦，增加光泽	凡士林
	液体类	①赋予皮肤柔软性、润滑性； ②促进皮肤对功效成分吸收； ③形成疏水膜，润肤	液体石蜡、支链脂肪醇、甘油三酯类、异壬酸异壬酯、聚二甲基硅氧烷、异十二烷、异十六烷、辛基十二醇
乳化剂	水包油（O/W）型	水包油（O/W）型乳化剂	吐温系列乳化剂、蔗糖硬脂酸酯、PEG-10（20）、甲基葡萄糖苷、鲸蜡硬脂基葡糖苷、高分子聚合物乳化剂（Sepigel 305、乳化剂 338）
	油包水（W/O）型	油包水（W/O）型乳化剂	司盘系列乳化剂、硬脂醇醚－2、聚二甲基硅氧烷、聚醚共聚物（EM90）、乳化剂 P 135、乳化剂 TGI

续表

结构组分	类别	主要功能	代表性原料
保湿剂	—	①角质层保湿； ②改善使用感觉； ③溶解作用	甘油、丙二醇、丁二醇、氨基酸、吡咯烷酮羧酸钠、葡萄糖脂类、透明质酸钠、神经酰胺
水溶性聚合物	—	①助乳化剂； ②分散和悬浮作用； ③增强稳定性； ④调节流变性	黄原胶、丙烯酸系聚合物、硅铝酸盐
pH 值调节剂	—	调节产品 pH 值	氢氧化钠、三乙醇胺、精氨酸
防腐剂	—	防止细菌等微生物引起的产品酸败	羟苯甲酯、羟苯丙酯、咪唑烷基脲、甲基异噻唑啉酮、碘丙炔醇丁基氨甲酸酯、苯氧乙醇
抗氧化剂	—	抑制和防止产品氧化引起的酸败	丁羟甲苯（BHT）、丁羟茴醚（BHA）、生育酚
螯合剂	—	使金属离子螯合，防止产品变色、褪色，对防腐有协同作用	EDTA 二钠、EDTA 四钠
着色剂	—	赋予产品颜色	各种化妆品允许使用的着色剂
香精	—	产品赋香	各种化妆品用香精
活性成分	—	赋予产品特定功效	各种营养成分及功效成分

二、主要原料的辨识

（一）棕榈酸异丙酯

INCI 中文名：棕榈酸异丙酯。

别名：IPP。

分子式：$C_{19}H_{38}O_2$。

性质：无色透明油状液体，无臭、无味，溶于乙醇、乙醛、氯仿，不溶于水。

密度：0.85 g/cm^3。

凝固点：11 ℃。

（二）豆蔻酸异丙酯

INCI 中文名：豆蔻酸异丙酯。

别名：IPM。

分子式：$C_{17}H_{34}O_2$。

性质：无色透明油状液体，不溶于水，能与醇、醚、亚甲基氯、油脂等有机溶剂混溶。

（三）液体石蜡

INCI 中文名：矿油。

别名：白矿油、白油、液状石蜡、液体石蜡。

来源：是石油工业生产过程中沸点为 315～410 ℃的烃类的馏分。

组成：主要由正构烷烃组成，含有少量的异构烷烃、环烷烃和苯基烷烃等。

性质：无色、无臭、无味的黏性液体，加热后稍有石油气味，对酸、热和光都很稳定，不溶于水、冷乙醇和甘油，溶于二硫化碳、乙醚、氯仿、苯和热乙醇，除蓖麻油外与大多数油脂均能混溶。化妆品中的液体石蜡有不同的牌号，实际上是对应不同的运动黏度和闪点。化妆品用液体石蜡的不同牌号的性质详见表 2－41。

表 2－41　化妆品用液体石蜡的不同牌号的性质

牌号	运动黏度（40 ℃）/（mm^2/s）	闪点（开口）/℃
10	7.6～12.4	140
15	12.5～17.5	150
26	24～28	160
36	32.5～39.5	160

（四）十六十八醇

INCI 中文名：鲸蜡硬脂醇。

别名：1618 醇、十六十八醇。

性质：是十六醇和十八醇的混合物，白色或奶油色腻滑的团块或近白色薄片或颗粒，具微弱的特殊气味，味温和，加热融成透明、无色或淡黄色液体，无悬浮物。不溶于水，溶于乙醚、氯仿、植物油，微溶于乙醇和轻质石油醚。

熔点：43～53 ℃。

相对密度：0.816。

沸点：初始沸点不低于 300 ℃。

（五）硬脂酸

INCI 中文名：硬脂酸。

别名：十八酸、十八烷酸、硬蜡酸。

分子式：$C_{18}H_{36}O_2$。

性质：白色或微黄色的蜡状固体，溶于乙醇、乙醚、氯仿、二硫化碳、四氯化碳等溶剂，不溶于水。商品硬脂酸是棕榈酸与硬脂酸的混合物。

相对密度：0.84。

熔点：69.4 ℃。

化妆品配方中最常使用的硬脂酸是三压硬脂酸，它实际上是 C_{18} 和 C_{16} 直链脂肪酸为主的混合酸，作为润肤剂用于各种护肤品、唇膏等，也可用作皂类产品的原料。

（六）乳化剂 A165

INCI 中文名：甘油硬脂酸酯、PEG-100 硬脂酸酯。

别名：乳化剂 A165。

性质：外观（25 ℃）为白色至淡黄色固体颗粒，有轻微特征气味。

熔点：50～60 ℃。

以 KOH 计酸值：≤3.0 mg/g。

以 KOH 计皂化值：80 ~ 100 mg/g。

乳化剂 A165 是一种自乳化型单硬脂酸甘油酯类非离子乳化剂，广泛使用在个人护理品如膏霜、露液、彩妆等产品配方中。它使用方便、性能优异，对非极性油有很好的乳化稳定作用，并且可在酸性条件下使用，在 pH 值为 3.5 ~ 9 的产品中具有良好的稳定性。

（七）异十六烷

INCI 中文名：异十六烷。

别名：异构十六烷、异构烷烃 ISL。

性质：一种中等相对分子质量的饱和异构烷烃，具有丝般滑爽的肤感，外观为（25 ℃）无色至澄清透明油状液体。

密度（15 ℃）：0.775 ~ 0.805 g/mL。

折光率（20 ℃）：1.420 ~ 1.460。

异十六烷对皮肤安全无刺激，是挥发性硅油良好的替代品。因其易于乳化，使制得的膏霜、乳液或粉底等产品功效稳定。同时，因其表面张力非常低，使得其制品表现出良好的铺展性能，应用于油包水体系中，对改善产品的油腻性、增加清爽感有很大帮助。

（八）乳化剂 338

INCI 中文名：聚丙烯酰胺、矿油、月桂醇聚醚-7。

别名：Feligel-338。

性质：外观为白色至米黄色乳液。

黏度（25 ℃）：（300 ~ 1 500） mPa · s。

挥发分（%）：≤10%。

乳化剂 338 是一种具有出色的乳化和稳定能力的高分子增稠剂，其独特的聚丙烯酰胺球状结构和传统意义上的乳化剂相比较，拥有简便高效的优点：只需在室温下，低速剪切，便能制得洁白亮丽的膏体，因而被广泛应用于膏霜、乳液、弹力素及膏状凝胶等产品中。

三、设备要求

带有加热、冷却系统以及油相罐、水相罐和乳化罐的真空乳化机。

任务实施

一、配方及工艺

（一）配方

身体乳配方见表 2 - 42。

表 2 - 42　身体乳配方

项目	序号	原料商品名	作用	质量分数/%	备注
油相	1	十六十八醇	增稠、助乳化	1.30	
	2	乳化剂 A165	乳化	1.50	

续表

项目	序号	原料商品名	作用	质量分数/%	备注
油相	3	硬脂酸	增稠	0.90	
	4	IPP	润肤	1.00	
	5	26#白油	润肤	4.00	
	6	IPM	润肤	2.00	
	7	异十六烷	润肤	1.00	
	8	聚二甲基硅氧烷	润肤	1.00	
	9	羟苯丙酯	防腐	0.10	
水相	10	水	稀释	加至 100	
	11	甘油	保湿	5.00	
	12	羟苯甲酯	防腐	0.20	
	13	黄原胶	悬浮	0.10	
	14	EDTA 二钠	螯合	0.05	
C	15	乳化剂 338	乳化、增稠	0.50	
D	16	苯氧乙醇	防腐	0.30	
	17	香精	芳香	0.10	

（二）打版流程

身体乳打版流程如图 2－11 所示。

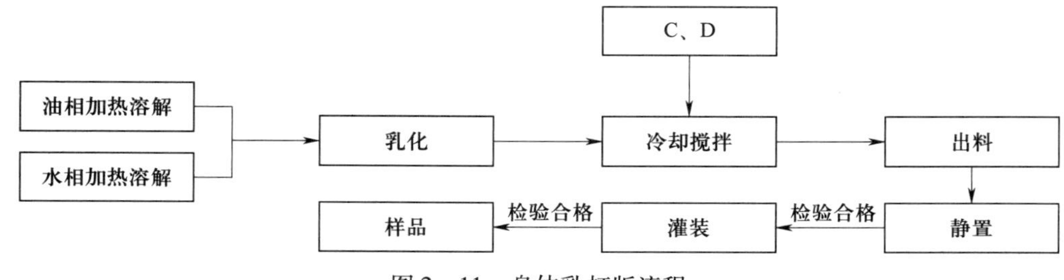

图 2－11　身体乳打版流程

（三）操作步骤

1. 将表 2－42 中的油相加入烧杯中，加热至 80～85 ℃搅拌溶解，备用。

2. 将水相中的黄原胶与甘油加入烧杯中分散后，再加入羟苯甲酯、EDTA 二钠和水加热至 80～85 ℃搅拌溶解，备用。

3. 将 C 加入已溶解好的油相中，搅拌均匀，再将水相加入油相中，搅拌 5 min，3 000 转均质 3 min。

4. 降温至 45 ℃时加入 D，搅拌 10 min。

5. 降温至 38～40 ℃，出料。

二、打版准备

1. 按实训室6S管理做好打版前准备。
2. 准备试剂和仪器。
3. 仪器的清洁消毒。
4. 原料预处理。

三、实训操作

（一）仪器与原料

1. 仪器：烧杯、玻璃试管、温度计、电炉、搅拌器、玻璃棒、电子秤、pH计、恒温烘箱、冰箱、离心机、NDJ-1型旋转黏度计。

2. 原料：详见表2－42。

（二）打版操作

边操作边记录，打版记录表见附表3。

【操作提示】

①操作过程要加1%～2%的补充水。

②注意保证油相、水相溶解充分后才开始降温。

③香精和液体状防腐剂和活性物质要低温加入，防止香精挥发或活性成分降解。

（三）质量指标考察

1. 质量指标检验

对打版后样品的感官指标（外观、香气）、理化指标（耐热试验、耐寒试验、pH值、离心考验）、微生物学指标（菌落总数、霉菌和酵母菌总数）进行检验，并填写质量报告记录表2－43。

表2－43　质量报告记录表

产品名称		生产日期		生产批号	
项目	指标			结果	
外观	均匀一致（添加不溶性颗粒或不溶粉末的产品除外）				
香气	符合规定				
pH值（25 ℃）	4.0～8.5				
耐热	(40±1)℃保持24 h，恢复至室温后无分层现象				
耐寒	(－8±2)℃保持24 h，恢复至室温后无分层现象				
离心考验	2 000 r/min离心30 min不分层（添加不溶颗粒或不溶粉末的除外）				

续表

项目	指标	结果
菌落总数/(CFU/g 或 CFU/mL)	≤1 000	
霉菌和酵母菌总数/（CFU/g 或 CFU/mL）	≤100	

2. 质量指标稳定性考察

根据本产品的特点，以 25 ℃作为常温保存试验 7 天、48 ℃作为耐热试验 7 天、－10 ℃作为耐寒试验 7 天、室外自然光光照 7 天作为稳定性考察的项目进行实训，分别填写考察项目，并参考表 2－7 填写质量指标考察表。

（四）打版样品感官评价

对打版样品进行感官评价后，填写感官评价表 2－44。

表 2－44　感官评价表

项目	指标	结果
看色泽	色泽均匀、柔和，与肤色配合融洽度好	
闻气味	气味纯正，与标准样香型一致	
比较外质地	具有一定的流动性，表面光滑、乳化均匀，无杂质，无乳粒过粗或油水分层现象	
使用肤感	护肤产品在使用过程中的感官效果一般指使用感（如滑爽、润滑、黏稠、干燥或油腻）、延展性（容易涂敷，涂布层均匀）、清爽度、渗透性等	

任务测评

任务结束后填写实操任务测评表 2－45。

表 2－45　实操任务测评表

序号	考核内容	考核标准	配分	得分
1	实训项目基础	能准确辨识身体乳原料、配方结构	30	
2	实训打版项目	能按操作规程进行身体乳打版	30	
3	6S 管理	遵守 6S 管理	40	
合计			100	

任务三　总结及归档

学习目标

【知识目标】能对身体乳配方实训结果进行统计。

【技能目标】能分析身体乳配方实训的完成情况，并撰写总结报告。

【素养目标】培养负责、严谨的工作态度，树立大局观，提高分析、解决实际问题的能力。

任务引入

接已完成的上两个任务。

任务分析

前面的任务已完成课题实训任务，本任务进一步对实训结果进行统计、分析并总结归档。

相关知识

实训结果评价流程如图 2－12 所示。

图 2－12　实训结果评价流程

任务实施

一、实训结果的统计

将身体乳配方实训结果进行统计。

二、实训任务完成情况的分析

对身体乳配方实训任务完成情况进行分析。

三、总结与归档

1. 将身体乳配方实训任务实施情况进行总结。
2. 将身体乳配方实训数据进行整理归档。

任务测评

任务结束后填写任务测评表 2－46。

表 2－46　　任务测评表

序号	考核内容	考核标准	配分	得分
1	素质考核	课堂出勤率、学习态度、行为规范	30	

续表

序号	考核内容	考核标准	配分	得分
2	课堂表现	课堂互动、团队协作、创新建议	30	
3	专业知识	身体乳配方实训任务总结归档能力	40	
合计			100	

思考与练习

1. 写出身体乳配方结构。
2. 写出身体乳的打版操作步骤。

课题七　护手霜配方实训

任务一　接受任务

学习目标

【知识目标】能识读任务书。
【技能目标】能初步评估任务计划（生产范围、生产能力、法规符合性等）。
【素养目标】培养负责、严谨的工作态度，树立大局观，提高分析、解决实际问题的能力。

任务引入

×××化妆品有限公司技术开发部对新员工进行护手霜配方技能实训。

任务分析

本次实训安排护手霜配方，让新员工熟悉本单位的打版实训流程，培养操作的规范性。

护手霜主要功能和身体乳类似，是以保持皮肤特别是皮肤最外面的角质层总适度水分为目的而使用的化妆品。它的特点是不仅能保持皮肤水分的平衡，而且能补充重要的油性成分、亲水性保湿成分，并能作为活性成分的载体，使其能为皮肤所吸收，达到调理和营养皮肤的目的。护手霜一般比身体乳的油分更重一些，产品多数是水包油（O/W）型的。

护手霜的质量要求：由于产品拟在国内销售，护手霜的质量必须符合国家的相关法律法规及标准要求。产品和所用原料必须符合《化妆品安全技术规范》（2015 年版）和《化妆品禁用原料目录》《化妆品禁用植（动）物原料目录》（2021 年版）的规定，产品必须符合《护肤乳液》（GB/T 29665—2013）。

相关知识

护手霜的质量指标见表 2 – 47。

表 2 – 47　　护手霜的质量指标

项目		质量指标	
		水包油（O/W）型	油包水（W/O）型
感官指标	外观	均匀一致（添加不溶性颗粒或不溶粉末的产品除外）	
	香气	符合规定	
理化指标	pH 值（25 ℃）	4.0 ~ 8.5（含 α-羟基酸、β-羟基酸的产品除外）	
	耐热	(40 ± 1) ℃保持 24 h，恢复至室温后无分层现象	
	耐寒	(– 8 ± 2) ℃保持 24 h，恢复至室温后无分层现象	
	离心考验	2 000 r/min 离心 30 min 不分层（添加不溶颗粒或不溶粉末的除外）	
微生物学指标	菌落总数/(CFU/g 或 CFU/mL)	≤1 000	
	霉菌和酵母菌总数/(CFU/g 或 CFU/mL)	≤100	
	耐热大肠菌群/(g 或 mL)	不得检出	
	金黄色葡萄球菌/(g 或 mL)	不得检出	
	铜绿假单胞菌/(g 或 mL)	不得检出	
有害物质	汞/(mg/kg)	≤1	
	铅/(mg/kg)	≤10	
	砷/(mg/kg)	≤2	
	镉/(mg/kg)	≤5	

任务实施

一、任务接受

见附表 1 任务接受单。

二、任务计划

见附表 2 任务计划表。

任务测评

任务结束后填写任务测评表 2－48。

表 2－48　　任务测评表

序号	考核内容	考核标准	配分	得分
1	素质考核	课堂出勤率、学习态度、行为规范	30	
2	课堂表现	课堂互动、团队协作、创新建议	30	
3	专业知识	护手霜配方实训任务的分析评估能力	40	
合计			100	

任务二　打版的改进与质量分析

学习目标

【知识目标】能正确对原料进行辨识。

【技能目标】能正确操作搅拌机；掌握护手霜的制作流程；能正确按流程完成制作；掌握护手霜质量评价。

【素养目标】夯实专业素养，培养以改革创新为核心的时代精神。

任务引入

接已完成的上一任务。

任务分析

上一任务已了解课题计划、实训产品质量标准和要求，需进一步了解产品的配方结构、原料辨识方法、配方操作，完成打版实训任务。

相关知识

一、配方结构

护手霜的主要成分是水、油脂、保湿剂、乳化剂、水溶性聚合物、营养剂、pH 值调节剂、防腐剂、螯合剂、香精等。

护手霜配方结构跟其他膏霜乳液相似，着重是增加润肤的效果，防止皮肤水分和油脂的散失。在配方中添加维生素 E、尿素能起到一定的防裂效果，并能修复干裂的皮肤。

二、主要原料的辨识

（一）维生素 E

化妆品常用的维生素 E 为生育酚乙酸酯。

INCI 中文名：生育酚乙酸酯。

别名：维生素 E 乙酸酯、维生素 E 醋酸酯。

性质：透明至黄色黏性油状液体，易溶于氯仿、乙醚、丙酮和植物油，溶于醇，不溶于水。耐热性好，遇光可被氧化，色泽变深。

密度：0.96 g/cm^3。

熔点：-28 ℃。

沸点：185.3 ℃。

折射光率：1.497。

闪点：235.6 ℃。

（二）尿素

NCI 中文名：尿素。

别名：脲、碳酰胺。

性质：纯品为无味无臭白色颗粒状、针状、棱柱状结晶。尿素易溶于水、乙醇，难溶于乙醚和氯仿。20 ℃时 100 kg 水能溶解 105 kg 尿素，溶解时吸热，水溶液呈中性。

护手霜配方中加入尿素具有保湿、柔软角质的功效，能够防止角质层阻塞毛孔，从而改善粉刺的问题，还可作为保湿剂、角质柔软剂。

三、设备要求

带有加热、冷却系统以及油相罐、水相罐和乳化罐的真空乳化机。

》任务实施

一、配方及工艺

（一）配方

护手霜配方见表 2-49。

表 2-49　护手霜配方

项目	序号	原料商品名	作用	质量分数/%	备注
油相	1	十六十八醇	增稠	2.50	
	2	乳化剂 A165	乳化	2.00	
	3	IPP	润肤	3.00	
	4	26#白油	润肤	2.00	

续表

项目	序号	原料商品名	作用	质量分数/%	备注
油相	5	IPM	润肤	2.00	
	6	异十六烷	润肤	2.00	
	7	聚二甲基硅氧烷	润肤	2.00	
	8	维生素 E	润肤	0.50	
	9	羟苯丙酯	防腐	0.10	
水相	10	水	稀释	加至 100	
	11	甘油	保湿	5.00	
	12	羟苯甲酯	防腐	0.20	
	13	EDTA 二钠	螯合	0.05	
C	14	乳化剂 338	乳化剂	0.60	
	15	尿素	保湿	2.00	
D	16	苯氧乙醇	防腐	0.30	
	17	香精	芳香	0.10	

（二）打版流程

护手霜打版流程如图 2－13 所示。

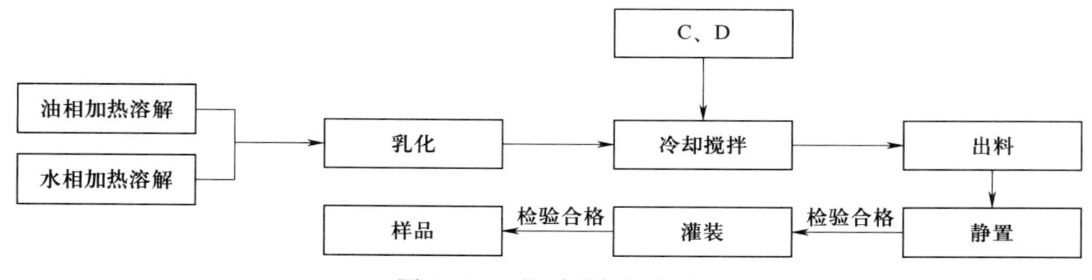

图 2－13　护手霜打版流程

（三）操作步骤

1. 将表 2－49 中的油相加入烧杯中，加热至 80～85 ℃搅拌溶解，备用。

2. 将水相中的甘油加入烧杯中，再加入羟苯甲酯、EDTA 二钠和水加热至 80～85 ℃搅拌溶解，备用。

3. 将 C 加入已溶解好的油相中，搅拌均匀，再将水相加入油相中，搅拌 5 min，3 000 转均质 3 min。

4. 降温至 45 ℃时加入 D，搅拌 10 min。

5. 降温至 38～40 ℃，出料。

二、打版准备

1. 按实训室 6S 管理做好打版前准备。

2. 准备试剂和仪器。

3. 仪器的清洁消毒。

4. 原料预处理。

三、实训操作

（一）仪器与原料

1. 仪器：烧杯、玻璃试管、温度计、电炉、搅拌器、玻璃棒、电子秤、pH 计、恒温烘箱、冰箱、离心机、NDJ-1 型旋转黏度计。

2. 原料：详见表 2－49。

（二）打版操作

边操作边记录，打版记录表见附表 3。

【操作提示】

①操作过程要加 1%～2% 的补充水。

②注意保证油相、水相溶解充分后才开始降温。

③香精和液体状防腐剂和活性物质要低温加入，防止香精挥发或活性成分降解。

（三）质量指标考察

1. 质量指标检验

对打版后样品的感官指标（外观、香气）、理化指标（耐热试验、耐寒试验、pH 值、离心考验）、微生物学指标（菌落总数、霉菌和酵母菌总数）进行检验，并填写质量报告记录表 2－50。

表 2－50　质量报告记录表

产品名称		生产日期		生产批号	
项目		指标		结果	
外观		均匀一致（添加不溶性颗粒或不溶粉末的产品除外）			
香气		符合规定			
pH 值（25 ℃）		4.0～8.5			
耐热		(40±1)℃保持 24 h，恢复至室温后无分层现象			
耐寒		(－8±2)℃保持 24 h，恢复至室温后无分层现象			
离心考验		2 000 r/min 离心 30 min 不分层（添加不溶颗粒或不溶粉末的除外）			
菌落总数/(CFU/g 或 CFU/mL)		≤1 000			
霉菌和酵母菌总数/（CFU/g 或 CFU/mL）		≤100			

2. 质量指标稳定性考察

根据本产品的特点，以25 ℃作为常温保存试验7天、48 ℃作为耐热试验7天、-10 ℃作为耐寒试验7天、室外自然光光照7天作为稳定性考察的项目进行实训，分别填写考察项目，并参考表2-7填写质量指标考察表。

(四) 打版样品感官评价

对打版样品进行感官评价后，填写感官评价表2-51。

表2-51 感官评价表

项目	指标	结果
看色泽	色泽均匀、柔和，与肤色配合融洽度好	
闻气味	气味纯正，与标准样香型一致	
比较外质地	具有一定的黏稠度膏体，表面光滑、乳化均匀，无杂质，无乳粒过粗或油水分层现象	
使用肤感	护肤产品在使用过程中的感官效果一般指使用感（如滑爽、润滑、黏稠、干燥或油腻）、延展性（容易涂敷，涂布层均匀）、清爽度、渗透性等	

任务测评

任务结束后填写实操任务测评表2-52。

表2-52 实操任务测评表

序号	考核内容	考核标准	配分	得分
1	实训项目基础	能准确辨识护手霜原料、配方结构	30	
2	实训打版项目	能按操作规程进行护手霜打版	30	
3	6S管理	遵守6S管理	40	
合计			100	

任务三　总结及归档

学习目标

【知识目标】能对护手霜实训结果进行统计。

【技能目标】能分析护手霜实训的完成情况，并撰写总结报告。

【素养目标】培养负责、严谨的工作态度，树立大局观，提高分析、解决实际问题的能力。

任务引入

接已完成的上两项任务。

任务分析

前面的任务已完成课题实训任务，本项任务进一步对实训结果进行统计、分析并总结归档。

相关知识

实训结果评价流程如图 2－14 所示。

图 2－14　实训结果评价流程

任务实施

一、实训结果的统计

将护手霜配方实训结果进行统计。

二、实训任务完成情况的分析

对护手霜配方实训任务完成情况进行分析。

三、总结与归档

1. 将护手霜配方实训任务实施情况进行总结。
2. 将护手霜配方实训数据进行整理归档。

任务测评

任务结束后填写任务测评表 2－53。

表 2－53　　任务测评表

序号	考核内容	考核标准	配分	得分
1	素质考核	课堂出勤率、学习态度、行为规范	30	
2	课堂表现	课堂互动、团队协作、创新建议	30	
3	专业知识	护手霜配方实训任务总结归档能力	40	
合计			100	

思考与练习

1. 指出护手霜配方中各组分的作用。
2. 写出护手霜配方结构。
3. 写出护手霜的打版操作步骤。

课题八　保湿霜配方实训

任务一　接受任务

学习目标

【知识目标】能识读任务书。
【技能目标】能初步评估任务计划（生产范围、生产能力、法规符合性等）。
【素养目标】培养接受、分析、评估任务的能力。

任务引入

×××化妆品有限公司技术开发部对新员工进行保湿霜配方技能实训。

任务分析

本次实训安排保湿霜配方，让新员工熟悉本单位的打版实训流程，培养操作的规范性。

保湿霜是润肤霜的一种，和护手霜类似，是对皮肤具有滋润和保护作用的膏霜的统称，是护肤化妆品中最主要产品之一。其作用是在皮肤表面形成网状护肤的乳化脂膜，可隔离外界环境的刺激，补充皮肤天然存在的游离脂肪酸、胆固醇及油脂的不足，防止皮肤水分挥发而达到滋润和保护的目的。保湿霜的油性成分含量一般为10%～70%（质量分数），主要有水包油（O/W）型和油包水（W/O）型两种，市面上主要以水包油（O/W）型为主。

保湿霜的质量要求：由于产品拟在国内销售，保湿霜的质量必须符合国家的相关法律法规及标准要求。产品和所用原料必须符合《化妆品安全技术规范》（2015年版）和《化妆品禁用原料目录》《化妆品禁用植（动）物原料目录》（2021年版）的规定，产品必须符合《润肤膏霜》（QB/T 1857—2013）。

相关知识

保湿霜的质量指标见表 2－54。

表 2－54　保湿霜的质量指标

<table>
<tr><th colspan="2" rowspan="2">项目</th><th colspan="2">质量指标</th></tr>
<tr><th>水包油（O/W）型</th><th>油包水（W/O）型</th></tr>
<tr><td rowspan="2">感官指标</td><td>外观</td><td colspan="2">膏体应细腻、均匀一致（添加不溶性颗粒或不溶粉末的产品除外）</td></tr>
<tr><td>香气</td><td colspan="2">符合规定香型</td></tr>
<tr><td rowspan="3">理化指标</td><td>pH 值（25 ℃）</td><td>4.0～8.5</td><td>—</td></tr>
<tr><td>耐热</td><td>(40±1)℃保持 24 h，恢复至室温后膏体无油水分离现象</td><td>(40±1)℃保持 24 h，恢复至室温后渗油率≤3%</td></tr>
<tr><td>耐寒</td><td>(－8±2)℃保持 24 h，恢复至室温后与试验前无明显性状差异</td><td>—</td></tr>
<tr><td rowspan="5">微生物学指标</td><td>菌落总数/(CFU/g 或 CFU/mL)</td><td colspan="2">≤1 000</td></tr>
<tr><td>霉菌和酵母菌总数/(CFU/g 或 CFU/mL)</td><td colspan="2">≤100</td></tr>
<tr><td>耐热大肠菌群/(g 或 mL)</td><td colspan="2">不得检出</td></tr>
<tr><td>金黄色葡萄球菌/(g 或 mL)</td><td colspan="2">不得检出</td></tr>
<tr><td>铜绿假单胞菌/(g 或 mL)</td><td colspan="2">不得检出</td></tr>
<tr><td rowspan="4">有害物质</td><td>汞/(mg/kg)</td><td colspan="2">≤1</td></tr>
<tr><td>铅/(mg/kg)</td><td colspan="2">≤10</td></tr>
<tr><td>砷/(mg/kg)</td><td colspan="2">≤2</td></tr>
<tr><td>镉/(mg/kg)</td><td colspan="2">≤5</td></tr>
</table>

任务实施

一、任务接受

见附表 1 任务接受单。

二、任务计划

见附表 2 任务计划表。

任务测评

任务结束后填写任务测评表 2－55。

表 2－55　任务测评表

序号	考核内容	考核标准	配分	得分
1	素质考核	课堂出勤率、学习态度、行为规范	30	
2	课堂表现	课堂互动、团队协作、创新建议	30	
3	专业知识	保湿霜配方实训任务的分析评估能力	40	
合计			100	

任务二　打版的改进与质量分析

学习目标

【知识目标】能正确对原料进行辨识。

【技能目标】能正确操作搅拌机；掌握保湿霜的制作流程；能正确按流程完成制作；掌握保湿霜质量评价。

【素养目标】夯实专业素养，培养以改革创新为核心的时代精神。

任务引入

接已完成的上一项任务。

任务分析

上一项任务已了解课题计划、实训产品质量标准和要求，需进一步了解产品的配方结构、原料辨识方法、配方操作，完成打版实训任务。

相关知识

一、配方结构

保湿霜的主要成分是水、油脂、保湿剂、乳化剂、水溶性聚合物、营养剂、pH 值调节剂、防腐剂、螯合剂、香精等。

二、主要原料的辨识

（一）鲸蜡醇乙基己酸酯

INCI 中文名：鲸蜡醇乙基己酸酯。

别名：异辛酸十六酯、海鸟羽毛油、EHO。

分子式：$C_{24}H_{48}O_2$。

性质：外观（25 ℃）无色至淡黄色透明液体，无味或极淡气味。

以 KOH 计酸值：≤0.3 mg/g。

以 KOH 计皂化值：140～160 mg/g。

折光率（20 ℃）：1.440～1.450。

鲸蜡醇乙基己酸酯能与大部分化妆品用油脂互溶，且具有如透气性、延展性、分散性和滋润性等优点。

（二）棕榈酸乙基己酯

INCI 中文名：棕榈酸乙基己酯。

别名：2-EHP、棕榈酸异辛酯、十六酸异辛酯、十六酸（2-乙基己）酯、十六酸 2-乙基己基酯。

分子式：$C_{19}H_{36}O_2$。

性质：无色至微黄色液体，化学稳定性和热稳定性好，不易氧化变色。具有良好的润肤性、延展性和渗透性，对皮肤无刺激性和致敏性。

以 KOH 计皂化值：150～160 mg/g。

以 KOH 计酸值≤0.06 mg/g。

以 KOH 计羟值：≤1 mg/g。

（三）乳木果油

INCI 中文名：牛油果树果脂。

别名：牛油果树脂、亚雪脂。

性质：乳木果油为米黄色或象牙色膏体（高温下为淡黄色液体），具有清新的乳木果油气息。

来源：原产于非洲，由非洲乳油木树果实中的果仁所萃取提炼。

组成：与人体皮脂分泌油脂的各项指标最为接近，脂肪酸组成（质量分数）主要为油酸 40%～50%、硬脂酸 36%～50%、亚油酸 4%～8%、棕榈酸 3%～8%、不皂化物 4%～10%。

（四）PEG-40 硬脂酸酯

INCI 中文名：PEG-40 硬脂酸酯。

别名：聚乙二醇 40 硬脂酸酯、乳化剂 S40、硬脂酸聚烃氧（40）酯。

性质：白色或淡黄色蜡状固体，无臭，在水、乙醇或乙醚中溶解，在乙二醇中不溶。

熔点：46～51 ℃。

pH 值（1% 水溶液）：5.0～7.0。

以 KOH 计酸值≤2 mg/g。

以 KOH 计皂化值：25～35 mg KOH/g。

以 KOH 计羟值：22～38 mg/g。

PEG-40 硬脂酸酯在化妆品里主要用作乳化剂、皂基分散剂、柔软剂和表面活性剂等，具有良好的效果，可以改善产品的质量。

三、设备要求

带有加热、冷却系统以及油相罐、水相罐和乳化罐的真空乳化机。

任务实施

一、配方及工艺

（一）配方

保湿霜配方见表2－56。

表2－56　保湿霜配方

项目	序号	原料商品名	作用	质量分数/%	备注
油相	1	十六十八醇	增稠	3.00	
	2	乳木果油	润肤	0.50	
	3	PEG-40 硬脂酸酯	乳化	0.80	
	4	26#白油	润肤	10.00	
	5	2-EHP	润肤	2.00	
	6	鲸蜡醇乙基己酸酯	润肤	6.00	
	7	羟苯丙酯	防腐	0.10	
	8	聚二甲基硅氧烷	润肤	1.50	
	9	乳化剂 A165	乳化	1.20	
水相	10	水	稀释	加至100	
	11	卡波姆940	增稠	0.25	
	12	甘油	保湿	6.00	
	13	羟苯甲酯	防腐	0.20	
C	14	去离子水	溶剂	0.20	
	15	三乙醇胺	保湿	0.15	
D	16	苯氧乙醇	防腐	0.30	
	17	香精	芳香	0.10	

（二）打版流程

保湿霜打版流程如图2－15所示。

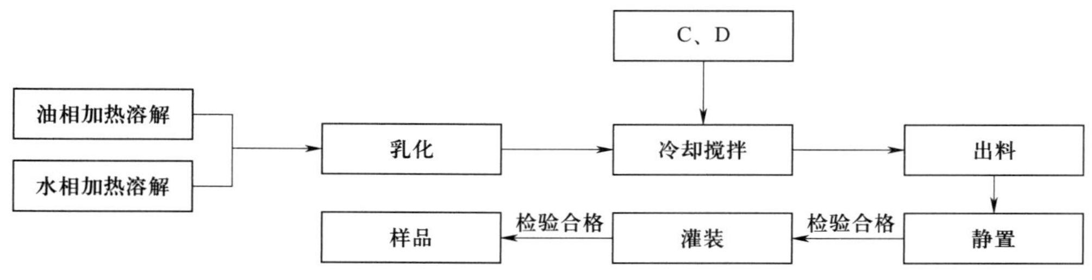

图2－15　保湿霜打版流程

（三）操作步骤

1. 将表 2－56 中的油相加入烧杯中，加热至 80～85 ℃搅拌溶解，备用。

2. 将水相中的甘油加入烧杯中，再加入甲酯、EDTA 和水加热至 80～85 ℃搅拌溶解，备用。

3. 将 C 加入已溶解好的油相中，搅拌均匀，再将水相加入油相中，搅拌 5 min，3 000 转均质 3 min。

4. 降温至 45 ℃时加入 D，搅拌 10 min。

5. 降温至 38～40 ℃，出料。

二、打版准备

1. 按实训室 6S 管理做好打版前准备。

2. 准备试剂和仪器。

3. 仪器的清洁消毒。

4. 原料预处理。

三、实训操作

（一）仪器与原料

1. 仪器：烧杯、玻璃试管、温度计、电炉、搅拌器、玻璃棒、电子秤、pH 计、恒温烘箱、冰箱、离心机、NDJ-1 型旋转黏度计。

2. 原料：详见表 2－56。

（二）打版操作

边操作边记录，打版记录表见附表 3。

【操作提示】

①操作过程要加 1%～2% 的补充水。

②注意保证油相、水相溶解充分后才开始降温。

③香精和液体状防腐剂和活性物质要低温加入，防止香精挥发或活性成分降解。

（三）质量指标考察

1. 质量指标检验

对打版后样品的感官指标（外观、香气）、理化指标（耐热试验、耐寒试验、pH 值、离心考验）、微生物学指标（菌落总数、霉菌和酵母菌总数）进行检验，并填写质量报告记录表 2－57。

表 2－57　　质量报告记录表

产品名称		生产日期		生产批号	
项目		指标		结果	
外观		膏体应细腻、均匀一致（添加不溶性颗粒或不溶粉末的产品除外）			

续表

项目	指标	结果
香气	符合规定香型	
pH 值（25 ℃）	4.0～8.5	
耐热	(40 ±1)℃保持 24 h，恢复至室温后膏体无油水分离现象	
耐寒	(−8 ±2)℃保持 24 h，恢复至室温后与试验前无明显性状差异	
菌落总数/(CFU/g 或 CFU/mL)	≤1 000	
霉菌和酵母菌总数/(CFU/g 或 CFU/mL)	≤100	

2. 质量指标稳定性考察

根据本产品的特点，以 25 ℃作为常温保存试验 7 天、48 ℃作为耐热试验 7 天、−10 ℃作为耐寒试验 7 天、室外自然光光照 7 天作为稳定性考察的项目进行实训，分别填写考察项目，并参考表 2−7 填写考察结果。

（四）打版样品感官评价

对打版样品进行感官评价后，填写感官评价表 2−58。

表 2−58　感官评价表

项目	指标	结果
看色泽	色泽均匀、柔和，与肤色配合融洽度好	
闻气味	气味纯正，与标准样香型一致	
比较外质地	具有一定的黏稠度膏体，表面光滑、乳化均匀，无杂质，无乳粒过粗或油水分层现象	
使用肤感	在使用过程中的感官效果一般指使用感（如滑爽、润滑、黏稠、干燥或油腻）、延展性(容易涂敷，涂布层均匀)、清爽度、渗透性等	

任务测评

任务结束后填写实操任务测评表 2−59。

表 2−59　实操任务测评表

序号	考核内容	考核标准	配分	得分
1	实训项目基础	能准确辨识保湿霜原料、配方结构	30	
2	实训打版项目	能按操作规程进行保湿霜打版	30	
3	6S 管理	遵守 6S 管理	40	
合计			100	

任务三　总结及归档

学习目标

【知识目标】能对保湿霜实训结果进行统计。

【技能目标】能分析保湿霜实训的完成情况，并撰写总结报告。

【素养目标】培养负责、严谨的工作态度，树立大局观，提高分析、解决实际问题的能力。

任务引入

接已完成的上两项任务。

任务分析

前面的任务已完成课题实训任务，本项任务进一步对实训结果进行统计、分析并总结归档。

相关知识

实训结果评价流程如图 2－16 所示。

图 2－16　实训结果评价流程

任务实施

一、实训结果的统计

将保湿霜配方实训结果进行统计。

二、实训任务完成情况的分析

对保湿霜配方实训任务完成情况进行分析。

三、总结与归档

1. 将保湿霜实训配方任务实施情况进行总结。
2. 将保湿霜实训配方数据进行整理归档。

任务测评

任务结束后填写任务测评表2－60。

表2－60　　任务测评表

序号	考核内容	考核标准	配分	得分
1	素质考核	课堂出勤率、学习态度、行为规范	30	
2	课堂表现	课堂互动、团队协作、创新建议	30	
3	专业知识	保湿霜配方实训任务总结归档能力	40	
合计			100	

思考与练习

1. 写出保湿霜配方结构。
2. 指出保湿霜配方中各组分的作用。
3. 写出保湿霜的打版操作步骤。

模块三

香水类化妆品配方实训

香水类化妆品是一类芳香制品，主要作用是赋香和盖味，包括香水、古龙水、花露水等产品。

课程思政小课堂

肌肤已坏，而香囊犹在

“一骑红尘妃子笑，无人知是荔枝来。”为博红颜一笑，命人从千里之外马不停蹄地送来新鲜的荔枝，只为给心爱之人品尝，唐明皇与杨贵妃的爱情最后却变成了一段凄美的故事。

《旧唐书》提到，当年安禄山反叛发动“安史之乱”，唐玄宗（唐明皇）带着杨贵妃等人西逃，途经马嵬坡时禁军哗变，被迫将杨贵妃赐死，就地埋葬。一年后，唐玄宗几经波折重返长安，因为难忘杨贵妃，于是派遣亲信返回马嵬坡寻找杨贵妃的遗体，为其入殓。结果换来的却只是几个字的回复：“肌肤已坏，而香囊犹在。”这也成了一个千古之谜，布帛所制成的香囊何以完好地保存下来?

经历沧海桑田，岁月变迁，这一千古之谜被解开。1970 年 10 月 5 日，陕西省西安市南郊何家村某收容所里正在施工基建，工程热火朝天地进行着。忽然，一件件陶器被工人们挖了出来，这是一个个大陶瓮，陶瓮里面装满了大量的金银玉器，这就是后来大家所熟知的“何家村遗宝”，是目前陕西历史博物馆重要的展陈之一。其中有一件器物成了解答“为何香囊得以完好保存下来”这千年谜题的关键，这件器物叫唐葡萄花鸟纹银香囊，是一件用金属制作而成的香囊。人们带着美好的想象猜测，这件历经千年仍旧光亮如新、美好如初没有半点腐蚀的香囊，是否就是杨贵妃曾经佩戴的那一件?

唐葡萄花鸟纹银香囊在古代是用来燃放固体香料的。香囊外径 4.6 cm，金香盂直径

2.8 cm，链长7.5 cm，外壁银制，通体镂空，外形为葡萄缠枝、花鸟相依，镂空纹饰不仅具有装饰性，还便于香烟飘散。香囊外观精美、设计之科学与巧妙，令世人叹绝！它利用了陀螺的平衡构造原理，呈椭圆形，由中部可分成两个半球形，一侧钩链勾合，一侧活轴套合。下部球体设同心圆机环，内层安放半圆形金香盂，外壁、机环、金香盂又用铆钉铆接，自由转动。这样，无论外球如何转动，由于机环和金香盂重力作用，金香盂始终保持重心向下，因而里面的香料不致洒落在外，顶部配有环链和挂钩，便于挂在车帷幔上或随身佩戴。

“脸腻香薰似有情，世间何物比轻盈。”唐葡萄花鸟纹银香囊体现了我国盛唐工匠的非凡智慧，以及雕刻艺术的高超水平，还体现了盛唐时人们的精神面貌与思想观念。香囊上葡萄树枝繁叶茂、硕果累累，寓意五谷丰登，花鸟和葡萄结合寓意吉祥如意，银材质象征着富贵。再有，葡萄是从西域引进中国的，唐葡萄花鸟纹银香囊正是外来文化与中华文化交流的结果，从中我们看到了唐代中外交流盛况空前，盛唐胸襟开阔，社会包容而开放。

人们总说，闻香识女人。在古代，很多女人身上都有特质的香囊。如今，唐葡萄花鸟纹银香囊收藏于陕西历史博物馆“何家村窖藏出土文物展”内。透过唐葡萄花鸟纹银香囊，仿佛看到了唐明皇与杨贵妃的爱情，看到了千年前大唐的自信、乐观与开放，也看到了上下五千年中华香薰文化在盛唐的大地上延绵至今的不朽与辉煌！

课题一　低醇香水配方实训

任务一　接受任务

学习目标

【知识目标】能识读任务书。

【技能目标】能初步评估任务计划（生产范围、生产能力、法规符合性等）。

【素养目标】运用课程思政小课堂，以国宝为载体，感受中华文明的博大精深，坚定文化自信自强，培养接受、分析、评估任务的能力。

任务引入

×××化妆品有限公司技术开发部对新员工进行低醇香水配方技能实训。

任务分析

本次实训安排比较安全的低醇香水配方，让新员工熟悉本单位的打版实训流程，培养操作的规范性。

香水是将香料溶解于乙醇中的制品，有时根据需要，还可加入微量着色剂、抗氧化剂、杀菌剂、甘油、表面活性剂等添加剂。香水的分类方法有多种：按照香精和乙醇含量的不同可分为香水、古龙水和花露水等；按产品形态不同可分为酒精液香水、乳化香水和固体香水三种；按香气可分为花香型香水和幻想型香水两类。其中，花香型香水的香气，大多模拟天然花香配制而成，主要有玫瑰、茉莉、水仙、玉兰、铃兰、栀子、橙花、紫丁香、紫罗兰、晚香玉、金合欢、金银花、风信子、薰衣草等花香；幻想型香水是调香师根据自然现象、风俗、景色、地名、人物、情绪、音乐、绘画等方面的艺术想象，创造出的新香型，往往具有美好的名称，如素心兰、香奈儿五号、夜航、夜巴黎、圣诞节之夜、沙丘等。

好的香水，必须满足一些必要条件：一是有美妙的香气，优雅和高情调的芳香；二是有芳香特征；三是各种香气得到协调平衡；四是香气的扩散性好；五是香气有适度的强持续性；六是香气与制品的内涵概念相一致。此类香水又称高级香水，区别于一般泛指的香水类产品。这类产品香精含量为10%～20%（质量分数），有时可高达25%～30%。常用纯净的乙醇为介质（经过脱臭去杂），有时添加少量着色剂、抗氧化剂和紫外线吸收剂使产品稳定。

高级香水使用的香料应为醇溶性的和光稳定性好的高级香水原料，产品香气幽雅、细致协调，既有好的扩散性使香气四溢，又有一定留香能力，香气诱人，能引起人们喜爱，还有一定创新格调，且安全性高，不沾污衣物。近年来，香水产品倾向使用喷雾型包装，这要求香精蒸发后固态残留物少，以免堵塞喷头。

用于增加香水稳定性的添加剂包括：紫外线吸收剂用于改善光稳定性，如二苯酮-2 和二苯酮-5（水溶性）；整合剂用于在香精组分与铁和其他金属离子反应前，将它们螯合，如 EDTA 及其盐；抗氧化剂有助于预防产品酸败，如柠檬酸、酒石酸等。实际生产中，常常使用各种功能稳定剂的复配物，功效比单独一种稳定剂高，如果它们是油溶性的，可直接加入香水中，如 BHT。当必须使用水溶性组分时，需与增溶剂预先混合。

低醇香水的质量要求：由于产品拟在国内销售，低醇香水的质量必须符合国家的相关法律法规及标准要求。产品和所用原料必须符合《化妆品安全技术规范》（2015 年版）和《化妆品禁用原料目录》《化妆品禁用植（动）物原料目录》（2021 年版）的规定，产品必须符合《香水、古龙水》（QB/T 1858—2004）。

相关知识

低醇香水的质量指标见表 3－1。

表 3-1　　低醇香水的质量指标

项目		质量指标
感官指标	外观	符合规定色泽
	香气	符合规定香型
	清晰度	水质清晰，不应有明显杂质和黑点
理化指标	相对密度	规定值 ±0.02
	浊度	5 ℃时水质清晰、不浑浊
	色泽稳定性	(48 ±1) ℃保持 24 h，维持原有色泽不变
微生物学指标	菌落总数/(CFU/g 或 CFU/mL)	≤1 000
	霉菌和酵母菌总数/(CFU/g 或 CFU/mL)	≤100
	耐热大肠菌群/(g 或 mL)	不得检出
	金黄色葡萄球菌/(g 或 mL)	不得检出
	铜绿假单胞菌/(g 或 mL)	不得检出
有害物质	汞/(mg/kg)	≤1
	铅/(mg/kg)	≤10
	砷/(mg/kg)	≤2
	镉/(mg/kg)	≤5
	甲醇/(mg/kg)	≤2 000

任务实施

一、任务接受

见附表 1 任务接受单。

二、任务计划

见附表 2 任务计划表。

任务测评

任务结束后填写任务测评表 3-2。

表 3-2　　任务测评表

序号	考核内容	考核标准	配分	得分
1	素质考核	课堂出勤率、学习态度、行为规范	30	
2	课堂表现	课堂互动、团队协作、创新建议	30	
3	专业知识	低醇香水配方实训任务的分析评估能力	40	
合计			100	

任务二　打版的改进与质量分析

学习目标

【知识目标】能正确对原料进行辨识；掌握实训过程中的防火防爆知识。

【技能目标】能正确操作搅拌机；掌握低醇香水的制作流程；能正确按流程完成制作；掌握低醇香水质量评价。

【素养目标】夯实专业素养，培养专业、细致的职业精神。

任务引入

接已完成的上一任务。

任务分析

上一任务已了解课题计划、实训产品质量标准和要求，本任务进一步了解产品的配方结构、原料辨识方法、配方操作，完成打版实训任务。

相关知识

一、配方结构

低醇香水的主要成分是水、香料和香精、乙醇、增溶剂、稳定剂、防腐剂、着色剂等。低醇香水配方组分、主要功能及代表性原料见表 3－3。

表 3－3　低醇香水配方组分、主要功能及代表性原料

结构组分	主要功能	代表性原料
水	溶解、稀释	纯化水
香料和香精	产品赋香	各种化妆品用香料和香精
乙醇	溶解香料和香精	乙醇、变性乙醇
增溶剂	增加油溶性香料和香精等的水溶性	CO40、CO60
稳定剂	抗氧化、防止光照变色	EDTA 二钠、柠檬酯、BHT、维生素 E、二苯酮-2、丁基甲氧基二苯甲酰基甲烷
防腐剂	低醇体系的防腐、抑菌	杰马 BP、苯氧乙醇
着色剂	赋予产品颜色	各种化妆品允许使用的着色剂

二、主要原料的辨识

（一）香料和香精

1. 香料

香料从广义上讲是指香原料和香精的统称，从狭义上讲是指香原料，不包含香精。根据

有香物质的来源，香料可分为天然香料与合成香料，通常所说的香料只代表香原料的含义。

在5 000年前的古代，人们就已知道将香料植物作为药材使用，通过嗅闻盛开的鲜花和带香气的植物以享受美好的香气带来的愉快感觉，还以各种鲜花、果实、树脂等有芳香的物质来敬拜“神灵”。

香料是一种能被嗅觉嗅出香气或通过味觉尝出香味的物质。它可以是单一结构物（相对较纯的含量），也可以是一种混合物。香料有些存在于自然界生物体内，有些可通过化学或生物手段合成，包括合成自然界未发现的物质。

香料按原料或制法可分为天然香料和合成香料。天然香料是指那些含有香成分的动物或植物的某些生理器官（如香腺、香囊、花、叶、枝、干、皮、根、果、籽等）和分泌物，以及包括从这些器官中或分泌物中经过加工提取出来的含有发香成分的物质。这些提取物的剂型包括精油、净油、酊剂、浸膏（或称香液）、单离体等。这类物质的成分十分复杂，是一种多组分混合物。目前已发现的天然香料约1 500种，常用的约200种。动物香料较少，仅有麝香、灵猫香、龙涎香、海狸香、麝鼠香等，由于产量有限、价格昂贵，还因安全和环保等因素，已不常用。

广义的合成香料也称为单体香料，分为单离香料和合成香料。其中，单离香料是从成分复杂的天然复体香料分离出来的某些香成分（如从香茅油中分离出来的香茅醇、香茅醛等），其工业使用价值较高。狭义的合成香料是指以石油化工产品、煤焦油、萜类等廉价原料，通过各种化学反应而合成的香料。目前，全世界合成香料已发展到6 000种以上，通常调香中使用的也有500～600种。

合成香料按其化学结构分为两类，即天然结构和人造结构。天然结构的合成香料是通过分析天然香料的成分，确定其香成分的化学结构，然后，采用其他原料合成出化学结构与之完全一致的香料化合物，如合成L-薄荷醇、樟脑和香豆素等。这类香料占合成香料中的绝大部分。人造结构的合成香料是在天然香料成分中尚未发现，而其香气与某些天然品相似的香料化合物，如合成麝香、洋茉莉醛和茉莉醛等。与天然香料比较，合成香料具有价格低廉、货源充足、品质稳定等优点。随着近代有机合成方法的发展、分离和分析技术的现代化，使合成香料品种日新月异，不断推陈出新。

2. 香精

香精是由多种香料按一定的比例混合后，形成具有一定香气特性的混合物。

香精按其用途可分成三大类：一是日用化学用香精类，可再分为日用洗涤剂用、清洁剂用、劳动保护用品用等；二是食用香精类，可再分为食品用、香烟用、酒用、牙膏（牙粉）用和某些内服药用等；三是其他工农业品用，可再分为塑料制品用、纺织品用、杀虫剂用、皮革用、文教用品用和饲料用等。

香精作为工业产品，具备其质量规格，各生产厂家的质量指标虽有差别，但有些性质是必须具备的。香精应具有一定的香型、香气或香味特征，有一定的香料的配合比例及配制工艺，对人体（外用或内服）是安全的，符合规定的剂型，可与加香介质配伍，能保持一定的稳定性和持久性，价格合理。

3. 香气

（1）香气分类。众所周知，气味的种数非常多，调香师经常使用的香料有几百种甚至千余种，其香气各有不同。为了在调香工作中的选择和应用方便，评香时比较香气有较接近的标准，因此对香气进行分类是很有必要的。对于初学调香者和化妆品配方师来说，这也是不可忽略的基本知识。

我国调香工作者经过长期的实践，结合我国的具体情况和文化发展背景，对香料的香气分类进行了研究，从调香应用入手，结合各类香气间的区别和联系，将香料的香气划分为花香型和非花香型两大类。我国调香工作者建议的香气分类简表见表3－4。

表3－4　我国调香工作者建议的香气分类简表

香气类别		代表性的天然香料品名
花香型	清（青）韵	薰衣草、穗薰衣草、杂薰衣草、洋甘菊
	甜韵	玫瑰（月季）
	鲜韵	茉莉、白兰、苦橙花、依兰、树兰
	幽韵	晚香玉、水仙花
	清（青）甜韵	香石竹
	鲜甜韵	风信子、栀子花
	鲜幽韵	紫（白）丁香
	幽清（青）韵	桂花、木樨草、金合欢、含羞花
非花香型	清（青）滋香	紫罗兰叶、香柠檬、薄荷芳樟、玫瑰木、玳玳叶、（苦）橙叶、白兰叶、橡苔和树苔、亚洲薄荷和椒样薄荷、留兰香、蓝桉叶、杜松子、松针
	草香（芳草与草药）	香茅、柠檬桉、冬青与地檀香、菖蒲、迷迭香、百里香、缬草、甘松、苍术
	木香	广藿香、柏木、檀香、香附、岩兰草、香苦草、愈创木、桦焦
	蜜甜香	鸢尾、玫瑰草、山蕀、香叶、姜草
	脂蜡香	楠叶油
	膏香	安息香、秘鲁香、吐鲁香、苏合香、乳香、格蓬、没药
	琥珀香	香紫苏、圆叶当归、麝葵子、岩蔷薇、防风根
	动物香	龙涎香、海狸香、灵猫香、麝香
	辛香（包括焦草香和烟草香）	芹菜籽、葛缕籽、小豆蔻、芫荽籽、姜、八角茴香、小茴香、甜罗勒、丁香罗勒、丁香、斯里兰卡桂叶、桃金娘月桂叶、肉桂、月桂叶、黄樟、肉豆蔻、洋葱
	豆香	黑香豆、香荚兰豆
	果香（包括坚果香、浆果香和瓜香）	香柠檬、柠檬、柠檬草、防臭木、山苍子、白柠檬、圆柚、甜橙、橘、苦橙、苦杏仁
	酒香	康酿克

（2）香气的表现。一般描述香气的方法有多种，都是从不同的角度用合适的语言表达。

国外一些研究工作者和专业协会尝试制定较适当形容气味术语的清单，对香气的种类和品质进行描述，但由于感观性质的描述较复杂，很难推广和实行。恰当描述香气不仅对调香和评香很重要，而且对化妆品的介绍说明和广告宣传也有很大的影响。表 3 – 5 介绍了一些描述香气的常用术语。

表 3 – 5　　一些描述香气的常用术语

香气常用术语	代表性香气
醛香	直链烃气味、汗或海产气味、直链醛类气味
动物香	类动物气味、灵猫和粪臭素典型气味
膏香	甜、香兰素香气
樟脑和草药香	樟脑、桉树、鼠尾草香气
柑橘香	柑橘类果皮油
土香	潮气、湿土、特别是雨后湿土香气
鲜花香	花朵香气
水果香	水果香气
青香	新鲜捣碎叶和新割的草香气
药香	酚、消毒剂和酚皂香气
金属香	典型金属表面，如硬币的香气
薄荷香	类薄荷香气
苔香	地衣、藻类和一般树木生长菌类香气
粉香	甜、粉香样香气
树脂香	树脂香气
辛香	烘烤香料，如月桂、人参的香气
蜡香	蜡烛样香气
木香	新锯木香，一般指雪松和檀香木的香气

（二）乙醇

INCI 中文名：乙醇。

别名：酒精。

分子式：CH_3CH_2OH。

制法：常用制法主要有发酵法和乙烯水化法。化妆品用乙醇是以谷物、薯类、糖蜜或其他可食用的农作物为原料，经发酵、蒸馏精制而成。乙醇从分子式上可以看成是乙烷分子中的一个氢原子被羟基取代的产物，也可以看成是水分子中的一个氢原子被乙基取代的产物。

性质：无色透明液体（纯酒精），有特殊香味，易挥发。乙醇蒸气能与空气形成爆炸性混合物，能与水以任意比例互溶，能与氯仿、乙醚、甲醇、丙酮和其他多数有机溶剂混溶。

密度：$0.789\ g/cm^3$。

熔点：114.1 ℃。

沸点：78.3 ℃。

折光率（20 ℃）：1.361 4。

乙醇是香水、古龙水、花露水的主要原料，添加量（质量分数）为60%～95%，另外，乙醇还用于润肤水、防晒乳等护肤品，作为溶剂、增溶剂、消泡剂、清凉剂和收敛剂等使用。乙醇几乎无毒，成人一次致死量为5～8 g/kg，儿童为3 g/kg。相关资料证明，乙醇在化妆品中的使用是安全的，经皮吸收率低（2.3%），无诱变性，不刺激皮肤，不致敏，但有眼刺激性。

为了防止酗酒者饮用一般乙醇，在工业用酒精中一般都添加一些变性剂，制成变性乙醇，变性的目的是改变乙醇属性达到不能饮用而只能用于工业用途。

三、设备要求

搅拌配制罐配备防爆电机，生产场所和灯具均须符合防火防爆要求。

任务实施

一、配方及工艺

（一）配方

低醇香水配方见表3－6。

表3－6　低醇香水配方

序号	原料商品名	作用	质量分数/%	备注
1	纯化水	稀释	加至100	
2	乙醇	溶剂	25.0	
3	香精	芳香	4.5	
4	CO60	增溶	5.0	
5	杰马 BP	防腐	0.2	

注：不同香精所需增溶剂的量不同。

（二）打版流程

低醇香水打版流程如图3－1所示。

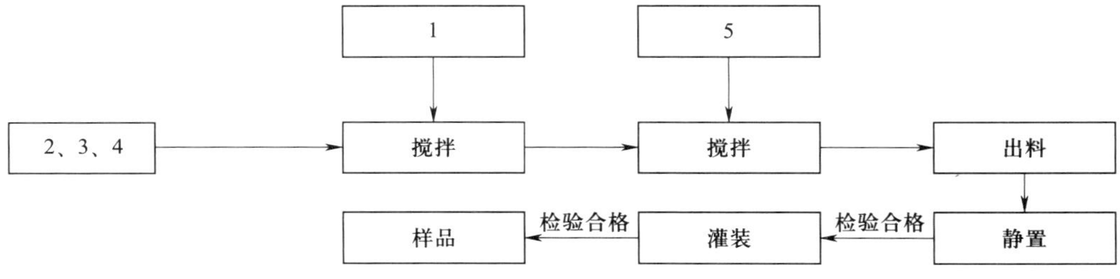

图3－1　低醇香水打版流程

(三) 操作步骤

1. 将表3-6中的2、3、4加入烧杯中，混合搅拌均匀。
2. 加入1搅拌至溶解，如果不透明，可适量增加增溶剂的量调至透明。
3. 再加入5搅拌至溶解均匀，出料。

二、打版准备

1. 按实训室6S管理做好打版前准备。
2. 准备试剂和仪器。
3. 仪器的清洁消毒。
4. 原料预处理。

三、实训操作

(一) 仪器与原料

1. 仪器：烧杯、玻璃试管、温度计、电炉、搅拌器、玻璃棒、电子秤、pH计、恒温烘箱、冰箱、密度计、阿贝折光仪。

2. 原料：详见表3-6。

(二) 打版操作

边操作边记录，打版记录表见附表3。

【操作提示】

①操作过程要加约1%的补充水。

②注意保证香精、增溶剂和乙醇混合均匀后才开始加入水。

③因香精、香料不同，有的配方会出现不溶性絮状物，需经过陈化过滤。

④因配方中使用乙醇，要注意防火防爆。

(三) 质量指标考察

1. 质量指标检验

对打版后样品的感官指标（外观、香气）、理化指标（清晰度、相对密度、浊度）、微生物学指标（菌落总数、霉菌和酵母菌总数）进行检验，并填写质量报告记录表3-7。

表3-7　质量报告记录表

<table>
<tr><td>产品名称</td><td></td><td>生产日期</td><td></td><td>生产批号</td><td></td></tr>
<tr><td colspan="2">项目</td><td colspan="2">指标</td><td colspan="2">结果</td></tr>
<tr><td colspan="2">外观</td><td colspan="2">符合规定色泽</td><td colspan="2"></td></tr>
<tr><td colspan="2">香气</td><td colspan="2">符合规定香型</td><td colspan="2"></td></tr>
<tr><td colspan="2">清晰度</td><td colspan="2">水质清晰，不应有明显杂质和黑点</td><td colspan="2"></td></tr>
<tr><td colspan="2">相对密度</td><td colspan="2">规定值±0.02</td><td colspan="2"></td></tr>
<tr><td colspan="2">浊度</td><td colspan="2">5℃时水质清晰、不浑浊</td><td colspan="2"></td></tr>
</table>

续表

项目	指标	结果
菌落总数/(CFU/g 或 CFU/mL)	≤1 000	
霉菌和酵母菌总数/(CFU/g 或 CFU/mL)	≤100	

2. 质量指标稳定性考察

根据本产品的特点，以 25 ℃作为常温保存试验 7 天、48 ℃作为耐热试验 7 天、－10 ℃作为耐寒试验 7 天、室外自然光光照 7 天作为稳定性考察的项目进行实训，分别填写质量指标考察表 3－8。

表 3－8　质量指标考察表

<table>
<tr><td>产品名称</td><td></td><td>生产日期</td><td></td><td>生产批号</td><td></td></tr>
<tr><td>开始试验日期</td><td></td><td>结束试验日期</td><td></td><td>报告日期</td><td></td></tr>
<tr><td colspan="2">试验条件</td><td colspan="4">□25 ℃作为常温保存试验 7 天
□48 ℃作为耐热试验 7 天
□－10 ℃作为耐寒试验 7 天
□室外自然光光照 7 天
□其他条件：________________</td></tr>
<tr><td colspan="2">考察项目</td><td colspan="4">考察结果</td></tr>
<tr><td rowspan="5">考察项目</td><td>外观</td><td colspan="4"></td></tr>
<tr><td>色泽</td><td colspan="4"></td></tr>
<tr><td>气味</td><td colspan="4"></td></tr>
<tr><td>pH 值</td><td colspan="4"></td></tr>
<tr><td>相对折光率</td><td colspan="4"></td></tr>
<tr><td>结论</td><td colspan="5"></td></tr>
<tr><td>检验人</td><td colspan="2"></td><td>复核人</td><td colspan="2"></td></tr>
</table>

（四）打版样品感官评价

对打版样品进行感官评价，填写感官评价表 3－9。

表 3－9　感官评价表

项目	指标	结果
看色泽	色泽均匀、柔和，与肤色配合融洽度好	
闻气味	气味纯正，与标准样香型一致	
比较外质地	清澈透明，无任何沉淀，无明显分层，无浑浊，无明显杂质和黑点	
使用肤感	取适量香水涂布于手背上，感觉料体是否易于涂抹；待手背上形成一层敷层，2～3 min 后感觉皮肤是否有收敛感、凉爽感	

任务测评

任务结束后填写实操任务测评表3－10。

表3－10 实操任务测评表

序号	考核内容	考核标准	配分	得分
1	实训项目基础	能准确辨识低醇香水原料、配方结构	30	
2	实训打版项目	能按操作规程进行低醇香水打版	30	
3	6S管理	遵守6S管理	40	
合计			100	

任务三　总结及归档

学习目标

【知识目标】能对低醇香水配方实训结果进行统计。
【技能目标】能分析低醇香水配方实训的完成情况，并撰写总结报告。
【素养目标】培养负责、严谨的工作态度，树立大局观，提高分析、解决实际问题的能力。

任务引入

接已完成的上两个任务。

任务分析

前面的任务已完成课题实训任务，本任务进一步对实训结果进行统计、分析并总结归档。

相关知识

实训结果评价流程如图3－2所示。

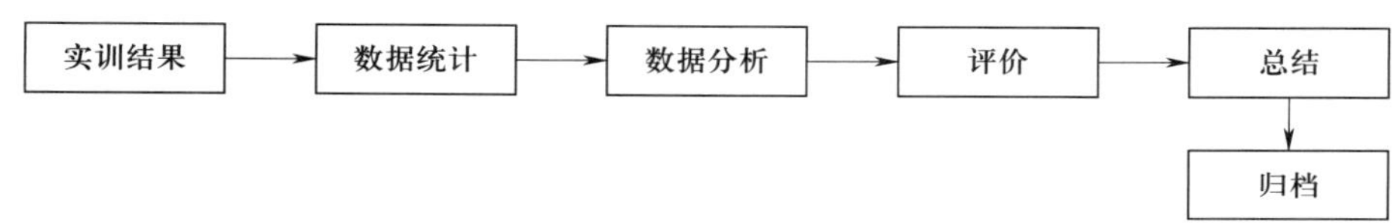

图3－2　实训结果评价流程

任务实施

一、实训结果的统计

将低醇香水配方实训结果进行统计。

二、实训任务完成情况的分析

对低醇香水配方实训任务完成情况进行分析。

三、总结与归档

1. 将低醇香水配方实训任务实施情况进行总结。
2. 将低醇香水配方实训数据进行整理归档。

任务测评

任务结束后填写任务测评表 3－11。

表 3－11　　任务测评表

序号	考核内容	考核标准	配分	得分
1	素质考核	课堂出勤率、学习态度、行为规范	30	
2	课堂表现	课堂互动、团队协作、创新建议	30	
3	专业知识	低醇香水配方实训任务总结归档能力	40	
合计			100	

思考与练习

1. 写出低醇香水配方结构。
2. 指出低醇香水配方中各组分的作用。
3. 写出低醇香水的打版操作步骤。

课题二　古龙水配方实训

任务一　接受任务

学习目标

【知识目标】能识读任务书。

【技能目标】能初步评估任务计划（生产范围、生产能力、法规符合性等）。

【素养目标】培养接受、分析、评估任务的能力。

任务引入

×××化妆品有限公司技术开发部对新员工进行古龙水配方技能实训。

任务分析

本次实训安排古龙水配方，让新员工熟悉本单位的打版实训流程，培养操作的规范性。

古龙水是香水类化妆品的一种，配方结构属于高档香水中的一类。

古龙水的质量要求：由于产品拟在国内销售，古龙水的质量必须符合国家的相关法律法规及标准要求。产品和所用原料必须符合《化妆品安全技术规范》(2015 年版) 和《化妆品禁用原料目录》《化妆品禁用植(动)物原料目录》(2021 年版) 的规定，产品必须符合《香水、古龙水》(QB/T 1858—2004)。

相关知识

古龙水的质量指标见表 3－12。

表 3－12　古龙水的质量指标

项目		质量指标
感官指标	外观	符合规定色泽
	香气	符合规定香型
	清晰度	水质清澈，不应有明显杂质和黑点
理化指标	相对密度	规定值 ±0.02
	浊度	5 ℃时水质清澈、不浑浊
	色泽稳定性	(48 ±1) ℃保持 24 h，维持原有色泽不变
微生物学指标	菌落总数/(CFU/g 或 CFU/mL)	≤1 000
	霉菌和酵母菌总数/(CFU/g 或 CFU/mL)	≤100
	耐热大肠菌群/(g 或 mL)	不得检出
	金黄色葡萄球菌/(g 或 mL)	不得检出
	铜绿假单胞菌/(g 或 mL)	不得检出
有害物质	汞/(mg/kg)	≤1
	铅/(mg/kg)	≤10
	砷/(mg/kg)	≤2
	镉/(mg/kg)	≤5
	甲醇/(mg/kg)	≤2 000

任务实施

一、任务接受

见附表1 任务接受单。

二、任务计划

见附表2 任务计划表。

任务测评

任务结束后填写任务测评表3－13。

表3－13　　任务测评表

序号	考核内容	考核标准	配分	得分
1	素质考核	课堂出勤率、学习态度、行为规范	30	
2	课堂表现	课堂互动、团队协作、创新建议	30	
3	专业知识	古龙水配方实训任务的分析评估能力	40	
合计			100	

任务二　打版的改进与质量分析

学习目标

【知识目标】能正确对原料进行辨识，掌握实训过程中的防火防爆知识。

【技能目标】能正确操作搅拌机；掌握古龙水的制作流程；能正确按流程完成制作；掌握古龙水质量评价。

【素养目标】夯实专业素养，培养专业、细致的职业精神。

任务引入

接已完成的上一任务。

任务分析

上一任务已了解课题计划、实训产品质量标准和要求，本任务进一步了解产品的配方结构、原料辨识方法、配方操作，完成打版实训任务。

相关知识

一、配方结构

古龙水中香精含量为3% ~5%（质量分数），乙醇为70% ~80%（质量分数）。古龙水的介质是乙醇—水的体系，一些香精的水溶性较差，直接用于古龙水会造成不稳定或浑浊，添加增溶剂可增加香精的溶解度。古龙水使用的香精的档次较高级香水低，主要使用者是男性。典型古龙水以柑橘、香柠檬、橙花、甜橙、柠檬、橙叶等香型为主，可带薰衣草、迷迭香、岩兰草香，也有用素心兰型加辛香和木香，曾经流行过浓烈的辛香和木香，近年来流行清香等自然香。古龙水配方结构组分、主要功能及代表性原料见表3－14。

表3－14　古龙水配方结构组分、主要功能及代表性原料

结构组分	主要功能	代表性原料
水	溶解、稀释	纯化水
香料和香精	产品赋香	各种化妆品用香料和香精
乙醇	溶解香料和香精	乙醇、变性乙醇
增溶剂	增加油溶性香料和香精等的水溶性	CO40、CO60
稳定剂	抗氧化、防止光照变色	EDTA 二钠、柠檬酯、BHT、维生素 E、二苯酮-2、丁基甲氧基二苯甲酰基甲烷
防腐剂	低醇体系的防腐、抑菌	杰马 BP、苯氧乙醇
着色剂	赋予产品颜色	各种化妆品允许使用的着色剂

二、主要原料的辨识

香料和香精见各种化妆品用香料和香精的参数。

三、设备要求

带有防爆电机的搅拌配制罐，生产场所和灯具均须按防火防爆要求执行。

任务实施

一、配方及工艺

（一）配方

古龙水配方见表3－15。

表3－15　古龙水配方

序号	原料商品名	作用	质量分数/%	备注
1	纯化水	稀释	加至100	

续表

序号	原料商品名	作用	质量分数/%	备注
2	乙醇	溶剂	15.0	
3	香精	芳香	3.0	
4	CO60	增溶	4.0	
5	杰马 BP	防腐	0.2	

注：不同香精所需增溶剂的量不同。

(二) 打版流程

古龙水打版流程如图 3－3 所示。

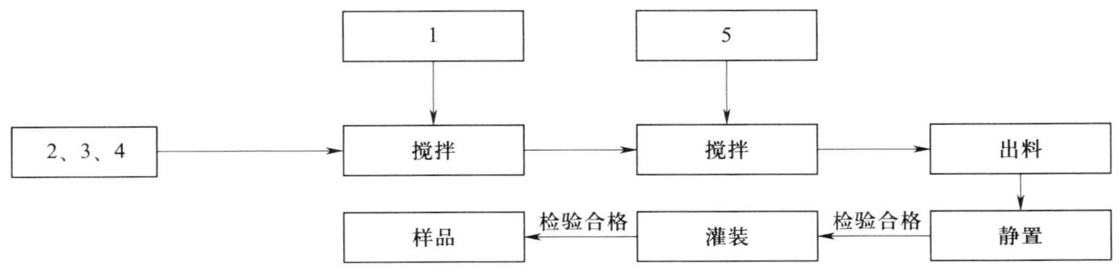

图 3－3　古龙水打版流程

(三) 操作步骤

1. 将表 3－15 中的 2、3、4 加入烧杯中，混合搅拌均匀。
2. 加入 1 搅拌至溶解，如果不透明，可适量增加增溶剂的量调至透明。
3. 再加入 5 搅拌至溶解均匀，出料。

二、打版准备

1. 按实训室 6S 管理做好打版前准备。
2. 准备试剂和仪器。
3. 仪器的清洁消毒。
4. 原料预处理。

三、实训操作

(一) 仪器与原料

1. 仪器：烧杯、玻璃试管、温度计、电炉、搅拌器、玻璃棒、电子秤、pH 计、恒温烘箱、冰箱、密度计、阿贝折光仪。

2. 原料：详见表 3－15。

(二) 打版操作

边操作边记录，打版记录表见附表 3。

【操作提示】

①操作过程要加约 1% 的补充水。

②注意保证香精、增溶剂和乙醇混合均匀后才开始加入水。

③因香精、香料不同，有的配方会出现不溶性絮状物，需经过陈化过滤。

④因配方中使用乙醇，要注意防火防爆。

（三）质量指标考察

1. 质量指标检验

对打版后样品的感官指标（外观、香气）、理化指标（清晰度、相对密度、浊度）、微生物学指标（菌落总数、霉菌和酵母菌总数）进行检验，并填写质量报告记录表3－16。

表3－16　质量报告记录表

产品名称		生产日期		生产批号	
项目	指标			结果	
外观	符合规定色泽				
香气	符合规定香型				
清晰度	水质清澈，不应有明显杂质和黑点				
相对密度	规定值 ±0.02				
浊度	5 ℃时水质清澈、不浑浊				
菌落总数/（CFU/g 或 CFU/mL）	≤1 000				
霉菌和酵母菌总数/（CFU/g 或 CFU/mL）	≤100				

2. 质量指标稳定性考察

根据本产品的特点，以25 ℃作为常温保存试验7天、48 ℃作为耐热试验7天、－10 ℃作为耐寒试验7天、室外自然光光照7天作为稳定性考察的项目进行实训，分别填写考察项目，参考表3－8质量指标考察表填写考察结果。

（四）打版样品感官评价

对打版样品进行感官评价后，分别填写评价项目，参考表3－9感官评价表填写评价结果。

» 任务测评

任务结束后填写实操任务测评表3－17。

表3－17　实操任务测评表

序号	考核内容	考核标准	配分	得分
1	实训项目基础	能准确辨识古龙水原料、配方结构	30	
2	实训打版项目	能按操作规程进行古龙水打版	30	
3	6S 管理	遵守6S 管理	40	
合计			100	

任务三　总结及归档

学习目标

【知识目标】能对古龙水配方实训结果进行统计。

【技能目标】能分析古龙水配方实训的完成情况，并撰写总结报告。

【素养目标】培养负责、严谨的工作态度，树立大局观，提高分析、解决实际问题的能力。

任务引入

接已完成的上两项任务。

任务分析

前面的任务已完成课题实训任务，本项任务进一步对实训结果进行统计、分析并总结归档。

相关知识

实训结果评价流程如图 3－4 所示。

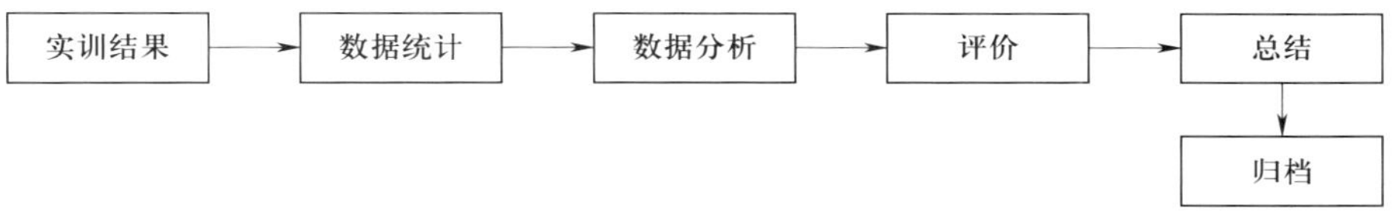

图 3－4　实训结果评价流程

任务实施

一、实训结果的统计

将古龙水配方实训结果进行统计。

二、实训任务完成情况的分析

对古龙水配方实训任务完成情况进行分析。

三、总结与归档

1. 将古龙水配方实训任务实施情况进行总结。
2. 将古龙水配方实训数据进行整理归档。

任务测评

任务结束后填写任务测评表 3－18。

表 3－18 任务测评表

序号	考核内容	考核标准	配分	得分
1	素质考核	课堂出勤率、学习态度、行为规范	30	
2	课堂表现	课堂互动、团队协作、创新建议	30	
3	专业知识	古龙水配方实训任务总结归档能力	40	
合计			100	

思考与练习

1. 写出古龙水配方结构。
2. 指出古龙水配方中各组分的作用。
3. 写出古龙水的打版操作步骤。

课题三　花露水配方实训

任务一　接受任务

学习目标

【知识目标】能识读任务书。
【技能目标】能初步评估任务计划（生产范围、生产能力、法规符合性等）。
【素养目标】培养接受、分析、评估任务的能力。

任务引入

×××化妆品有限公司技术开发部对新员工进行花露水配方技能实训。

任务分析

本次实训安排花露水配方，让新员工熟悉本单位的打版实训流程，培养操作的规

范性。

花露水属于香水类化妆品的一种。

花露水的质量要求：由于产品拟在国内销售，花露水的质量必须符合国家的相关法律法规及标准要求。产品和所用原料必须符合《化妆品安全技术规范》（2015 年版）和《化妆品禁用原料目录》《化妆品禁用植（动）物原料目录》（2021 年版）的规定，产品必须符合《花露水》（QB/T 1858. 1—2006）。

相关知识

花露水的质量指标见表 3 – 19。

表 3 – 19　花露水的质量指标

项目		质量指标
感官指标	外观	符合规定色泽
	香气	符合规定香型
	清晰度	水质清澈，不应有明显杂质和黑点
理化指标	相对密度	0. 84 ~ 0. 94
	浊度	10 ℃时水质清澈、不浑浊
	色泽稳定性	（48 ± 1）℃保持 24 h，维持原有色泽不变
微生物学指标	菌落总数/（CFU/g 或 CFU/mL）	≤1 000
	霉菌和酵母菌总数/（CFU/g 或 CFU/mL）	≤100
	耐热大肠菌群/（g 或 mL）	不得检出
	金黄色葡萄球菌/（g 或 mL）	不得检出
	铜绿假单胞菌/（g 或 mL）	不得检出
有害物质	汞/（mg/kg）	≤1
	铅/（mg/kg）	≤10
	砷/（mg/kg）	≤2
	镉/（mg/kg）	≤5
	甲醇/（mg/kg）	≤2 000

任务实施

一、任务接受

见附表 1 任务接受单。

二、任务计划

见附表 2 任务计划表。

任务测评

任务结束后填写任务测评表3－20。

表3－20　任务测评表

序号	考核内容	考核标准	配分	得分
1	素质考核	课堂出勤率、学习态度、行为规范	30	
2	课堂表现	课堂互动、团队协作、创新建议	30	
3	专业知识	花露水配方实训任务的分析评估能力	40	
合计			100	

任务二　打版的改进与质量分析

学习目标

【知识目标】能正确对原料进行辨识，掌握实训过程中的防火防爆的知识。

【技能目标】能正确操作搅拌机；掌握花露水的制作流程；能正确按流程完成制作；掌握花露水质量评价。

【素养目标】夯实专业素养，培养专业、细致的职业精神。

任务引入

接已完成的上一项任务。

任务分析

上一项任务已了解课题计划、实训产品质量标准和要求，本项任务进一步了解产品的配方结构、原料辨识方法、配方操作，完成打版实训任务。

相关知识

一、配方结构

花露水主要含有清凉、止痒、驱蚊成分。花露水配方结构组分、主要功能及代表性原料见表3－21。

表3－21　花露水配方结构组分、主要功能及代表性原料

结构组分	主要功能	代表性原料
水	溶解、稀释	纯化水

续表

结构组分	主要功能	代表性原料
清凉止痒剂	清凉、止痒	樟脑、薄荷脑、冰片
驱蚊剂	驱蚊	樟脑、香茅油、柠檬桉油
香精和香料	产品赋香	各种化妆品用香精和香料
乙醇	溶解香精和香料、增加清凉感	乙醇、变性乙醇
增溶剂	增加油溶性香精等的水溶性	CO40、CO60
稳定剂	抗氧化、防止光照变色	EDTA 二钠、柠檬酯、BHT、维生素 E、二苯酮-2、丁基甲氧基二苯甲酰基甲烷
防腐剂	低醇体系的防腐、抑菌	杰马 BP、苯氧乙醇
着色剂	赋予产品颜色	各种化妆品允许使用的着色剂

二、主要原料的辨识

（一）香精和香料

1. 樟脑

INCI 中文名：樟脑。

别名：树脑。

分子式：$C_{10}H_{16}O$。

性质：白色结晶性粉末或无色半透明的硬块，加少量的乙醇、三氯甲烷或乙醚，易研碎成细粉；有刺激性特臭，味初辛后清凉；在常温中易挥发，燃烧时发生黑烟及有光的火焰。

熔点：174～179 ℃。

比旋度（0.1 g/mL 的乙醇溶液）：－1.5°～＋1.5°。

樟脑在三氯甲烷中极易溶解，在乙醇、乙醚、脂肪油或挥发油中易溶，在水中极微溶解，用在花露水中起到一定的驱蚊作用。

2. 薄荷脑

INCI 中文名：薄荷脑、薄荷醇。

别名：薄荷醇、薄荷冰。

分子式：$C_{10}H_{20}O$。

性质：无色针状或棱柱状结晶或白色结晶性粉末，有薄荷的特殊香气，味初灼热后清凉，乙醇溶液显中性反应。

熔点：42～44 ℃。

比旋度（0.1 g/mL 的乙醇溶液）：－49°～－50°。

薄荷脑用在花露水中起到清凉、提神、止痒的作用。

3. 冰片

INCI 中文名：冰片。

别名：龙脑。

分子式：$C_{10}H_{18}O$。

性质：无色透明或白色半透明的片状松脆结晶，气清香，味辛、凉，具挥发性，点燃发生浓烟，并有带光的火焰。

熔点：205～210 ℃。

比旋度（0.1 g/mL 的乙醇溶液）：−49°～−50°。

冰片在乙醇、三氯甲烷或乙醚中易溶，在水中几乎不溶，用在花露水中起到清凉、止痒的作用。

（二）其他原料

乙醇、增溶剂、防腐剂等。

三、设备要求

带有防爆电机的搅拌配制罐，生产场所和灯具均须按防火防爆要求执行。

》任务实施

一、配方及工艺

（一）配方

花露水配方见表 3－22。

表 3－22　花露水配方

序号	原料商品名	作用	质量分数/%	备注
1	纯化水	稀释	加至 100	
2	乙醇	溶剂	25.0	
3	香精	芳香	1.0	
4	薄荷脑	清凉、止痒	0.1	
5	樟脑	驱蚊、止痒	0.1	
6	冰片	清凉、止痒	0.1	
7	增溶剂	增溶	6.0	
8	杰马 BP	防腐	0.2	

注：不同香精所需增溶剂的量不同。

（二）打版流程

花露水打版流程如图 3－5 所示。

（三）操作步骤

1. 将表 3－22 中的 2、3、4、5、6、7 加入烧杯中，混合搅拌均匀。
2. 加入 1 搅拌至溶解，如果不透明，可适量增加 7 的量调至透明。
3. 再加入 8 搅拌至溶解均匀，出料。

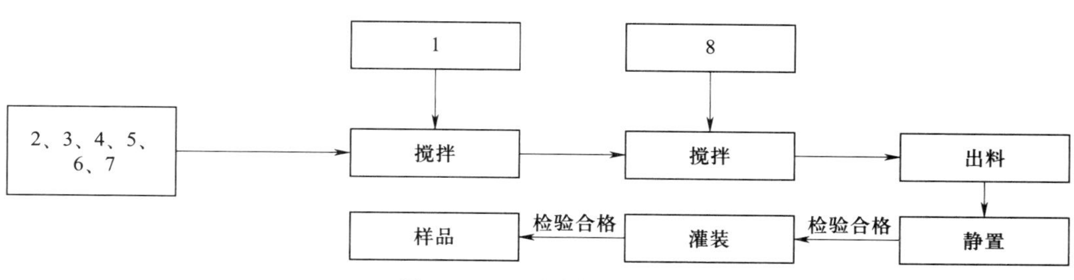

图 3－5　花露水打版流程

二、打版准备

1. 按实训室 6S 管理做好打版前准备。
2. 准备试剂和仪器。
3. 仪器的清洁消毒。
4. 原料预处理。

三、实训操作

（一）仪器与原料

1. 仪器：烧杯、玻璃试管、温度计、电炉、搅拌器、玻璃棒、电子秤、pH 计、恒温烘箱、冰箱、密度计、阿贝折光仪。

2. 原料：详见表 3－22。

（二）打版操作

边操作边记录，打版记录表见附表 3。

【操作提示】

①操作过程要加约 1% 的补充水。

②注意保证香精、增溶剂和乙醇混合均匀后才开始加入水。

③因香精、香料不同，有的配方会出现不溶性絮状物，需经过陈化过滤。

④因配方中使用乙醇，要注意防火防爆。

（三）质量指标考察

1. 质量指标检验

对打版后样品的感官指标（外观、香气）、理化指标（清晰度、相对密度、浊度）、微生物学指标（菌落总数、霉菌和酵母菌总数）进行检验，并填写质量报告记录表 3－23。

表 3－23　　质量报告记录表

产品名称		生产日期		生产批号	
项目		指标		结果	
外观		符合规定色泽			

续表

项目	指标	结果
香气	符合规定香型	
清晰度	水质清澈，不应有明显杂质和黑点	
相对密度	规定值 ±0.02	
浊度	5 ℃时水质清澈、不浑浊	
菌落总数/(CFU/g 或 CFU/mL)	≤1 000	
霉菌和酵母菌总数/(CFU/g 或 CFU/mL)	≤100	

2. 质量指标稳定性考察

根据本产品的特点，以 25 ℃作为常温保存试验 7 天、48 ℃作为耐热试验 7 天、－10 ℃作为耐寒试验 7 天、室外自然光光照 7 天作为稳定性考察的项目进行实训，分别填写考察项目，参考表 3－8 质量指标考察表填写考察结果。

（四）打版样品感官评价

对打版样品进行感官评价后，填写感官评价表 3－24。

表 3－24　感官评价表

项目	指标	结果
看色泽	色泽均匀、柔和，与肤色配合融洽度好	
闻气味	气味纯正，与标准样香型一致	
比较外质地	清澈透明，无任何沉淀，无明显分层，无浑浊，无明显杂质和黑点	
使用肤感	取适量涂布于手背上，感觉料体是否易于涂抹；待手背上形成一层敷层，2～3 min 后感觉皮肤是否有收敛感、凉爽感；是否有止痒功效等	

任务测评

任务结束后填写实操任务测评表 3－25。

表 3－25　实操任务测评表

序号	考核内容	考核标准	配分	得分
1	实训项目基础	能准确辨识花露水原料、配方结构	30	
2	实训打版项目	能按操作规程进行花露水打版	30	
3	6S 管理	遵守 6S 管理	40	
合计			100	

任务三　总结及归档

学习目标

【知识目标】能对花露水配方实训结果进行统计。

【技能目标】分析花露水配方实训的完成情况，并撰写总结报告。

【素养目标】培养负责、严谨的工作态度，树立大局观，提高分析解决实际问题的能力。

任务引入

接已完成的上两项任务。

任务分析

前面的任务已完成课题实训任务，本项任务进一步对实训结果进行统计、分析并总结归档。

相关知识

实训结果评价流程如图 3－6 所示。

图 3－6　实训结果评价流程

任务实施

一、实训结果的统计

将花露水配方实训结果进行统计。

二、实训任务完成情况的分析

对花露水配方实训任务完成情况进行分析。

三、总结与归档

1. 将花露水配方实训任务实施情况进行总结。
2. 将花露水配方实训数据进行整理归档。

任务测评

任务结束后填写任务测评表 3－26。

表 3－26　任务测评表

序号	考核内容	考核标准	配分	得分
1	素质考核	课堂出勤率、学习态度、行为规范	30	
2	课堂表现	课堂互动、团队协作、创新建议	30	
3	专业知识	花露水配方实训任务总结归档能力	40	
合计			100	

思考与练习

1. 写出花露水配方结构。
2. 指出花露水配方中各组分的作用。
3. 写出花露水的打版操作步骤。

模块四

护发类化妆品配方实训

护发类化妆品的作用是使头发保持天然、健康和美观的外表，赋予头发光泽、柔软和生气。市场上护发产品种类繁多，较早时期的如养发水、润丝等，后来出现如护发素、焗油等。通常情况下，根据产品形态和功能不同，护发类化妆品可分为护发素、发油等。

课程思政小课堂

某洗发水“致癌门”风波

国外一家知名公司陷入“致癌门”，其品牌旗下一款婴儿用洗发水在某国一家控制中心被检出“甲醛阳性”与“石棉阳性”，引起巨大风波。据悉，这已经不是该公司第一次陷入“致癌门”风波。

我们不妨先来了解一下这两种物质分别是什么，它们的危害又如何。

提起甲醛，多数人都不陌生。甲醛是一种“全方位”的有毒物质：它具有急性毒性，短时间大量摄入，可能会造成眼睛失明，严重时会造成死亡；它也具有累积毒性，长时间少量摄入，会对呼吸系统、神经系统造成显著的伤害；最可怕的是它具有“三致”作用，即致癌、致畸与致突变作用，在国际癌症研究中心的名录中，它属于一级致癌物；并且已经有大量证据表明，长期处在甲醛超标的环境中，罹患白血病的风险会大大提升，有的时候甚至会在3 ~6 个月内就发病。所以，现代人经常是“谈甲醛色变”。

相对而言，事件中涉及的另一个主角石棉，了解的人就没那么多了。石棉的主要成分是硅酸盐，其本身并没有致癌性，但是在使用过程中，石棉会分裂出大量细小的石棉纤维，尺寸非常小。长期暴露在石棉污染的环境中，石棉短纤维会侵袭一些人体器官，尤其是肺部，容易引起石棉尘肺。根据一些机构的研究，由于石棉在体内会累积，还会进一步诱发癌症，最常见的是肺癌，也有不少导致胃癌、肠癌的情况，其中共性是容易出现间皮瘤。长期从事与石棉接触相关的职业，出现这些癌症的风险就会大幅上升。2017 年 10 月 27 日，世界卫生组织国际癌症研究机构公布的致癌物清单中，将石棉定性为一级致癌物。《滑石粉》（GB/T 15342—2012）中规定，“化妆品用滑石粉”要求石棉矿物不得检出；《化妆品安全技术规范》（2015 年版）也规定，石棉为化妆品中禁用成分，限值要求是不得检出。

作为一家国际医疗与护理巨头，该公司也曾经是一个家喻户晓的品牌，但却多次爆出因产品质量问题而陷入信任危机。企业的生存和发展需要品质作为依托，要长久取得消费者的信赖也必须依靠可靠的质量和良好的口碑。产品的质量是品牌的基础，是品牌文化的体现，更是市场的保证。

质量既体现着人类的劳动创造和智慧结晶，也体现着人们对美好生活的向往。我国的经济建设之所以能取得历史性成就、发生历史性变革，一个重要原因就在于坚持以提高发展质量和效益为中心。只有明确认识到产品质量是靠生产出来的而不是靠检验出来的，才能让品牌价值流芳百世。

课题一　护发素配方实训

任务一　接受任务

学习目标

【知识目标】能识读任务书。

【技能目标】能初步评估任务计划（生产范围、生产能力、法规符合性等）。

【素养目标】运用课程思政小课堂筑牢法治意识，树立质量立国、品牌强国的职业素养和大局观，培养接受、分析、评估任务的能力。

任务引入

×××化妆品有限公司技术开发部对新员工进行护发素配方技能实训。

任务分析

本次实训安排护发素配方，让新员工熟悉本单位的打版实训流程，培养操作的规范性。

头发护理产品必须提供各种各样的特性，例如：含有通过渗透进入头发内部有特殊功能

的制品；为头发补充油分和营养成分，使受损头发复原，预防发尾开叉，防断发等。

一、护发素的分类

可按照不同形态、不同功能或不同使用方法对护发素进行分类。

按照形态，护发素可分为透明液体、黏稠的乳液、凝胶状膏体、气雾型喷剂等。

按照功能，护发素可分为正常发用护发素、干性发用护发素、受损发用护发素、有定型作用护发素、防晒护发素和染发后用护发素等。

按照使用方法，护发素可分为用后需冲洗干净的护发素、用后免冲洗留在头发上的护发素和焗油型护发素。一般的护发素用后需冲洗干净，免冲洗的护发素多数为喷剂型或凝胶型。

二、护发素的质量要求

由于产品拟在国内销售，护发素的质量必须符合国家的相关法律法规及标准要求。产品和所用原料必须符合《化妆品安全技术规范》(2015 年版) 和《化妆品禁用原料目录》《化妆品禁用植（动）物原料目录》(2021 年版) 的规定，产品必须符合《护发素》(QB/T 1975—2013)。

相关知识

护发素的质量指标见表 4－1。

表 4－1　护发素的质量指标

项目		质量指标	
		漂洗型护发素	免洗型护发素
感官指标	外观	均匀、无异物（添加不溶性颗粒或不溶粉末的产品除外）	
	色泽	符合规定色泽	
	香气	符合规定香型	
理化指标	耐热	(40±1) ℃保持 24 h，恢复至室温后无分层现象	
	耐寒	(－8±2) ℃保持 24 h，恢复至室温后无分层现象	
	pH 值（25 ℃）	3.0～7.0	3.5～8.0
	总固体（质量分数）/%	≥4.0	—
微生物学指标	菌落总数/(CFU/g 或 CFU/mL)	≤1 000	
	霉菌和酵母菌总数/(CFU/g 或 CFU/mL)	≤100	
	耐热大肠菌群/(g 或 mL)	不得检出	
	金黄色葡萄球菌/(g 或 mL)	不得检出	
	铜绿假单胞菌/(g 或 mL)	不得检出	

续表

项目		质量指标	
		漂洗型护发素	免洗型护发素
有害物质	汞/(mg/kg)	≤1	
	铅/(mg/kg)	≤10	
	砷/(mg/kg)	≤2	
	镉/(mg/kg)	≤5	
	甲醇/(mg/kg)	≤2 000	

任务实施

一、任务接受

见附表1 任务接受单。

二、任务计划

见附表2 任务计划表。

任务测评

任务结束后填写任务测评表4－2。

表4－2　任务测评表

序号	考核内容	考核标准	配分	得分
1	素质考核	课堂出勤率、学习态度、行为规范	30	
2	课堂表现	课堂互动、团队协作、创新建议	30	
3	专业知识	护发素配方实训任务的分析评估能力	40	
合计			100	

任务二　打版的改进与质量分析

学习目标

【知识目标】能正确对原料进行辨识。

【技能目标】能正确操作搅拌机和真空乳化机；掌握护发素的制作流程；能正确按流程完成制作；掌握护发素质量评价。

【素养目标】夯实专业素养，培养专业、细致的职业精神。

任务引入

接已完成的上一项任务。

任务分析

上一项任务已了解课题计划、实训产品质量标准和要求，本项任务进一步了解产品的配方结构、原料辨识方法、配方操作，完成打版实训任务。

相关知识

一、配方结构

常见的护发素是漂洗型，其配方组分、主要功能及代表性原料见表 4-3。

表 4-3　护发素的配方组分、主要功能及代表性原料

结构组分	主要功能	代表性原料
水	溶剂	纯化水
阳离子表面活性剂	调理、抗静电、乳化、抑菌	季铵盐类
阳离子聚合物	调理、抗静电、流变性调节、定型	瓜尔胶、聚季铵盐类
聚二甲基硅氧烷及其衍生物	调理、润滑、赋予光泽	乳化硅油、氨基硅油、高黏度聚二甲基硅氧烷
非离子表面活性剂	乳化	脂肪醇聚醚类、甘油硬脂酸酯、聚山梨醇酯类
油分	赋脂剂、光亮	植物油、合成油脂
增稠剂	黏度调节	羟乙基纤维素、聚丙烯酸树脂类、脂肪醇类
螯合剂	防止钙离子和镁离子沉淀、对防腐剂有增效作用	EDTA 二钠
抗氧化剂	防止油脂类化合物氧化酸败	BHT、BHA、生育酚
防腐剂	抑制微生物生长	甲基异噻唑啉酮、咪唑烷基脲、DMDMH、羟苯甲酯
pH 值调节剂	调节 pH 值	柠檬酸、柠檬酸钠、乳酸
着色剂	感官修饰	酸性条件下稳定的水溶性或水分散的着色剂
光稳定剂	增加产品光稳定性	二苯酮-4
低温稳定剂	增加低温稳定性（储存和运输过程中）	甘油
香精	赋香	依据产品需求
抗头屑剂	抗头屑	ZPT、植物提取物
维生素类	滋养	泛醇、维生素 E
防晒剂	预防头发光降解	PABA
预防头发热降解添加剂	预防头发热降解	丙烯酸酯类共聚物

大多数情况下，护发素体系是低固体含量产品，典型护发素含1%～2%（质量分数）季铵盐类组分，总固体含量3%～8%（质量分数），包括增稠剂、润滑剂、紫外线吸收剂、抗氧化剂等，深度调理护发素可能含有多达15%（质量分数）固体组分，并含有较多的油分。

护发素一般是水包油（O/W）型乳液或膏体，油相组分一般由阳离子表面活性剂和脂肪醇组成。脂肪醇有两种功能，即增稠和使阳离子乳化剂增白的作用。此外，常常在护发素中添加水溶性聚合物（如羟乙基纤维素250HHR）以改善其流变特性。护发素的黏度范围较宽广，润丝性护发素的黏度为2 000 mPa·s，深度调理护发素的黏度为50 000 mPa·s，它们都是触变性的膏体。此外，pH值也是配方调整的关键，典型的pH值为3.5～5.5，这样可以确保活性组分保持阳离子状态，可有效使头发表面平滑和纤维得到增强，并防止头发缠绕和改善梳理性。

因此，护发素pH值的选择，取决于头发损伤程度和不同头发类型的需要：如果只需要轻度护理，可将其pH值调节至4～5；对于受损较严重的头发，倾向将其pH值调节至6～7。

二、主要原料的辨识

护发素的主要功效原料是阳离子表面活性剂。用于护发素的阳离子表面活性剂主要有西曲氯铵、硬脂基三甲基氯化铵、山嵛基三甲基氯化铵等季铵盐类。

（一）西曲氯铵

INCI中文名：西曲氯铵。

别名：十六烷基三甲基氯化铵、1631、鲸蜡烷三甲基氯化铵。

分子式：$C_{19}H_{42}ClN$。

性质：市售产品根据其活性含量不同，包括无色液体、白色或浅黄色膏体至粉末状结晶体，易溶于异丙醇，可溶于水，化学稳定性好，是理想的护发化妆品乳化剂、洗发护发的调理剂、阳离子杀菌剂。

（二）硬脂基三甲基氯化铵

INCI中文名：硬脂基三甲基氯化铵。

别名：十八烷基三甲基氯化铵、乳化剂1831、三甲基十八烷基氯化铵、氯化十八烷基三甲铵。

分子式：$C_{21}H_{46}ClN$。

性质：市售产品根据其活性含量不同，包括无色液体、白色或浅黄色膏体，易溶于异丙醇，可溶于水，化学稳定性好，是理想的护发化妆品乳化剂、洗发护发的调理剂、阳离子杀菌剂。

（三）山嵛基三甲基氯化铵

INCI中文名：山嵛基三甲基氯化铵。

别名：二十二烷基三甲基氯化铵、氯化二十二烷基三甲铵、乳化剂2231。

分子式：$C_{25}H_{54}ClN$。

性质：市售产品根据其活性含量不同，包括无色液体、白色或浅黄色膏体至粉末状结晶体，易溶于异丙醇，可溶于水，化学稳定性好，是理想的护发化妆品乳化剂、洗发护发的调理剂、阳离子杀菌剂。

三、设备要求

护发素生产设备主要为真空乳化机和膏体灌装机。

任务实施

一、配方及工艺

（一）配方

护发素配方见表4－4。

表4－4　护发素配方

序号	序号	原料商品名	作用	质量分数/%	备注
A水相	1	纯化水	稀释	加至100	
	2	乳化剂1631	乳化	2.50	
	3	甘油	溶剂	2.00	
	4	羟苯甲酯	防腐	0.10	
	5	EDTA二钠	螯合	0.05	
B油相	6	十六十八醇	增稠	4.50	
	7	甘油硬脂酸酯	乳化	1.00	
	8	聚二甲基硅氧烷	润滑	1.00	
C相	9	香精	芳香	0.20	
	10	DMDMH	防腐	0.20	

（二）打版流程

护发素打版流程如图4－1所示。

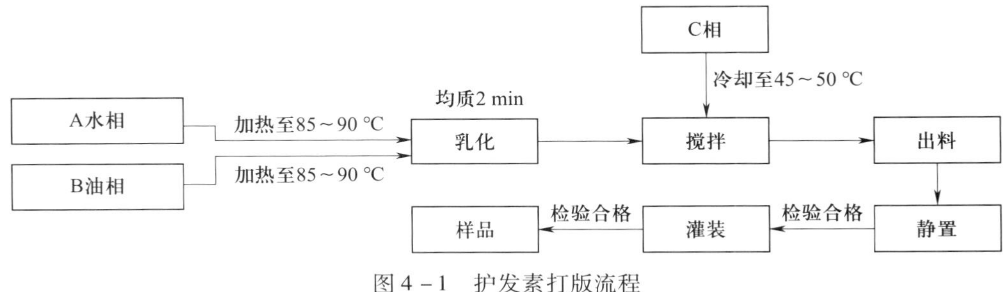

图4－1　护发素打版流程

（三）操作步骤

1. 将表4－4中的水相加入烧杯中混合，搅拌加热至85～90 ℃，物料完全溶解，备用。

2. 将油相加入混合，搅拌加热至85～90 ℃，物料完全溶解，备用。

3. 将上述两种溶液混合，搅拌5 min后，再均质2 min，溶解均匀。

4. 冷却至45～50 ℃，加入C相，搅拌均匀，出料。

二、打版准备

1. 按实训室6S管理做好打版前准备。

2. 准备试剂和仪器。

3. 仪器的清洁消毒。

4. 原料预处理。

三、实训操作

（一）仪器与原料

1. 仪器：烧杯、玻璃试管、温度计、电炉、搅拌器、玻璃棒、电子秤、pH计、恒温烘箱、冰箱、黏度计。

2. 原料：详见表4－4。

（二）打版操作

边操作边记录，打版记录表见附表3。

【操作提示】

①操作过程要加1%～2%的补充水。

②注意保证油相、水相溶解充分再降温。

③注意降温过程中的搅拌速度对膏体黏度影响很大。

④香精和液体状防腐剂应低温加入，以防止香精挥发或活性成分降解。在出料前，应检查pH值，必要时用pH值调节剂进行调节。

（三）质量指标考察

1. 质量指标检验

对打版后样品的感官指标（外观、香气）、理化指标（耐热试验、耐寒试验、pH值、总固体）、微生物学指标（菌落总数、霉菌和酵母菌总数）进行检验，并填写质量报告记录表4－5。

表4－5　质量报告记录表

产品名称		生产日期		生产批号	
项目		指标		结果	
外观		均匀、无异物（添加不溶性颗粒或不溶粉末的产品除外）			

续表

项目	指标	结果
色泽	符合规定色泽	
香气	符合规定香型	
耐热	(40 ±1) ℃保持 24 h，恢复至室温后无分层现象	
耐寒	(-8 ±1) ℃保持 24 h，恢复至室温后无分层现象	
pH 值 (25 ℃)	3.0 ~ 7.0	
总固体 (质量分数)/%	≥4.0	
菌落总数/(CFU/g 或 CFU/mL)	≤1 000	
霉菌和酵母菌总数/(CFU/g 或 CFU/mL)	≤100	

2. 质量指标稳定性考察

根据本产品的特点，以 25 ℃作为常温保存试验 7 天、48 ℃作为耐热试验 7 天、 -10℃作为耐寒试验 7 天、室外自然光光照 7 天作为稳定性考察的项目进行实训，分别填写考察项目，参考表 2 -7 质量指标考察表填写考察结果。

（四）打版样品感官评价

对打版样品进行感官评价后，填写感官评价表 4 -6。

表 4 -6　　感官评价表

项目	指标	结果
看色泽	色泽均匀、柔和，与肤色配合融洽度好	
闻气味	气味纯正，与标准样香型一致	
比较外质地	外观应光洁柔滑、稠度适当，料体应细腻，不得有结块、发稀，应均匀无杂质、无粗颗粒，更不得有剧烈干缩等现象	
使用肤感	涂布性、漂洗性好，洗后头发质地应易梳理、光泽、飘逸、无枯燥感，手感应滑爽、柔软	

任务测评

任务结束后填写实操任务测评表 4 -7。

表 4－7 实操任务测评表

序号	考核内容	考核标准	配分	得分
1	实训项目基础	能准确辨识护发素原料、配方结构	30	
2	实训打版项目	能按操作规程进行护发素打版	30	
3	6S 管理	遵守 6S 管理	40	
合计			100	

任务三 总结及归档

学习目标

【知识目标】能对护发素配方实训结果进行统计。

【技能目标】能分析护发素配方实训的完成情况，并撰写总结报告。

【素养目标】培养负责、严谨的工作态度，树立大局观，提高分析解决实际问题的能力。

任务引入

接已完成的上两个任务。

任务分析

前面的任务已完成课题实训任务，本任务进一步对实训结果进行统计、分析并总结归档。

相关知识

实训结果评价流程如图 4－2 所示。

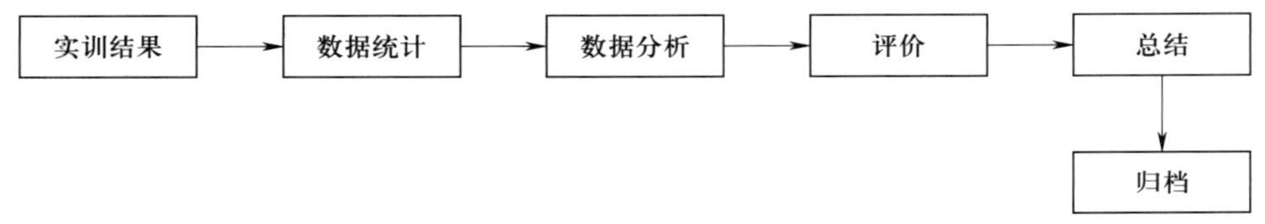

图 4－2 实训结果评价流程

任务实施

一、实训结果的统计

将护发素配方实训结果进行统计。

二、实训任务完成情况的分析

对护发素配方实训任务完成情况进行分析。

三、总结与归档

1. 将护发素配方实训任务实施情况进行总结。
2. 将护发素配方实训数据进行整理归档。

任务测评

任务结束后填写任务测评表4－8。

表4－8　　任务测评表

序号	考核内容	考核标准	配分	得分
1	素质考核	课堂出勤率、学习态度、行为规范	30	
2	课堂表现	课堂互动、团队协作、创新建议	30	
3	专业知识	护发素配方实训任务总结归档能力	40	
合计			100	

思考与练习

1. 写出护发素配方结构。
2. 指出护发素配方中各组分的作用。
3. 写出护发素的打版操作步骤。

课题二　发油配方实训

任务一　接受任务

学习目标

【知识目标】能识读任务书。

【技能目标】能初步评估任务计划（生产范围、生产能力、法规符合性等）。

【素养目标】培养接受、分析、评估任务的能力。

任务引入

×××化妆品有限公司技术开发部对新员工进行发油配方技能实训。

任务分析

本次实训安排发油配方，让新员工熟悉本单位的打版实训流程，培养操作的规范性。

发油属于护发类化妆品的一种，配方结构比较简单。

发油的质量要求：由于产品拟在国内销售，发油的质量必须符合国家的相关法律法规及标准要求。产品和所用原料必须符合《化妆品安全技术规范》（2015 年版）和《化妆品禁用原料目录》《化妆品禁用植（动）物原料目录》（2021 年版）的规定，产品必须符合《发油》（QB/T 1862—2011）。

相关知识

发油的质量指标见表 4 - 9。

表 4 - 9　发油的质量指标

<table>
<tr><th colspan="2" rowspan="2">项目</th><th colspan="3">质量指标</th></tr>
<tr><th>单相发油</th><th>双相发油</th><th>气雾相发油</th></tr>
<tr><td rowspan="3">感官指标</td><td>清晰度</td><td>室温下透明，无明显杂质和黑点</td><td>室温下油水相分别透明，油水界面清晰，无雾状物及尘粒</td><td>—</td></tr>
<tr><td>色泽</td><td colspan="3">符合规定色泽</td></tr>
<tr><td>香气</td><td colspan="3">符合规定香气</td></tr>
<tr><td rowspan="6">理化指标</td><td>pH 值（25 ℃）</td><td>—</td><td>水相 4.0 ~ 8.0</td><td>—</td></tr>
<tr><td>相对密度</td><td>0.810 ~ 0.980</td><td>油相 0.810 ~ 0.980
水相 0.880 ~ 1.100</td><td>—</td></tr>
<tr><td>耐寒</td><td colspan="2">（ -5 ~ -10）℃保持 24 h，恢复至室温后与试验前无明显差异</td><td>（ -5 ~ -10）℃保持 24 h，恢复至室温能正常使用</td></tr>
<tr><td>喷出率/%</td><td>—</td><td>—</td><td>≥95</td></tr>
<tr><td>起喷次数/次</td><td>—</td><td>≤5</td><td>—</td></tr>
<tr><td>内压力/Pa</td><td>—</td><td>—</td><td>在 25 ℃恒温水浴中试验应小于 0.7</td></tr>
<tr><td>微生物学指标</td><td>菌落总数/（CFU/g 或 CFU/mL）</td><td colspan="3">≤1 000</td></tr>
</table>

续表

项目		质量指标		
		单相发油	双相发油	气雾相发油
微生物学指标	霉菌和酵母菌总数/(FU/g或CFU/mL)	≤100		
	耐热大肠菌群/(g或mL)	不得检出		
	金黄色葡萄球菌/(g或mL)	不得检出		
	铜绿假单胞菌/(g或mL)	不得检出		
有害物质	汞/(mg/kg)	≤1		
	铅/(mg/kg)	≤10		
	砷/(mg/kg)	≤2		
	镉/(mg/kg)	≤5		
	甲醇/(mg/kg)	≤2 000		

任务实施

一、任务接受

见附表1 任务接受单。

二、任务计划

见附表2 任务计划表。

任务测评

任务结束后填写任务测评表4－10。

表4－10　任务测评表

序号	考核内容	考核标准	配分	得分
1	素质考核	课堂出勤率、学习态度、行为规范	30	
2	课堂表现	课堂互动、团队协作、创新建议	30	
3	专业知识	发油配方实训任务的分析评价能力	40	
合计			100	

任务二　打版的改进与质量分析

学习目标

【知识目标】能正确对原料进行辨识，掌握实训过程中的防火防爆知识。

【技能目标】能正确操作搅拌机；掌握发油的制作流程；能正确按流程完成制作；掌握发油质量评价。

【素养目标】夯实专业素养，培养专业、细致的职业精神。

任务引入

接已完成的上一任务。

任务分析

上一任务已了解课题计划、实训产品质量标准和要求，本任务进一步了解产品的配方结构、原料辨识方法、配方操作，完成打版实训任务。

相关知识

一、配方结构

护发油主要是由基础油体系、功效体系、抗氧化体系组成。基础油和功效体系成分若含有天然油脂类，则容易发生氧化，一般加入维生素 E 作为抗氧化剂，并同时起到营养作用。若是合成油或者是纯硅油体类，则化学稳定性会更好。发油配方结构组分、主要功能及代表性原料见表 4－11。

表 4－11　发油配方结构组分、主要功能及代表性原料

结构组分	主要功能	代表性原料
基础油脂	赋予产品基本油分	合成油、植物油、矿物油
功效成分	调理、保湿	聚二甲基硅氧烷醇
抗氧化剂	抗氧化	生育酚
光稳定	吸收紫外线，防止光变色	二苯酮-2、丁基甲氧基二苯甲酰基甲烷、水杨酸乙基己酯
防腐剂	抑制微生物生长	对羟基苯甲酸甲酯、对羟基苯甲酸乙酯、对羟基苯甲酸丁酯
着色剂	赋予产品颜色	各种化妆品允许使用的色素

二、主要原料的辨识

聚二甲基硅氧烷醇的黏度很高，常用商品中是与低黏度硅油、环状硅油或异构烷烃组成的混合物，常见的商品品牌有 DC1401、DC1501、C-DML 1012、C-DML 1022、C-DML 1032 等。

C-DML 1022 的 INCI 中文名为环五聚二甲基硅氧烷、聚二甲基硅氧烷醇，是高黏度的聚二甲基硅氧烷醇硅胶溶解在环五聚二甲基硅氧烷中的溶液，是易于使用的高相对分子质量聚二甲基硅氧烷醇混合物。

C-DML 1022 外观透明到轻微浑浊的黏稠状液体，运动黏度（25 ℃）约 6 500 mm^2/s，其中不挥发物含量（质量分数）约 15%，相对密度（25 ℃）约 0.960，折光率（25 ℃）≤1.398。

三、设备要求

带有防爆电机的搅拌配制罐。

任务实施

一、配方及工艺

（一）配方

发油配方见表 4－12。

表 4－12　　发油配方

序号	原料商品名	作用	质量分数/%	备注
1	异十二烷	稀释	30.0	
2	C-DML 1022	调理	10.0	
3	环五聚二甲基硅氧烷	稀释	加至 100	
4	26#白油	稀释	35.0	
5	香精	芳香	0.4	

（二）打版流程

发油打版流程如图 4－3 所示。

图 4－3　发油打版流程

（三）操作步骤

将表 4－12 中的 1、2、3、4、5 加入烧杯中，搅拌混合均匀，出料。

二、打版准备

1. 按实训室 6S 管理做好打版前准备。
2. 准备试剂和仪器。
3. 仪器的清洁消毒。
4. 原料预处理。

三、实训操作

（一）仪器与原料

1. 仪器：烧杯、玻璃试管、温度计、电炉、搅拌器、玻璃棒、电子秤、恒温烘箱、冰箱、密度计、阿贝折光仪。

2. 原料：详见表4－12。

（二）打版操作

边操作边记录，打版记录表见附表3。

【操作提示】

操作过程要充分搅拌使物料分散均匀。

（三）质量指标考察

1. 质量指标检验

对打版后样品的感官指标（外观、香气）、理化指标（清晰度、相对密度、耐寒试验）、微生物学指标（菌落总数、霉菌和酵母菌总数）进行检验，并填写质量报告记录表4－13。

表4－13　　质量报告记录表

产品名称		生产日期		生产批号	
项目	指标		结果		
外观	符合规定色泽				
香气	符合规定香型				
清晰度	室温下清晰，无明显杂质和黑点				
相对密度	0.810～0.980				
耐寒	（－5～－10）℃保持24 h，恢复至室温后与试验前无明显差异				
菌落总数/（CFU/g或CFU/mL）	≤1 000				
霉菌和酵母菌总数/（CFU/g或CFU/mL）	≤100				

2. 质量指标稳定性考察

根据本产品的特点，以25 ℃作为常温保存试验7天、48 ℃作为耐热试验7天、－10 ℃作为耐寒试验7天、室外自然光光照7天作为稳定性考察的项目进行实训，分别填写质量指标考察表4－14。

表4－14　　质量指标考察表

产品名称		生产日期		生产批号	
开始试验日期		结束试验日期		报告日期	
试验条件	□25 ℃作为常温保存试验7天 □48 ℃作为耐热试验7天 □－10 ℃作为耐寒试验7天 □室外自然光光照7天 □其他条件：＿＿＿＿＿＿＿＿				

续表

考察项目		考察结果
考察项目	外观	
	色泽	
	气味	
	相对密度	
	清晰度	
结论		

检验人		复核人	

（四）打版样品感官评价

对打版样品进行感官评价后，填写感官评价表 4－15。

表 4－15　感官评价表

项目	指标	结果
看色泽	色泽均匀、柔和，与肤色配合融洽度好	
闻气味	气味纯正，与标准样香型一致	
比较外质地	外观稠度适当，料体细腻均匀，不得有结块、发稀，无杂质、无粗颗粒，颗粒应分散均匀，不应下沉结块	
使用肤感	涂布性、油性好，用后头发质地应易梳理、光泽、飘逸、无枯燥感，手感应滑爽、柔软	

任务测评

任务结束后填写实操任务测评表 4－16。

表 4－16　实操任务测评表

序号	考核内容	考核标准	配分	得分
1	实训项目基础	能准确辨识发油原料、配方结构	30	
2	实训打版项目	能按操作规程进行发油打版	30	
3	6S 管理	遵守 6S 管理	40	
合计			100	

任务三　总结及归档

学习目标

【知识目标】能对打版样品的考察结果进行统计，判断样品的质量稳定性。

【技能目标】能根据感官评价初步判断数据的有效性，确定样品符合任务要求，能撰写总结报告。

【素养目标】培养负责、严谨的工作态度，树立大局观，提高分析、解决实际问题的能力。

任务引入

接已完成的上两个任务。

任务分析

前面的任务已完成课题实训任务，本任务进一步对实训结果进行统计、分析并总结归档。

相关知识

实训结果评价流程如图 4－4 所示。

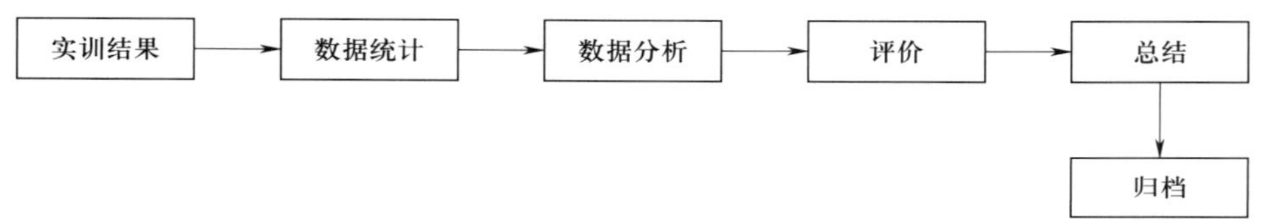

图 4－4　实训结果评价流程

任务实施

一、实训结果的提交

对配方实训打版形成的样品进行分析，总结经验，结果交给主管领导审核。

二、实训任务完成情况的分析

对发油配方实训任务完成情况进行分析。

三、总结与归档

1. 将发油配方实训任务实施过程进行总结。
2. 将发油配方实训数据进行整理归档。

任务测评

任务结束后填写任务测评表 4－17。

表 4－17　任务测评表

序号	考核内容	考核标准	配分	得分
1	素质考核	课堂出勤率、学习态度、行为规范	30	
2	课堂表现	课堂互动、团队协作、创新建议	30	
3	专业知识	发油配方实训任务总结归档能力	40	
合计			100	

思考与练习

1. 写出发油配方结构。
2. 指出发油配方中各组分的作用。
3. 写出发油的打版操作步骤。

模块五

美容类化妆品配方实训

美容类化妆品也称彩妆化妆品，其历史很悠久。早在远古时期，人们就会在宗教仪式上将面部或身体涂上各种色彩，后来发展成为面部和身体的装饰美容及保护用品。美容类化妆品种类有很多，包括面部、眼部、指甲等部位的美化产品。本模块以嘴唇美容类化妆品来进行实训。

课程思政小课堂

被“卡脖子”的原材料

对于美容类化妆品行业来说，原料称得上推动整个行业发展的“芯片”源动力，特别是在当下全球经济大环境下，进口原料的供货及时性以及价格的飙升给国内品牌带来极大挑战，部分企业就曾面临因进口原料缺货而不能生产、销售的问题，解决原料过分依赖国外市场已成为国内化妆品行业一项迫在眉睫的课题。

我国地大物博，赋予了丰富的化妆品原料资源，特别是在植物和中草药原料方面的表现更为突出。但由于国内化妆品原料产业起步相对较晚，要完成创新突围，就必须在源头上更加注重基础研究的积累和突破，完善技术研发质量体系。《化妆品监督管理条例》也明确规定，国家鼓励和支持化妆品研究、创新，鼓励和支持结合我国传统优势项目和特色植物资源研究开发化妆品。

我国化妆品企业必须增强忧患意识，坚持底线思维，做到居安思危、未雨绸缪，准备经受风高浪急甚至惊涛骇浪的重大考验。

课题一　润唇膏配方实训

唇用美容化妆品属于美容类化妆品，直接应用于嘴唇，其主要功能是润唇和赋予嘴唇以色调，强调或改变两唇的轮廓，显示出更有生气和活力。嘴唇是面部皮肤的延伸，在口腔内与黏膜相连，其角质层比一般皮肤薄，且又无毛囊、皮脂腺、汗腺等附属器官，但有唾液腺。唇部容易受外界的影响引起干裂等，使用润唇膏可起到一定的滋润保护作用。唇用美容化妆品主要包括唇膏、透明润唇膏和唇线笔，此外还有护唇油膏和护唇香脂等。

任务一　接受任务

学习目标

【知识目标】能识读任务书。

【技能目标】能初步评估任务计划（生产范围、生产能力、法规符合性等）。

【素养目标】运用课程思政小课堂，树立家国情怀、传承民族精神，增强新时代青年的创新意识；培养接受、分析、评估任务的能力。

任务引入

×××化妆品有限公司技术开发部对新员工进行润唇膏配方技能实训。

任务分析

本次实训安排润唇膏配方，让新员工熟悉本单位的打版实训流程，培养操作的规范性。

唇膏是直接点敷于嘴唇，使其具有红润健康的色彩并对嘴唇起滋润保护作用的产品，是将色素溶解或悬浮在脂蜡基内制成的。

唇膏的特性包括：①组织结构好，表面细腻光亮，软硬适度，涂敷方便，无油腻感觉，涂敷于嘴唇边不会向外化开；②不受气候条件变化的影响，夏天不融不软，冬天不干不硬，不易渗油，不易断裂；③色泽鲜艳，均匀一致，附着性好，不易褪色；④有舒适的香气；⑤常温放置不变形，不变质，不酸败，不发霉；⑥对唇部皮肤有滋润、柔软和保护作用；⑦对唇部皮肤无刺激性，对人体无毒害作用。

一般来说，唇膏大致分为三种类型，即原色唇膏、变色唇膏和无色润唇膏。原色唇膏是最普遍的一种类型，有各种不同的颜色，常见的有桃红、橙红、玫红、朱红等，由色淀等颜料制成，为增加色彩的牢附性，常和溴酸红染料合用；变色唇膏内仅使用溴酸红染料而不加其他不溶性颜料，涂用时，其颜色会由原来的浅橙色变为玫瑰红色，故而得名；无色唇膏则不加任何着色剂，其主要作用是滋润、防裂、增加光泽。

润唇膏一般是无色的或添加少量溴酸红染料、色淀。

润唇膏的质量要求：由于产品拟在国内销售，润唇膏的质量必须符合国家的相关法律法规及标准要求。产品和所用原料必须符合《化妆品安全技术规范》（2015 年版）和《化妆品禁用原料目录》《化妆品禁用植（动）物原料目录》（2021 年版）的规定，产品必须符合《润唇膏（啫喱、霜）》（GB/T 26513—2023）。

相关知识

润唇膏的质量指标见表 5－1。

表 5－1　润唇膏的质量指标

<table>
<tr><th colspan="2" rowspan="3">项目</th><th colspan="6">质量指标</th></tr>
<tr><th rowspan="2">模具型润唇膏（Ⅰ型）</th><th colspan="2">非模具型润唇膏</th><th rowspan="2">润唇啫喱（Ⅲ型）</th><th colspan="2">润唇霜</th></tr>
<tr><th>Ⅱ型旋出</th><th>Ⅱ型非旋出</th><th>油包水（W/O）型</th><th>水包油（O/W）型</th></tr>
<tr><td rowspan="3">感官指标</td><td>外观</td><td>棒体表面光滑，无肉眼可见杂质</td><td>棒体顶部表面光滑。棒体无凹塌裂纹，无肉眼可见杂质</td><td>表面光滑，无肉眼可见杂质</td><td>细腻均一的冻胶状膏体或胶状黏稠液体</td><td colspan="2">膏体细腻，均匀一致</td></tr>
<tr><td>色泽</td><td colspan="6">符合规定色泽</td></tr>
<tr><td>气味</td><td colspan="6">符合规定气味，无油脂异味</td></tr>
<tr><td rowspan="4">理化指标</td><td>pH 值（25 ℃）</td><td colspan="5">—</td><td>4.0～8.5</td></tr>
<tr><td>耐热</td><td colspan="2">(45±1) ℃，24 h，无变形或弯曲软化，能正常使用</td><td>(45±1) ℃，24 h，恢复至室温后，性状与原样保持一致</td><td colspan="3">(40±1)℃，24 h，恢复至室温后，性状与原样保持一致，无渗油</td></tr>
<tr><td>耐寒</td><td colspan="6">(－8±1) ℃，24 h，恢复至室温后，性状与原样保持一致</td></tr>
<tr><td>过氧化值/%</td><td colspan="4">≤0.2</td><td colspan="2">—</td></tr>
<tr><td rowspan="4">微生物指标和有害物质限值</td><td>菌落总数/(CFU/g 或 CFU/mL)</td><td colspan="6" rowspan="4">符合《化妆品安全技术规范》（2015 年版）的规定</td></tr>
<tr><td>霉菌和酵母菌总数/(CFU/g 或 CFU/mL)</td></tr>
<tr><td>耐热大肠菌群/(g 或 mL)</td></tr>
<tr><td>金黄色葡萄球菌/(g 或 mL)</td></tr>
</table>

续表

<table>
<tr><td colspan="2" rowspan="3">项目</td><td colspan="7">质量指标</td></tr>
<tr><td rowspan="2">模具型润唇膏（Ⅰ型）</td><td colspan="2">非模具型润唇膏</td><td rowspan="2">润唇啫喱（Ⅲ型）</td><td colspan="2">润唇霜</td></tr>
<tr><td>Ⅱ型旋出</td><td>Ⅱ型非旋出</td><td>油包水（W/O）型</td><td>水包油（O/W）型</td></tr>
<tr><td rowspan="6">微生物指标和有害物质限值</td><td>铜绿假单胞菌/（g 或 mL）</td><td colspan="7" rowspan="6">符合《化妆品安全技术规范》（2015 年版）的规定</td></tr>
<tr><td>铅/（mg/kg）</td></tr>
<tr><td>汞/（mg/kg）</td></tr>
<tr><td>砷/（mg/kg）</td></tr>
<tr><td>镉/（mg/kg）</td></tr>
<tr><td>二噁烷[a]/（mg/kg）</td></tr>
</table>

注：[a]配方中含有乙氧基结构原料的产品测此指标。

任务实施

一、任务接受

见附表 1 任务接受单。

二、任务计划

见附表 2 任务计划表。

任务测评

任务结束后填写任务测评表 5－2。

表 5－2　任务测评表

序号	考核内容	考核标准	配分	得分
1	素质考核	课堂出勤率、学习态度、行为规范	30	
2	课堂表现	课堂互动、团队协作、创新建议	30	
3	专业知识	润唇膏配方实训任务的分析评价能力	40	
合计			100	

任务二　打版的改进与质量分析

学习目标

【知识目标】能掌握原料辨识的知识，掌握加热罐的安全使用知识。

【技能目标】能正确操作搅拌机；掌握润唇膏的制作流程；能正确按流程完成制作；掌握润唇膏质量评价。

【素养目标】夯实专业素养，培养专业、细致的职业精神。

任务引入

接已完成的上一任务。

任务分析

上一任务已了解课题计划、实训产品质量标准和要求，本任务进一步了解产品的配方结构、原料辨识方法、配方操作，完成打版实训任务。

相关知识

一、配方结构

（一）着色剂

着色剂是唇膏中极重要的成分，可分为两类：一类是溶解性染料；另一类是不溶性颜料。两者可以合用或单独使用。

1. 溶解性染料及其溶剂

最常用的溶解性染料是溴酸红染料（包括二溴荧光素、四氯四溴荧光素等）。溴酸红染料不溶于水，能溶于油脂，能染红嘴唇并使色泽持久牢附。单独使用它制成的唇膏表面是橙色的，但一经涂在嘴唇上，由于 pH 值的改变，就会变成鲜红色，这就是变色唇膏。溴酸红染料虽能溶解于油、脂、蜡，但溶解性很差，一般需借助于溶剂。

通常采用的染料溶剂有蓖麻油、$C_{12} \sim C_{18}$脂肪醇、酯类、乙二醇、聚乙二醇、单乙醇酰胺等，因为它们含有羟基，对溴酸红染料有较好的溶解性。

2. 颜料

颜料是极细的固体粉粒，不溶解，经搅拌和研磨后混入油、脂、蜡基体中，制成的唇膏敷在嘴唇上能留下一层艳丽的色彩，且有较好的遮盖力，但附着力不好，所以必须与溴酸红染料同时使用，用量一般为 8% ~10% （质量分数）。颜料主要成分是铝、钡、钙、钠、锶等的色淀，以及氧化铁的各种色调，还有炭黑、云母、铝粉、氧氯化铋、胡萝卜素、鸟嘌呤等，其他如二氧化钛、硬脂酸锌、硬脂酸镁等。

为了提高唇膏的闪光效果，一般加入珠光颜料，主要有合成珠光颜料、氧氯化铋、云母—二氧化钛等，普遍采用的是氧氯化铋，其价格较低。使用方法是将 70% 的珠光颜料分散加入蓖麻油中，制成浆状备用，待模成形前加入唇膏基质中，加珠光颜料的唇膏基质不能在三辊机中多次研磨，否则会失去珠光色调，这是因为多次研磨后颗粒变细的缘故。

另外，为了化妆品企业更方便地使用颜料，有些颜料的生产厂家已将颜料用油分散成色浆的形式出售，这大大简化了唇膏的生产工艺。

（二）基质

基质原料是由油、脂、蜡类原料组成的，是唇膏的“骨架”。理想的基质除了对染料有一定的溶解性外，还必须具有一定的柔软性，能轻易地涂于唇部并形成均匀的薄膜，能使嘴唇润滑而有光泽，但无过分油腻的感觉，也无干燥不适的感觉，不会向外化开。同时成膜应经得起温度的变化，即夏天不软不融、不出油，冬天不干不硬、不脱裂。为达到这样的要求，必须适宜地选用油、脂、蜡类原料。

润唇膏一般是无色或添加少量溴酸红染料的唇膏。

二、设备要求

加热搅拌罐、膏体灌装机、模具。

任务实施

一、配方及工艺

（一）配方

润唇膏配方见表 5 –3。

表 5 –3　润唇膏配方

序号	序号	原料商品名	作用	质量分数/%	备注
A 相	1	增稠剂 1701	增稠	3.0	
	2	26#白油	润肤	21.8	
B 相	3	2-EHP	润肤	28.0	
	4	聚异丁烯	润肤	24.8	
	5	地蜡	赋形	8.0	
	6	白蜂蜡	赋形	8.0	
	7	微晶蜡	赋形	3.0	
	8	乳木果油	润肤	1.0	
C 相	9	香精	芳香	2.0	
	10	苯氧乙醇	防腐	0.3	
	11	维生素 E	抗氧化	0.1	

（二）打版流程

润唇膏打版流程如图 5 –1 所示。

（三）操作步骤

1. 将表 5 –3 中的 A 相加入烧杯中，加热至 100 ~120 ℃使其完全溶解，备用。

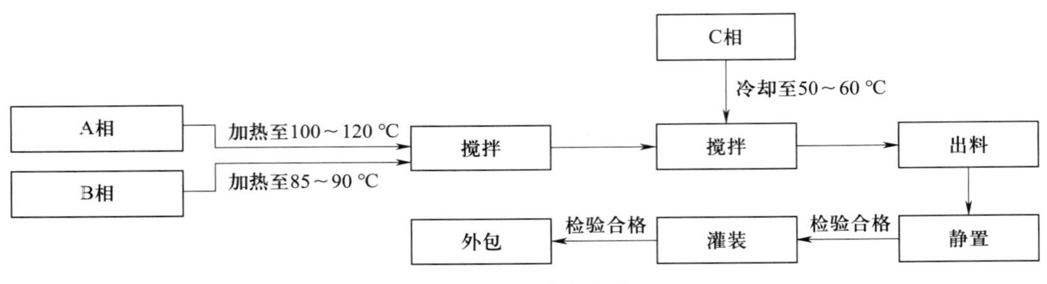

图 5－1 润唇膏打版流程

2. 将 B 相加入烧杯中混合，加热至 85～90 ℃，搅拌使物料完全溶解，备用。

3. 冷却至 50～60 ℃，加入 C 相，搅拌均匀，出料。

二、打版准备

1. 按实训室 6S 管理做好打版前准备。
2. 准备试剂和仪器。
3. 仪器的清洁消毒。
4. 原料预处理。

三、实训操作

（一）仪器与原料

1. 仪器：烧杯、玻璃试管、温度计、电炉、搅拌器、玻璃棒、电子秤、恒温烘箱、冰箱、润唇膏模具、润唇膏管。

2. 原料：详见表 5－3。

（二）打版操作

边操作边记录，打版记录表见附表 3。

【操作提示】

①操作过程要加 1%～2% 的补充水。

②注意保证油相溶解充分后才开始降温。

③因生产过程温度较高，要做好防火、防烫伤措施。

④香精和液体状防腐剂应低温加入。

（三）质量指标考察

1. 质量指标检验

对打版后样品的感官指标（外观、香气）、理化指标（耐热试验、耐寒试验、过氧化值）、微生物学指标（菌落总数、霉菌和酵母菌总数）进行检验，并填写质量报告记录表 5－4。

表 5－4　　质量报告记录表

<table>
<tr><td>产品名称</td><td colspan="2"></td><td>生产日期</td><td></td><td>生产批号</td><td></td></tr>
<tr><td colspan="2">项目</td><td colspan="3">指标</td><td colspan="2">结果</td></tr>
<tr><td colspan="2">外观</td><td colspan="3">模具型：棒体表面光滑，无肉眼可见杂质
非模具型：棒体顶部表面光滑。棒体无凹塌裂纹，无肉眼可见杂质
润唇啫喱：细腻均一的胶状膏体或胶状黏稠液体
润唇霜：膏体细腻，均匀一致</td><td colspan="2"></td></tr>
<tr><td colspan="2">色泽</td><td colspan="3">符合规定色泽，颜色均匀一致</td><td colspan="2"></td></tr>
<tr><td colspan="2">香气</td><td colspan="3">符合规定香气，无油脂异味</td><td colspan="2"></td></tr>
<tr><td colspan="2">耐热</td><td colspan="3">（45 ±1）℃保持 24 h，无弯曲软化，能正常使用</td><td colspan="2"></td></tr>
<tr><td colspan="2">耐寒</td><td colspan="3">（－8 ±1）℃保持 24 h，恢复至室温后无裂纹，能正常使用</td><td colspan="2"></td></tr>
<tr><td colspan="2">过氧化值/%</td><td colspan="3">≤0.2</td><td colspan="2"></td></tr>
<tr><td colspan="2">菌落总数/（CFU/g 或 CFU/mL）</td><td colspan="3">≤1 000</td><td colspan="2"></td></tr>
<tr><td colspan="2">霉菌和酵母菌总数/（CFU/g 或 CFU/mL）</td><td colspan="3">≤100</td><td colspan="2"></td></tr>
</table>

2. 质量指标稳定性考察

根据本产品的特点，以 25 ℃作为常温保存试验 7 天、48 ℃作为耐热试验 7 天、－8 ℃作为耐寒试验 7 天、室外自然光光照 7 天作为稳定性考察的项目进行实训，分别填写质量指标考察表 5－5。

表 5－5　　质量指标考察表

<table>
<tr><td>产品名称</td><td colspan="3"></td><td>生产日期</td><td></td><td>生产批号</td><td></td></tr>
<tr><td colspan="2">开始试验日期</td><td colspan="2"></td><td>结束试验日期</td><td></td><td>报告日期</td><td></td></tr>
<tr><td colspan="3">试验条件</td><td colspan="5">□25 ℃作为常温保存试验 7 天
□48 ℃作为耐热试验 7 天
□－8 ℃作为耐寒试验 7 天
□室外自然光光照 7 天
□其他条件：____________</td></tr>
<tr><td colspan="4">考察项目</td><td colspan="4">考察结果</td></tr>
<tr><td rowspan="4">考察项目</td><td colspan="3">外观</td><td colspan="4"></td></tr>
<tr><td colspan="3">色泽</td><td colspan="4"></td></tr>
<tr><td colspan="3">气味</td><td colspan="4"></td></tr>
<tr><td colspan="3">过氧化值</td><td colspan="4"></td></tr>
<tr><td>结论</td><td colspan="7"></td></tr>
<tr><td colspan="2">检验人</td><td colspan="3"></td><td>复核人</td><td colspan="2"></td></tr>
</table>

（四）打版样品感官评价

对打版样品进行感官评价后，填写感官评价表 5 - 6。

表 5 - 6　感官评价表

项目	指标	结果
看色泽	色泽均匀、柔和，与肤色配合融洽度好	
闻气味	气味纯正，与标准样香型一致	
比较外质地	膏体软硬适度，应能牢固地保持棒状外形，表面光洁细腻、油润性好，不应有明显的划伤、裂纹，无气泡	
使用肤感	将唇膏完全旋出，在上下唇上一次性涂满两层唇膏，观察和感觉唇膏的遮盖性、色泽均匀性、涂布性和软硬度，此时整个唇膏的色泽应均匀一致；无明显色斑，涂布时感觉平滑流畅，应无明显的黏滞阻塞感，软硬适中。随后将两唇上下开闭，应无明显的黏合和不适感，但也不能太滑腻；不与水分融合乳化而脱落，有较好的附着力，能保持较长的时间，但又不至于很难卸妆。 将唇膏完全旋出，观察唇膏与外管应基本成直线，可如此反复进行多次，然后观察唇膏应无明显弯曲或倾斜	

任务测评

任务结束后，填写实操任务测评表 5 - 7。

表 5 - 7　实操任务测评表

序号	考核内容	考核标准	配分	得分
1	实训项目基础	能准确辨识润唇膏原料、配方结构	30	
2	实训打版项目	能按操作规程进行润唇膏打版	30	
3	6S 管理	遵守 6S 管理	40	
合计			100	

任务三　总结及归档

学习目标

【知识目标】能对润唇膏配方实训结果进行统计。

【技能目标】能分析润唇膏配方实训的完成情况，并撰写总结报告。

【素养目标】培养负责、严谨的工作态度，树立大局观，提高分析、解决实际问题的能力。

任务引入

接已完成的上两项任务。

任务分析

前面的任务已了解课题实训任务，本项任务进一步对实训结果进行统计、分析并总结归档。

相关知识

实训结果评价流程如图 5 – 2 所示。

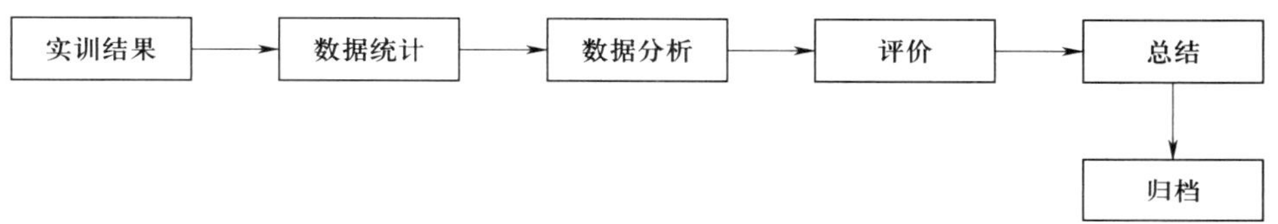

图 5 – 2　实训结果评价流程

任务实施

一、实训结果的统计

将润唇膏配方实训结果进行统计。

二、实训任务完成情况的分析

对润唇膏配方实训任务完成情况进行分析。

三、总结与归档

1. 将润唇膏配方实训任务实施情况进行总结。
2. 将润唇膏配方实训数据进行整理归档。

任务测评

任务结束后填写任务测评表 5 – 8。

表 5 – 8　任务测评表

序号	考核内容	考核标准	配分	得分
1	素质考核	课堂出勤率、学习态度、行为规范	30	
2	课堂表现	课堂互动、团队协作、创新建议	30	

续表

序号	考核内容	考核标准	配分	得分
3	专业知识	润唇膏配方实训任务总结归档能力	40	
合计			100	

思考与练习

1. 写出润唇膏配方结构。
2. 指出润唇膏配方中各组分的作用。
3. 写出润唇膏的打版操作步骤。

课题二　唇彩配方实训

任务一　接受任务

学习目标

【知识目标】能识读任务书。

【技能目标】能初步评估任务计划（生产范围、生产能力、法规符合性等）。

【素养目标】培养接受、分析、评估任务的能力。

任务引入

×××化妆品有限公司技术开发部对新员工进行唇彩配方技能实训。

任务分析

本次实训安排唇彩配方，让新员工熟悉本单位的打版实训流程，培养操作的规范性。

唇彩属于护唇类化妆品的一种，配方结构比较简单。

唇彩的质量要求：由于产品拟在国内销售，唇彩的质量必须符合国家的相关法律法规及标准要求。产品和所用原料必须符合《化妆品安全技术规范》（2015 年版）和《化妆品禁用原料目录》《化妆品禁用植（动）物原料目录》（2021 年版）的规定，产品必须符合《唇彩、唇油》（GB/T 27576—2011）。

相关知识

唇彩的质量指标见表5-9。

表5-9 唇彩的质量指标

项目		质量指标	
		液体唇彩、唇油	膏体唇彩
感官指标	外观	细腻均一的黏稠液体（灌装成特定花纹的产品除外）	细腻均一的冻胶状膏体
	色泽	符合规定色泽，色泽均匀一致	
	香气	符合规定香气，无油脂异味	
理化指标	耐热	(45±1)℃保持24 h，恢复至室温后，无浮油，无分层，性状与原样保持一致	(45±1)℃保持24 h，恢复至室温后，性状与原样保持一致
	耐寒	(-15~-5)℃保持24 h，恢复至室温后，性状与原样保持一致	(-15~-5)℃保持24 h，恢复至室温后，性状与原样保持一致
微生物学指标	菌落总数/(CFU/g或CFU/mL)	≤1 000	
	霉菌和酵母菌总数/(CFU/g或CFU/mL)	≤100	
	耐热大肠菌群/(g或mL)	不得检出	
	金黄色葡萄球菌/(g或mL)	不得检出	
	铜绿假单胞菌/(g或mL)	不得检出	
有害物质	汞/(mg/kg)	≤1	
	铅/(mg/kg)	≤10	
	砷/(mg/kg)	≤2	
	镉/(mg/kg)	≤5	
	甲醇/(mg/kg)	≤2 000	

任务实施

一、任务接受

见附表1 任务接受单。

二、任务计划

见附表2 任务计划表。

任务测评

任务结束后，填写任务测评表5－10。

表5－10 任务测评表

序号	考核内容	考核标准	配分	得分
1	素质考核	课堂出勤率、学习态度、行为规范	30	
2	课堂表现	课堂互动、团队协作、创新建议	30	
3	专业知识	唇彩配方实训任务的分析评价能力	40	
合计			100	

任务二 打版的改进与质量分析

学习目标

【知识目标】能掌握原料辨识的知识，掌握防火防爆知识。

【技能目标】能正确操作搅拌机；掌握唇彩的制作流程；能正确按流程完成制作；掌握唇彩质量评价。

【素养目标】夯实专业素养，培养专业、细致的职业精神。

任务引入

接已完成的上一项任务。

任务分析

上一项任务已了解课题计划、实训产品质量标准和要求，本项任务进一步了解产品的配方结构、原料辨识方法、配方操作，完成打版实训任务。

相关知识

一、配方结构

唇彩是由基础油体系、功效体系、抗氧化体系组成。基础油和功效体系成分若含有天然油脂类，容易发生氧化，一般加入维生素E作为抗氧化剂，同时能起到营养作用；若为合成油或者是纯硅油体系，则化学稳定性会更好。唇彩配方结构组分、主要功能及代表性原料见表5－11。

表5－11 唇彩配方结构组分、主要功能及代表性原料

结构组分	主要功能	代表性原料
基础油脂	赋予产品基本油分	矿物油、异十六烷

续表

结构组分	主要功能	代表性原料
成膜剂	增加亮度	油相增稠剂 G1701
增稠剂	增稠	SEBS G1701
防腐剂	防腐	苯氧乙醇
着色剂	着色	油性色浆

二、主要原料的辨识

（一）油相增稠剂 1701

别名：SEBS G1701。

SEBS G1701 常温下为白色散状颗粒，是苯乙烯—乙烯—丁烯—苯乙烯嵌段共聚物，在欧美国家的彩妆中得到广泛的应用，近年在我国的彩妆中也开始得到应用。这种增稠剂在彩妆中主要可以取代原有的微晶蜡、石油树脂等油合性树脂，相比具有油合性更佳、流动感更好、有透明的效果、有更好的成膜性、没有抽丝现象、综合成本更低等优点。

（二）聚异丁烯 PB2400

INCI 中文名：聚异丁烯。

相对分子质量：2 400。

黏度：4 700 ± 200 Pa · s（100 ℃时）。

性质：无色至淡黄色黏稠液体，无色、无味、无毒，与绝大多数烃类聚合物及有机物质相容性极好，具有优良的抗氧化性、抗紫外线性能，增塑性、增黏性优越，热分解后无残留物。

三、设备要求

带有防爆电机的搅拌配制罐。

任务实施

一、配方及工艺

（一）配方

唇彩配方见表 5 – 12。

表 5 – 12　　唇彩配方

序号	原料商品名	作用	质量分数/%	备注
1	26#白油	稀释	加至 100	
2	油相增稠剂 G1701	增稠	5. 0	
3	聚异丁烯 PB2400	增亮	10. 0	

续表

序号	原料商品名	作用	质量分数/%	备注
4	着色剂	着色	5.0	
5	香精	芳香	0.4	

注：要保证油相增稠剂 G1701 加热熔化彻底。

（二）打版流程

唇彩打版流程如图 5－3 所示。

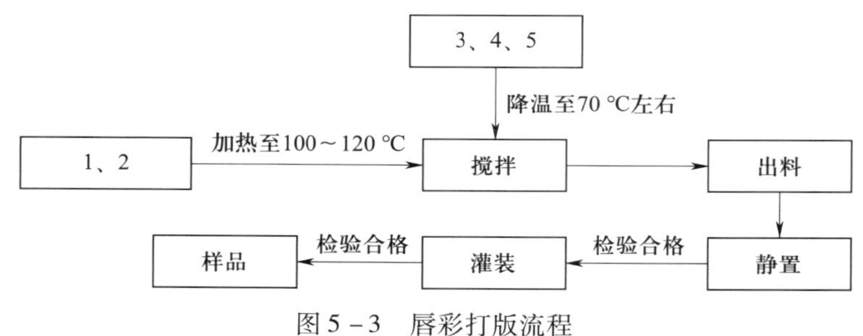

图 5－3　唇彩打版流程

（三）操作步骤

1. 先将表 5－12 中的 1、2 加入烧杯中，加热至 100～120 ℃，使其完全溶解，搅拌均匀。

2. 降温至 70 ℃左右加入 3、4、5，搅拌均匀，出料。

二、打版准备

1. 按实训室 6S 管理做好打版前准备。
2. 准备试剂和仪器。
3. 仪器的清洁消毒。
4. 原料预处理。

三、实训操作

（一）仪器与原料

1. 仪器：烧杯、玻璃试管、温度计、电炉、搅拌器、玻璃棒、电子秤、恒温烘箱、冰箱、折光仪。

2. 原料：详见表 5－12。

（二）打版操作

边操作边记录，打版记录表见附表 3。

（三）质量指标考察

1. 质量指标检验

对打版后样品的感官指标（外观、香气）、理化指标（耐热试验、耐寒试验）、微生物

学指标（菌落总数、霉菌和酵母菌总数）进行检验，并填写质量报告记录表 5－13。

表 5－13　质量报告记录表

产品名称		生产日期		生产批号	
项目	指标		结果		
外观	细腻均一的黏稠液体（灌装成特定花纹的产品除外）				
色泽	符合规定色泽，色泽均匀一致				
香气	符合规定香气，无油脂异味				
耐热	（45±1）℃保持 24 h，恢复至室温后，无浮油，无分层，性状与原样保持一致				
耐寒	（－15～－5）℃保持 24 h，恢复至室温后，性状与原样保持一致				
菌落总数/（CFU/g 或 CFU/mL）	≤1 000				
霉菌和酵母菌总数/（CFU/g 或 CFU/mL）	≤100				

2. 质量指标稳定性考察

根据本产品的特点，以 25 ℃作为常温保存试验 7 天、48 ℃作为耐热试验 7 天、－10 ℃作为耐寒试验 7 天、室外自然光光照 7 天作为稳定性考察的项目进行实训，分别填写质量指标考察表 5－14。

表 5－14　质量指标考察表

产品名称		生产日期		生产批号	
开始试验日期		结束试验日期		报告日期	
试验条件	□25 ℃作为常温保存试验 7 天 □48 ℃作为耐热试验 7 天 □－10 ℃作为耐寒试验 7 天 □室外自然光光照 7 天 □其他条件：________				
考察项目		考察结果			
考察项目	外观				
	色泽				
	气味				
	黏度				
结论					
检验人		复核人			

（四）打版样品感官评价

对打版样品进行感官评价后，填写感官评价表5-15。

表5-15 感官评价表

项目	指标	结果
看色泽	色泽均匀、柔和，与肤色配合融洽度好	
闻气味	气味纯正，与标准样香型一致	
比较外质地	料体稠度适度，油润性好，不应有明显的沉淀分层	
使用肤感	将唇彩涂在上下唇上一次性涂满两层唇膏，观察和感觉唇膏的遮盖性、色泽均匀性、涂布性和软硬度，此时整个唇的色泽应均匀一致；无明显色斑，涂布时感觉平滑流畅，应无明显的黏滞阻塞感。随后将两唇上下开闭，应无明显的黏合和不适感，附着力好，能保持较长的时间，但又不至于很难卸妆	

任务测评

任务结束后，填写实操任务测评表5-16。

表5-16 实操任务测评表

序号	考核内容	考核标准	配分	得分
1	实训项目基础	能准确辨识唇彩原料、配方结构	30	
2	实训打版项目	能按操作规程进行唇彩打版	30	
3	6S管理	遵守6S管理	40	
合计			100	

任务三　总结及归档

学习目标

【知识目标】能对唇彩实训结果进行统计。

【技能目标】能分析唇彩实训的完成情况，并撰写总结报告。

【素养目标】培养负责、严谨的工作态度，树立大局观，提高分析解决实际问题的能力。

任务引入

接已完成的上两项任务。

任务分析

前面的任务已完成课题实训任务，本项任务进一步对实训结果进行统计、分析并总结归档。

相关知识

实训结果评价流程如图 5－4 所示。

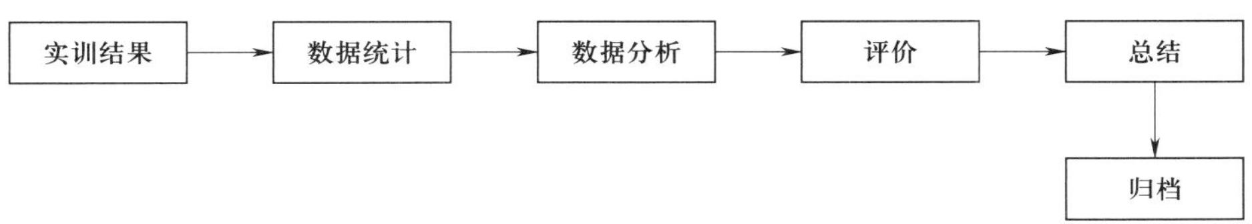

图 5－4　评价流程

任务实施

一、实训结果的统计

将唇彩配方实训结果进行统计。

二、实训任务完成情况的分析

对唇彩配方实训任务完成情况进行分析。

三、总结与归档

1. 将唇彩配方实训任务实施情况进行总结。
2. 将唇彩实训数据进行整理归档。

任务测评

任务结束后填写任务测评表 5－17。

表 5－17　任务测评表

序号	考核内容	考核标准	配分	得分
1	素质考核	课堂出勤率、学习态度、行为规范	30	
2	课堂表现	课堂互动、团队协作、创新建议	30	
3	专业知识	唇彩配方实训任务总结归档能力	40	
合计			100	

思考与练习

1. 写出唇彩配方结构。
2. 指出唇彩配方中各组分的作用。
3. 写出唇彩的打版操作步骤。

模块六

清洁类化妆品配方实训

清洁类化妆品也称洗涤类化妆品，是指去除皮肤头发等身体部位上的污物、汗液、皮脂、其他分泌物、脱屑细胞、微生物及美容化妆的残留物，以保持身体卫生健康的化妆品。清洁类化妆品包括洗手液、沐浴露、洗发水、洗面奶、清洁霜、卸妆水、卸妆油等。普通香皂不按化妆品管理。本模块主要介绍洗手液、卸妆水、透明洗面奶、皂基洗面膏、珠光沐浴露、调理洗发水等的配方实训内容。

课程思政小课堂

地球也需要“卸妆”

越来越多的消费者开始追求更清洁、更健康、包装能够可持续使用的化妆品，但长久以来，化妆品产业对环境都有着严重的负面影响，它在生态环境保护方面的改变和时尚产业比起来步履缓慢，因此一直饱受争议。当我们用各种各样的护肤品对皮肤进行清洁的时候，你们是否想过，地球也需要“卸妆”，需要清洁?

绿水青山就是金山银山。我们绝不能以牺牲生态环境为代价换取经济的一时发展。要着力推动生态环境保护，像保护眼睛一样保护生态环境，像对待生命一样对待生态环境。

为了保护我们的绿水青山，各地纷纷开展生活垃圾分类处置工作。那么，化妆品用完或过期后是什么类型的垃圾？应该怎么处理？废弃化妆品是否会造成环境污染？请在课后以“地球也需要美丽”开展化妆品垃圾分类环境保护行动，开展宣传废弃化妆品垃圾分类的实践活动，带动市民共同走进环境保护的队伍中，用自己的知识和智慧点亮自己、照亮世界。

实践活动一：化妆品垃圾分类小知识。

请同学们利用所学知识，讲解废弃化妆品如何进行垃圾分类。如过期化妆品属于有毒有害垃圾，如果要丢弃过期或已使用完的化妆品，应该连同其包装一起放入有害垃圾分类中。

实践活动二：变废为宝，废弃化妆品再利用。

请同学们张开智慧的翅膀，充分利用家中废旧的化妆品和包装，展开奇思妙想，各显身手，脑洞大开地使旧物换新颜，巧妙对废弃化妆品及其包装进行创新再利用。

课题一　洗手液配方实训

任务一　接受任务

学习目标

【知识目标】能识读任务书。

【技能目标】能初步评估任务计划（生产范围、生产能力、法规符合性等）。

【素养目标】运用课程思政小课堂，践行“绿水青山就是金山银山”的生态文明建设理念，增强大局意识，探索可持续发展之路；培养接受、分析、评估任务的能力。

任务引入

×××化妆品有限公司技术开发部对新员工进行洗手液配方技能实训。

任务分析

本次实训安排洗手液配方，让新员工熟悉本单位的打版实训流程，培养操作的规范性。

洗手液通常由主表面活性剂、助表面活性剂、非离子表面活性剂、增稠剂、pH 值调节剂、防腐剂等组成。主表面活性剂具有良好的发泡、乳化、去污能力，如月桂醇聚醚硫酸酯钠盐（AES）；助表面活性剂为温和的两性表面活性剂，如椰油酰胺丙基甜菜碱（CAB35）、月桂酰两性醋酸钠（L-32）；非离子表面活性剂如椰油酰胺 DEA（6501）等；增稠剂调节黏度，如氯化钠等；pH 值调节剂调节 pH 值，如柠檬酸等；防腐剂防止微生物使洗手液腐败变质，如卡松、DMDM 乙内酰脲（DMDMH）等。

洗手液的质量要求：由于产品拟在国内销售，洗手液的质量必须符合国家的相关法律法规及标准要求。产品和所用原料必须符合《化妆品安全技术规范》（2015 年版）和《化妆品禁用原料目录》《化妆品禁用植（动）物原料目录》（2021 年版）的规定，产品必须符合《洗手液》（GB/T 34855—2017）。

相关知识

洗手液的质量指标见表 6－1。

表 6－1　　洗手液的质量指标

<table>
<tr><td colspan="3" rowspan="2">项目</td><td colspan="2">质量指标</td></tr>
<tr><td>普通型</td><td>浓缩型</td></tr>
<tr><td rowspan="2">感官指标</td><td colspan="2">外观</td><td colspan="2">不分层，无明显悬浮动（加入均匀悬浮糊粒组分的产品除外）或沉淀，无明显机械杂度的均匀产品</td></tr>
<tr><td colspan="2">气味</td><td colspan="2">无异味</td></tr>
<tr><td rowspan="5">理化指标</td><td rowspan="2">稳定性</td><td>耐热</td><td colspan="2">(40 ±2) ℃保持 24 h，恢复至室温后观察，不分层，无沉淀、无异味和变色现象，透明产品不浑浊</td></tr>
<tr><td>耐寒</td><td colspan="2">(−5 ±2) ℃保持 24 h，恢复至室温后观察，不分层，无沉淀，无变色现象，透明产品不浑浊</td></tr>
<tr><td colspan="2">总有效物（质量分数）/%</td><td>≥7</td><td>≥14</td></tr>
<tr><td colspan="2">pH 值（25 ℃）</td><td colspan="2">4.0～10.0</td></tr>
<tr><td colspan="2">甲醛/(mg/kg)</td><td colspan="2">500</td></tr>
<tr><td rowspan="5">微生物学指标</td><td colspan="2">菌落总数/(CFU/g 或 CFU/mL)</td><td colspan="2">≤1 000</td></tr>
<tr><td colspan="2">霉菌和酵母菌总数/(CFU/g 或 CFU/mL)</td><td colspan="2">≤100</td></tr>
<tr><td colspan="2">耐热大肠菌群/(g 或 mL)</td><td colspan="2">不得检出</td></tr>
<tr><td colspan="2">金黄色葡萄球菌/(g 或 mL)</td><td colspan="2">不得检出</td></tr>
<tr><td colspan="2">铜绿假单胞菌/（g 或 mL)</td><td colspan="2">不得检出</td></tr>
<tr><td rowspan="6">有害物质</td><td colspan="2">汞/(mg/kg)</td><td colspan="2">≤1</td></tr>
<tr><td colspan="2">铅/(mg/kg)</td><td colspan="2">≤10</td></tr>
<tr><td colspan="2">砷/(mg/kg)</td><td colspan="2">≤2</td></tr>
<tr><td colspan="2">镉/(mg/kg)</td><td colspan="2">≤5</td></tr>
<tr><td colspan="2">甲醇/(mg/kg)</td><td colspan="2">≤2 000</td></tr>
<tr><td colspan="2">二噁烷/(mg/kg)</td><td colspan="2">≤30</td></tr>
</table>

任务实施

一、任务接受

见附表 1 任务接受单。

二、任务计划

见附表 2 任务计划表。

任务测评

任务结束后，填写任务测评表6－2。

表6－2　任务测评表

序号	考核内容	考核标准	配分	得分
1	素质考核	课堂出勤率、学习态度、行为规范	30	
2	课堂表现	课堂互动、团队协作、创新建议	30	
3	专业知识	洗手液配方实训任务的分析评价能力	40	
合计			100	

任务二　打版的改进与质量分析

学习目标

【知识目标】能正确对原料进行辨识，掌握加热设备的安全操作知识。

【技能目标】能正确操作搅拌机；掌握洗手液的制作流程；能正确按流程完成制作；掌握洗手液质量评价。

【素养目标】夯实专业素养，培养专业、细致的职业精神。

任务引入

接已完成的上一项任务。

任务分析

上一项任务已了解课题计划、实训产品质量标准和要求，本项任务需进一步了解产品的配方结构、原料辨识方法、配方操作，完成打版实训任务。

相关知识

一、配方结构

洗手液配方结构组分、主要功能及代表性原料见表6－3。

表6－3　洗手液配方结构组分、主要功能及代表性原料

结构组分	主要功能	代表性原料
主表面活性剂	提供去污力和丰富的泡沫	AES、K12A、烷基磷酸酯钾盐
增稠剂	增加产品的稠度	6501、氯化钠、改性纤维素
珠光剂	提供产品靓丽的珠光效果	乙二醇硬脂酸酯

续表

结构组分	主要功能	代表性原料
水溶性聚合物	分散和悬浮作用、调节流变性、增强稳定性	聚丙烯酸酯类共聚物
pH 值调节剂	调节 pH 值	氢氧化钠、柠檬酸
防腐剂	抑菌、防腐	羟苯甲酯、羟苯丙酯、卡松、DMDMH、碘丙炔醇丁基氨甲酸酯、苯氧乙醇
抗氧化剂	抑制和防止产品氧化引起的酸败	丁羟甲苯（BHT）、丁羟茴醚（BHA）、生育酚
螯合剂	使金属离子螯合，防止产品变色、褪色，对防腐有协同作用	EDTA 二钠、EDTA 四钠
着色剂	赋予产品颜色	各种化妆品允许使用的着色剂
香精	赋香	各种化妆品用香精
活性成分	赋予产品特定功效（如抑菌、消毒）	各种营养成分及功效成分
去离子水	溶解、稀释	—

二、主要原料的辨识

（一）AES

INCI 中文名：月桂醇聚醚硫酸酯钠盐。

别名：十二烷基醚硫酸钠、椰油基醚硫酸钠、烷基聚氧乙烯醚硫酸钠盐、ALES。

分子结构式：$R(OCH_2CH_2)_nOSO_3Na$（R 主组分为 $C_{12} \sim C_{15}$烷基；$n=1 \sim 3$）。

外观（25 ℃）为白色或浅黄色液体至凝胶状膏体，无味，pH 值（1%水溶液）为 6.5～9.5。

AES 的物理性质不但与烷基 R 中的碳原子数有关，而且与环氧乙烷（EO）的加成数 n 密切相关。一般烷基 R 多为十二烷基，当 EO 的加成数 $n=4$ 时，其溶解性最佳；当 $n=5 \sim 6$ 时，其发泡性好；当 $n>20$ 时，其发泡性能便急剧下降；当 $n=1 \sim 2$ 时，其去污力强。另外，n 越大其耐热性越好。市售 AES 的质量分数一般为 25% 和 70% 左右，其亲油基可以是天然醇，也可以是合成醇，平均乙氧基化度为 2～3，实际上是不同加成数的混合物。

（二）6501

INCI 中文名：椰油酰胺 DEA。

别名：椰子油酸二乙醇酰胺、脂肪酰二乙醇胺、脂肪酸烷基醇酰胺、尼纳尔、6501 净洗剂、烷醇酰胺、椰子油烷醇酰胺。

6501 由二乙醇胺与脂肪酸缩合而成，根据二乙醇胺与脂肪酸的比例不同而分为不同类型，常用的比例为 1∶1。

椰油酰胺 DEA 的外观（25 ℃）为淡黄色至黄色黏稠液体或膏体，pH 值（5%水溶液）

为9.5～10.5，添加于洗发水、沐浴露、洗手液等产品中作增泡剂、稳泡剂、增稠剂、乳化去油去污剂。

（三）CAB

INCI 中文名：椰油酰胺丙基甜菜碱。

别名：CAB。

CAB 的外观（25 ℃）为无色至淡黄色透明液体，pH 值（5% 水溶液）为4.0～7.0。

CAB 是一种温和的两性表面活性剂，易溶于水，具有优良的去污、柔软、抗静电、发泡和增稠等性能，抗硬水性好，对皮肤刺激性小，易生物降解，能与阴离子、阳离子和非离子表面活性剂完全相溶，同时还可降低阴离子表面活性剂（如 AS、AES 等）的刺激性，并具有抗菌、调理效能。

（四）L-32

INCI 中文名：月桂酰两性基乙酸钠。

别名：月桂酰两性醋酸钠、咪唑啉 L-32、咪唑啉 C32、咪唑啉 ML。

L-32 的外观（25 ℃）为无色至淡黄色透明液体，pH 值（5% 水溶液）为8.0～10.0。

两性咪唑啉类表面活性剂是温和的洗涤剂，其乳化能力较弱，可与所有类型的表面活性剂配伍，对硬水的容忍度较高；与阴离子表面活性剂复配后，可减小阴离子表面活性剂对眼睛的刺激，但又不影响其发泡作用。

（五）其他原料

防腐剂防止微生物使产品腐败变质，如卡松、DMDMH、苯氧乙醇等，如果要做无添加防腐剂的产品，可添加具有无受限抗菌原料，如乙基己基甘油、甘醇、辛酰羟肟酸、甘油辛酸酯、对羟基苯乙酮等。

三、设备要求

有加热、冷却系统的搅拌配制罐，有抽真空功能的配制罐更好。

任务实施

一、配方及工艺

（一）配方

洗手液配方见表6－4。

表6－4　洗手液配方

序号	原料商品名	作用	质量分数/%	备注
1	纯化水	稀释	加至100	
2	AES	去污、发泡	8.00	
3	6501	稳泡、增稠	0.80	

续表

序号	原料商品名	作用	质量分数/%	备注
4	EDTA 二钠	螯合	0.05	
5	L-32	助洗涤	1.00	
6	CAB	助洗涤	1.00	
7	卡松	防腐	0.09	
8	香精	芳香	0.20	
9	柠檬酸	pH 值调节	0.10	
10	氯化钠	增稠	适量	

（二）打版流程

洗手液打版流程如图 6－1 所示。

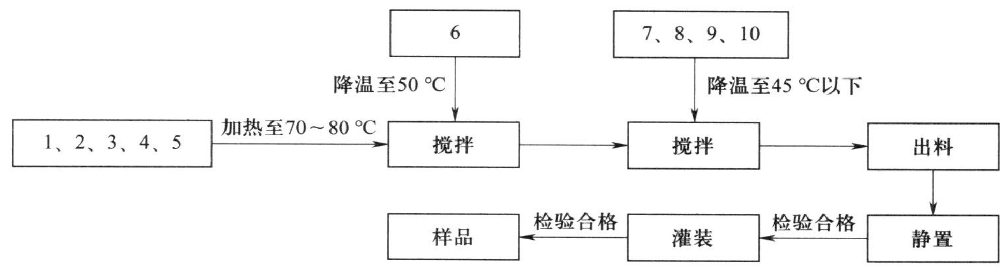

图 6－1　洗手液打版流程

（三）操作步骤

1. 将表 6－4 中的 1、2、3、4、5 加入烧杯中，搅拌、加热至 70～80 ℃溶解。
2. 降温至 50 ℃时加入 6，搅拌 10 min。
3. 降温至 45 ℃以下，加入 7、8、9、10，搅拌至溶解均匀。

二、打版准备

1. 按实训室 6S 管理做好打版前准备。
2. 准备试剂和仪器。
3. 仪器的清洁消毒。
4. 原料预处理。

三、实训操作

（一）仪器与原料

1. 仪器：烧杯、玻璃试管、温度计、电炉、搅拌器、玻璃棒、电子秤、pH 计、恒温烘箱、冰箱、旋转黏度计。

2. 原料：详见表 6－4。

（二）打版操作

边操作边记录，打版记录表见附表3。

【操作提示】

①操作过程要加1% ~2%的补充水。

②注意保证AES溶解充分后才开始降温。

③香精、液体状防腐剂和活性物质要低温加入，以防止香精挥发或活性成分降解。

（三）质量指标考察

1. 质量指标检验

对打版后样品的感官指标（外观、气味）、理化指标（耐热试验、耐寒试验、总有效物、pH值）、微生物学指标（菌落总数、霉菌和酵母菌总数）进行检验，并填写质量报告记录表6－5。

表6－5　质量报告记录表

<table>
<tr><th colspan="3">项目</th><th>指标</th><th>结果</th></tr>
<tr><td rowspan="2">感官指标</td><td colspan="2">外观</td><td>不分层，无明显悬浮动（加入均匀悬浮颗粒组分的产品除外）或沉淀，无明显杂质的均匀产品</td><td></td></tr>
<tr><td colspan="2">气味</td><td>无异味</td><td></td></tr>
<tr><td rowspan="5">理化指标</td><td rowspan="2">稳定性</td><td>耐热</td><td>（40 ±2）℃保持24 h，恢复至室温后观察，不分层，无沉淀、无异味和变色现象，透明产品不浑浊</td><td></td></tr>
<tr><td>耐寒</td><td>（－5 ±2）℃保持24 h，恢复至室温后观察，不分层，无沉症、无变色现象，透明产品不浑浊</td><td></td></tr>
<tr><td colspan="2">总有效物（质量分数）/%</td><td>普通型≥7
浓缩型≥14</td><td></td></tr>
<tr><td colspan="2">pH值（25 ℃）</td><td>4.0～10.0</td><td></td></tr>
<tr><td colspan="2">甲醛/(mg/kg)</td><td>500</td><td></td></tr>
<tr><td rowspan="2">微生物学指标</td><td colspan="2">菌落总数/(CFU/g或CFU/mL)</td><td>≤1 000</td><td></td></tr>
<tr><td colspan="2">霉菌和酵母菌总数/(CFU/g或CFU/mL)</td><td>≤100</td><td></td></tr>
</table>

2. 质量指标稳定性考察

根据本产品的特点，以25 ℃作为常温保存试验7天、48 ℃作为耐热试验7天、－10 ℃作为耐寒试验7天、室外自然光光照7天作为稳定性考察的项目进行实训，分别填写考察项目，参考表2－7质量指标考察表填写考察结果。

（四）打版样品感官评价

对打版样品进行感官评价后，填写感官评价表6－6。

表 6－6　　感官评价表

项目	指标	结果
看色泽	色泽均匀、柔和	
闻气味	气味纯正，与标准样香型一致	
比较外质地	膏体黏稠适度，料体细腻均匀无杂质，无分层	
使用肤感	冲洗时：清洁力、泡沫大小和细腻度适度，涂布性、冲洗性好 干洗后：皮肤光洁、有弹性，有滑爽感和清洁感	

任务测评

任务结束后填写实操任务测评表 6－7。

表 6－7　　实操任务测评表

序号	考核内容	考核标准	配分	得分
1	实训项目基础	能准确辨识洗手液原料、配方结构	30	
2	实训打版项目	能按操作规程进行洗手液打版	30	
3	6S 管理	遵守 6S 管理	40	
合计			100	

任务三　总结及归档

学习目标

【知识目标】能对洗手液配方实训结果进行统计。

【技能目标】能分析洗手液配方实训的完成情况，并撰写总结报告。

【素养目标】培养负责、严谨的工作态度，树立大局观，提高分析、解决实际问题的能力。

任务引入

接已完成的上两个任务。

任务分析

前面的任务已完成课题实训任务，本任务进一步对实训结果进行统计、分析并总结归档。

相关知识

实训结果评价流程如图6-2所示。

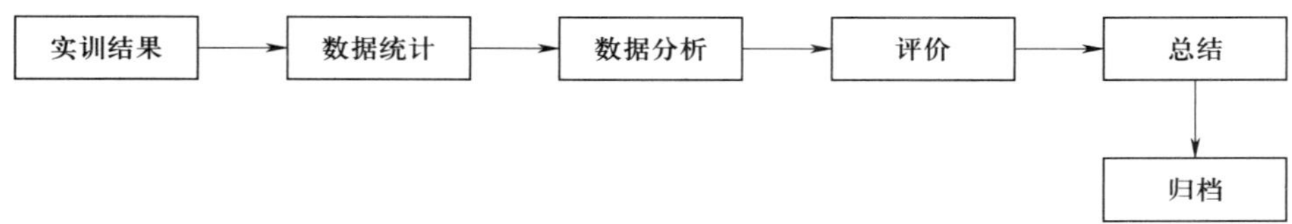

图6-2　实训结果评价流程

任务实施

一、实训结果的统计

将洗手液配方实训结果进行统计。

二、实训任务完成情况的分析

对洗手液配方实训任务完成情况进行分析。

三、总结与归档

1. 将洗手液配方实训任务实施情况进行总结。
2. 将洗手液配方实训数据进行整理归档。

任务测评

任务结束后，填写任务测评表6-8。

表6-8　任务测评表

序号	考核内容	考核标准	配分	得分
1	素质考核	课堂出勤率、学习态度、行为规范	30	
2	课堂表现	课堂互动、团队协作、创新建议	30	
3	专业知识	洗手液配方实训任务总结归档能力	40	
合计			100	

思考与练习

1. 写出洗手液配方结构。

2. 指出洗手液配方中各组分的作用。
3. 写出洗手液的打版操作步骤。

课题二　卸妆水配方实训

任务一　接受任务

学习目标

【知识目标】能识读任务书。
【技能目标】能初步评估任务计划（生产范围、生产能力、法规符合性等）。
【素养目标】培养接受、分析、评估任务的能力。

任务引入

×××化妆品有限公司技术开发部对新员工进行卸妆水配方技能实训。

任务分析

本次实训安排卸妆水配方，让新员工熟悉本单位的打版实训流程，培养操作的规范性。

卸妆水属于洁肤用化妆品，对妆后洗面等具有一定程度的清洁皮肤作用，是一种低黏度、流动性好的液体，大部分有透明外观，多数在洗面洁面后使用，其作用是给清洗后的皮肤补充水分，使角质层柔软，保持皮肤正常的功能，还有收敛、营养等作用。

卸妆水配方中一般含有大量的水，并含有亲油、亲水两性的醇类、多元醇、酯类和增溶剂等，同时常会添加一些对皮肤作用温和的表面活性剂以提高洁净作用。近年来，新开发的粉底类化妆品大多数都对皮肤有很好的附着性，但同时也为卸妆带来了难度，因为那些没有洁净作用的化妆水不具有将粉底类化妆品彻底洗净的功效，而卸妆水则能够弥补这种不足之处。在配方设计中，卸妆水的原料大多数为弱碱性，并倾向于使用醇类和温和的非离子、两性表面活性剂，有时也会添加水溶性聚合物如增稠剂或凝胶型制剂。

卸妆水的质量要求：由于产品拟在国内销售，卸妆水的质量必须符合国家的相关法律法规及标准要求。产品和所用原料必须符合《化妆品安全技术规范》（2015 年版）和《化妆品禁用原料目录》《化妆品禁用植（动）物原料目录》（2021 年版）的规定，产品必须符合《卸妆油（液、乳、膏、霜）》（GB/T 35914—2018）。

相关知识

卸妆水的质量指标见表 6－9。

表 6－9　　卸妆水的质量指标

项目		质量指标
感官指标	外观	单层型：均匀液体，不含杂质 多层型：两层或多层液体
	色泽	与对照样一致
	香气	与对照样一致
理化指标	耐热	（40±1）℃保持 24 h，恢复至室温后与试验前无明显性状差异
	耐寒	（5±2）℃保持 24 h，恢复至室温后与试验前无明显性状差异
	pH 值（25 ℃）	4.0～11.0（含 α-羟基酸、β-羟基酸的产品除外，≤3.5 的产品应进行人体安全性试验）
微生物学指标	菌落总数/(CFU/g 或 CFU/mL)	≤1 000
	霉菌和酵母菌总数/(CFU/g 或 CFU/mL)	≤100
	耐热大肠菌群/(g 或 mL)	不得检出
	金黄色葡萄球菌/(g 或 mL)	不得检出
	铜绿假单胞菌/(g 或 mL)	不得检出
有害物质	汞/(mg/kg)	≤1
	铅/(mg/kg)	≤10
	砷/(mg/kg)	≤2
	镉/(mg/kg)	≤5
	甲醇/(mg/kg)	≤2 000
	二噁烷/(mg/kg)	≤30

任务实施

一、任务接受

见附表 1 任务接受单。

二、任务计划

见附表 2 任务计划表。

任务测评

任务结束后，填写任务测评表 6－10。

表 6-10　　任务测评表

序号	考核内容	考核标准	配分	得分
1	素质考核	课堂出勤率、学习态度、行为规范	30	
2	课堂表现	课堂互动、团队协作、创新建议	30	
3	专业知识	卸妆水配方实训任务的分析评价能力	40	
合计			100	

任务二　打版的改进与质量分析

学习目标

【知识目标】能正确对原料进行辨识，掌握加热设备的安全操作知识。

【技能目标】能正确操作搅拌机；掌握卸妆水的制作流程；能正确按流程完成制作；掌握卸妆水质量评价。

【素养目标】夯实专业素养，培养专业、细致的职业精神。

任务引入

接已完成的上一任务。

任务分析

上一任务已了解课题计划、实训产品质量标准和要求，需进一步了解产品的配方结构、原料辨识方法、配方操作，完成打版实训任务。

相关知识

卸妆水是具有清洁功能的水剂化妆品，一般用水、溶剂和清洁剂配制而成，呈弱碱性，除具有使皮肤轻松、舒适的作用外，对淡彩妆化妆品起一定的卸妆作用，还具有一定程度的清洁作用。

一、原料性质及选择

卸妆水常用配方原料有 PEG-8 辛酸/癸酸甘油酯、PEG-20 甘油三异硬脂酸酯、吐温 20 等。

（一）PEG-8 辛酸/癸酸甘油酯

INCI 中文名：PEG-8 辛酸/癸酸甘油酯。

别名：EMU POWER 587、水溶性 GTCC。

PEG-8 辛酸/癸酸甘油酯的外观（25 ℃）呈无色至淡黄色透明液体，有特征气味，以 KOH 计的酸值≤4 mg/g，以 KOH 计的皂化值为 60～80 mg/g。

PEG-8 辛酸/癸酸甘油酯完全溶于水，和其他非离子表面活性剂一样，它的溶解度随着温度增加而减小，当超过某一温度（浊点）时，其溶液会出现浑浊和相分离。浑浊和相分离是可逆的，冷却时又可以恢复。

PEG-8 辛酸/癸酸甘油酯在脂溶性添加剂的增溶剂作用下，可以溶解油脂和油溶性成分（如薄荷醇、水杨酸及其衍生物，以及樟脑和草药提取物等）。由于它对油的溶解性和良好的水溶性，可以很好地卸除淡妆，因此常被用于卸妆水中。PEG-8 辛酸/癸酸甘油酯在高度稀释的情况下不溶于水（疏水，表现为水溶液浑浊），因此即使在冲洗过程中，也会有良好的赋脂性及赋予长久愉悦的肤感，用于柔肤水及面膜液中，可带来良好的贴肤感、油脂感和滋润感。

（二）PEG-20 甘油三异硬脂酸酯

INCI 中文名：PEG-20 甘油三异硬脂酸酯。

别名：EMU POWER 518。

PEG-20 甘油三异硬脂酸酯的外观（25 ℃）呈无色至淡黄色透明液体，有轻微特征气味，以 KOH 计的酸值≤15 mg/g，以 KOH 计的皂化值为 80～100 mg/g。PEG-20 甘油三异硬脂酸酯具有优秀的自乳化能力，卸妆效果好，适用于卸除浓妆；易清洗，清洗后肤感清爽且不油腻，与绝大部分油脂的相容性好；配方应用灵活，可用于卸妆水和卸妆油。

（三）吐温 20

INCI 中文名：聚山梨醇酯-20。

别名：聚氧乙烯失水山梨醇单月桂酸酯。

吐温 20 的外观（25 ℃）为淡黄色液体，有特征气味，相对密度为 1.095～1.105，浊点为 95 ℃，羟值为 96～108 mg/g，以 KOH 计的皂化值为 40～55 mg/g。

聚山梨醇酯类是一大类非离子表面活性剂，具有乳化、扩散、增溶、稳定等作用，在制药、日化、食品、纺织等工业中，广泛用作乳化剂、分散剂、增溶剂、稳定剂等。聚山梨醇酯类作为乳化剂时，高浓度电解质和 pH 值的改变对其乳化能力影响很小，是一大类优良的水包油型乳化剂。在制备水包油型乳化剂时，聚山梨醇酯类常与脱水山梨醇酯类合并使用，乳化的稳定性更好。

二、生产设备

有加热、冷却系统的搅拌配制罐。

任务实施

一、配方及工艺

（一）配方

卸妆水配方见表 6－11。

表 6－11　　卸妆水配方

序号	原料商品名	作用	质量分数/%	备注
1	纯化水	稀释	加至 100	

续表

序号	原料商品名	作用	质量分数/%	备注
2	丙二醇	溶剂	1.00	
3	丁二醇	溶剂	1.00	
4	EMU POWER 5187	清洁	5.00	
5	EDTA 二钠	螯合	0.05	
6	杰马 BP	防腐	0.30	

（二）打版流程

卸妆水打版流程如图 6－3 所示。

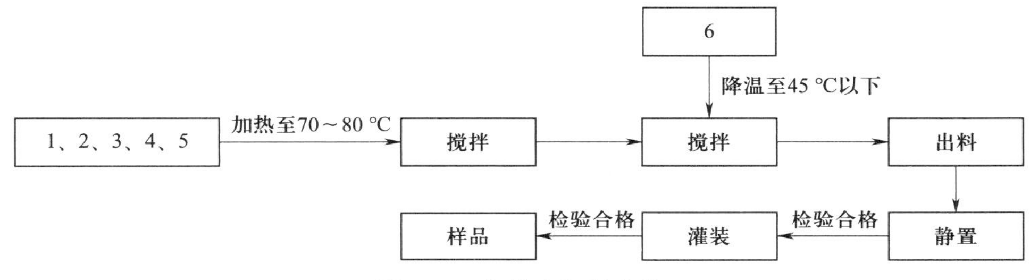

图 6－3　卸妆水打版流程

（三）操作步骤

1. 将表 6－11 中的 1、2、3、4、5 加入烧杯中，加热至 70～80 ℃，搅拌溶解。
2. 降温至 45 ℃以下，加入 6 搅拌至溶解均匀。

二、打版准备

1. 按实训室 6S 管理做好打版前准备。
2. 准备试剂和仪器。
3. 仪器的清洁消毒。
4. 原料预处理。

三、实训操作

（一）仪器与原料

1. 仪器：烧杯、玻璃试管、温度计、电炉、搅拌器、玻璃棒、电子秤、pH 计、恒温烘箱、冰箱、旋转黏度计。

2. 原料：详见表 6－11。

（二）打版操作

边操作边记录，打版记录表见附表 3。

【操作提示】

①操作过程要加 1%～2% 的补充水。

②注意保证原料溶解充分后才开始降温。

③香精、液体状防腐剂和活性物质要低温加入，以防止香精挥发或活性成分降解。

（三）质量指标考察

1. 质量指标检验

对打版后样品的感官指标（外观、香气）、理化指标（耐热试验、耐寒试验、pH值）、微生物学指标（菌落总数、霉菌和酵母菌总数）进行检验，并填写质量报告记录表6－12。

表6－12 质量报告记录表

产品名称		生产日期		生产批号	
项目	指标		结果		
外观	均匀液体，不含杂质				
色泽	与对照样一致				
香气	与对照样一致				
耐热	（40±1）℃保持24 h，恢复至室温后与试验前无明显性状差异				
耐寒	（－5±2）℃保持24 h，恢复至室温后与试验前无明显性状差异				
pH值（25 ℃）	4.0～11.0				
菌落总数/（CFU/g或CFU/mL）	≤1 000				
霉菌和酵母菌总数/（CFU/g或CFU/mL）	≤100				

2. 质量指标稳定性考察

根据本产品的特点，以25 ℃作为常温保存试验7天、48 ℃作为耐热试验7天、－10 ℃作为耐寒试验7天、室外自然光光照7天作为稳定性考察的项目进行实训，分别填写考察项目，参考表2－7质量指标考察表填写考察结果。

（四）打版样品感官评价

对打版样品进行感官评价后，填写感官评价表6－13。

表6－13 感官评价表

项目	指标	结果
看色泽	色泽均匀、柔和，与肤色配合融洽度好	
闻气味	气味纯正，与标准样香型一致	
比较外质地	外观稠度适当，料体细腻均匀，不得有结块、发稀，均匀无杂质，无粗颗粒，颗粒应分散均匀，不应下沉结块	

续表

项目	指标	结果
使用肤感	摇匀后用刷子蘸取，在脸上均匀涂布一层，观察其涂布性、清洁力和刺激性	

任务测评

任务结束后填写实操任务测评表6－14。

表6－14　　实操任务测评表

序号	考核内容	考核标准	配分	得分
1	实训项目基础	能准确辨识卸妆水原料、配方结构	30	
2	实训打版项目	能按操作规程进行卸妆水打版	30	
3	6S管理	遵守6S管理	40	
合计			100	

任务三　总结及归档

学习目标

【知识目标】能对卸妆水配方实训结果进行统计。

【技能目标】分析卸妆水配方实训的完成情况，并撰写总结报告。

【素养目标】培养负责、严谨的工作态度，树立大局观，提高分析、解决实际问题的能力。

任务引入

接已完成的上两个任务。

任务分析

前面的任务已完成课题实训任务，本任务进一步对实训结果进行统计、分析并总结归档。

相关知识

实训结果评价流程如图6－4所示。

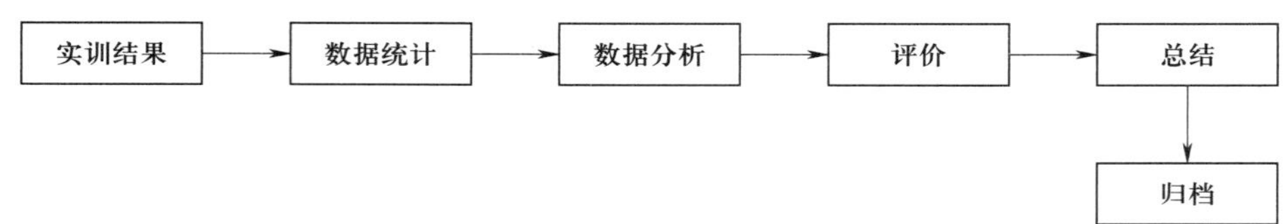

图 6－4　实训结果评价流程

任务实施

一、实训结果的统计

将卸妆水配方实训结果进行统计。

二、实训任务完成情况的分析

对卸妆水配方实训任务完成情况进行分析。

三、总结与归档

1. 将卸妆水配方实训任务实施情况进行总结。
2. 将卸妆水配方实训数据进行整理归档。

任务测评

任务结束后，填写任务测评表 6－15。

表 6－15　任务测评表

序号	考核内容	考核标准	配分	得分
1	素质考核	课堂出勤率、学习态度、行为规范	30	
2	课堂表现	课堂互动、团队协作、创新建议	30	
3	专业知识	卸妆水配方实训任务总结归档能力	40	
合计			100	

思考与练习

1. 写出卸妆水配方结构。
2. 指出卸妆水配方中各组分的作用。
3. 写出卸妆水的打版操作步骤。

课题三　透明洗面奶配方实训

任务一　接受任务

学习目标

【知识目标】能识读任务书。

【技能目标】能初步评估任务计划（生产范围、生产能力、法规符合性等）。

【素养目标】培养接受、分析、评估任务的能力。

任务引入

×××化妆品有限公司技术开发部对新员工进行透明洗面奶配方技能实训。

任务分析

本次实训安排透明洗面奶配方，让新员工熟悉本单位的打版实训流程，培养操作的规范性。

一般来说，洗面奶是由油相、水相、表面活性剂、保湿剂、营养剂等成分构成的液状产品。其中，奶油状洗面奶含有油相成分，适用于干性皮肤；水晶状透明产品不含油相成分，如配方调理适当，可满足绝大多数消费者使用。洗面奶中表面活性剂具有润湿、分散、发泡、去污、乳化五大作用，是洁面化妆品的主要活性物。此外，根据相似相溶原理，在洗面过程中，可借油相溶解面部油溶性的脂垢及多余的油脂；借其水相溶解面部水溶性的汗渍污垢。

乳化型洗面奶又称洁面乳，其去污原理与清洁霜类同，但洁面乳配方中油相组分含量要比清洁霜少许多，洁面乳中油相组分一般占10%～35%（质量分数）。洁面乳一般是水包油型乳液，洗面后感觉光滑、滋润、无紧绷感，其配方组成主要包括油相、乳化剂、保湿剂、水和各种添加剂。

非乳化型洗面奶即表面活性剂为主的洗面奶，包括透明洗面奶、氨基酸表面活性洗面奶、皂基洗面奶等。

洗面奶的质量要求：由于产品拟在国内销售，洗面奶的质量必须符合国家的相关法律法规及标准要求。产品和所用原料必须符合《化妆品安全技术规范》（2015年版）和《化妆品禁用原料目录》《化妆品禁用植（动）物原料目录》（2021年版）的规定，产品必须符合《洗面奶、洗面膏》（GB/T 29680—2013）。

相关知识

透明洗面奶的质量指标见表 6－16。

表 6－16　　透明洗面奶的质量指标

项目		指标
感官指标	色泽	符合规定色泽
	香气	符合规定香型
	质感	均匀一致（含颗粒或罐装成特定外观的产品除外）
理化指标	耐热	(40±1)℃保持 24 h，恢复至室温后无分层现象
	耐寒	(－8±2)℃保持 24 h，恢复至室温后无分层、泛粗、变色现象
	pH 值（25 ℃）	4.0～11.0（含 α-羟基酸、β-羟基酸产品除外）
微生物学指标	菌落总数/(CFU/g 或 CFU/mL)	≤1 000
	霉菌和酵母菌总数/(CFU/g 或CFU/mL)	≤100
	耐热大肠菌群/(g 或 mL)	不得检出
	金黄色葡萄球菌/(g 或 mL)	不得检出
	铜绿假单胞菌/(g 或 mL)	不得检出
有害物质	汞/(mg/kg)	≤1
	铅/(mg/kg)	≤10
	砷/(mg/kg)	≤2
	镉/(mg/kg)	≤5
	甲醇/(mg/kg)	≤2 000
	二噁烷/(mg/kg)	≤30

任务实施

一、任务接受

见附表 1 任务接受单。

二、任务计划

见附表 2 任务计划表。

任务测评

任务结束后，填写任务测评表 6－17。

表 6－17　　任务测评表

序号	考核内容	考核标准	配分	得分
1	素质考核	课堂出勤率、学习态度、行为规范	30	
2	课堂表现	课堂互动、团队协作、创新建议	30	
3	专业知识	透明洗面奶配方实训任务的分析评价能力	40	
合计			100	

任务二　打版的改进与质量分析

学习目标

【知识目标】能正确对原料进行辨识，掌握真空设备的安全操作知识。

【技能目标】能正确操作搅拌机；掌握透明洗面奶的制作流程；能正确按流程完成制作；掌握透明洗面奶质量评价。

【素养目标】夯实专业素养，培养专业、细致的职业精神。

任务引入

接已完成的上一任务。

任务分析

上一任务已了解课题计划、实训产品质量标准和要求，需进一步了解产品的配方结构、原料辨识方法、配方操作，完成打版实训任务。

相关知识

一、配方结构

透明洗面奶配方结构组分、主要功能及代表性原料见表 6－18。

表 6－18　　透明洗面奶配方结构组分、主要功能及代表性原料

结构组分	主要功能	代表性原料
主表面活性剂	去污、增泡	AES、MES、MAP-K、烷基糖苷
助表面活性剂	增泡、降低刺激、调节黏度	氨基酸表面活性剂、两性表面活性剂（L-32、CAB-35）6501、氧化胺
增稠剂	调节黏稠度，改善肤感	CAB-35、6501、氯化钠、氯化铵、卡波姆、羟乙基纤维素
润肤剂	防止过度脱脂，滋润皮肤	水溶性油脂（如水溶性 GTCC、水溶性橄榄油、水溶羊毛酯等）乳化硅油、聚季铵盐

续表

结构组分	主要功能	代表性原料
pH 值调节剂	调节 pH 值	氢氧化钠、柠檬酸
防腐剂	抑菌、防腐	羟苯甲酯、羟苯丙酯、卡松、DMDMH、咪唑烷基脲、苯氧乙醇
螯合剂	使金属离子螯合，防止产品变色、褪色，对防腐有协同作用	EDTA 二钠、EDTA 四钠
着色剂	赋予产品颜色	各种化妆品允许使用的着色剂
香精	产品赋香	各种化妆品用香精
活性成分	赋予产品特定功效	各种营养成分及功效成分
去离子水	溶解、稀释	—

二、主要原料的辨识

（一）MAP-K

INCI 中文名：月桂醇磷酸酯钾。

别名：十二烷基醇磷酸酯钾盐、MAP。

MAP-K 的外观（25 ℃）为白色或浅黄色液体至凝胶状膏体，无味，pH 值（1% 水溶液）为 6.0～8.5，具有优异的渗透性和耐受性，洗涤、去污能力好，具有优良的生物降解性，泡沫适中；可以与各种阴离子、非离子清洁剂复配，耐碱、抗氧化；无毒、无刺激、无异味，具有独特的皮肤亲和性；常用于洗面奶、沐浴露、洗发水等洗涤用化妆品。

（二）其他原料

防腐剂可以防止微生物使产品腐败变质，例如卡松、DMDMH、苯氧乙醇。如果要做无添加防腐剂的产品，可添加具有无受限抗菌原料，如乙基己基甘油、甘醇、辛酰羟肟酸、甘油辛酸酯、对羟基苯乙酮等。

三、设备要求

有加热、冷却系统的搅拌配制罐，有抽真空功能的配制罐更好。

任务实施

一、配方及工艺

（一）配方

透明洗面奶配方见表 6－19。

表 6－19　　透明洗面奶配方

序号	原料商品名	作用	质量分数/%	备注
1	纯化水	稀释	加至 100	
2	HHR-250	增稠	0.30	
3	卡波姆 940	增稠	0.80	
4	EDTA 二钠	螯合	0.04	
5	MAP-K	清洁	3.00	
6	烷基糖苷 CH200	清洁	3.00	
7	甘油	保湿	5.00	
8	CAB-35	清洁	5.00	
9	氢氧化钠	pH 值调节	0.15	
10	苯氧乙醇	防腐	0.70	
11	香精	芳香	0.05	

（二）打版流程图

透明洗面奶打版流程如图 6－5 所示。

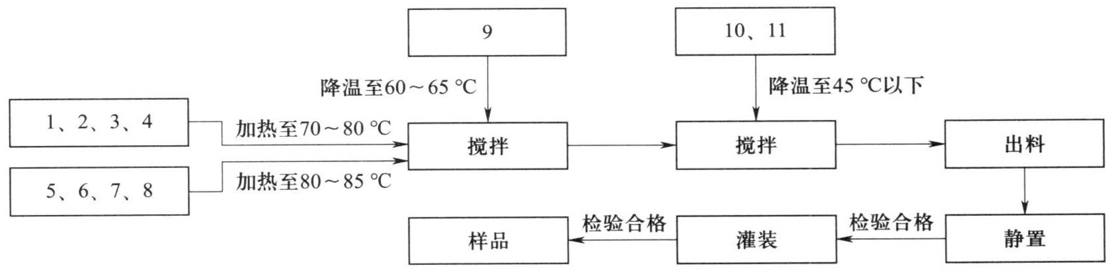

图 6－5　透明洗面奶打版流程

（三）操作步骤

1. 将表 6－19 中的 1、2、3、4 加入烧杯中，加热至 70～80 ℃搅拌使其充分溶解。
2. 加热至 80～85 ℃，加入 5、6、7、8，搅拌使其充分溶解。
3. 降温至 60～65 ℃，加入 9，搅拌 10 min。
4. 降温至 45 ℃以下，加入 10、11，搅拌使其溶解均匀。
5. 出料，检验合格。

二、打版准备

1. 按实训室 6S 管理做好打版前准备。
2. 准备试剂和仪器。
3. 仪器的清洁消毒。
4. 原料预处理。

三、实训操作

（一）仪器与原料

1. 仪器：烧杯、玻璃试管、温度计、电炉、搅拌器、玻璃棒、电子秤、pH 计、恒温烘箱、冰箱、旋转黏度计。

2. 原料：详见表 6－19。

（二）打版操作

边操作边记录，打版记录表见附表 3。

【操作提示】

①操作过程要加 1%～2% 的补充水。

②注意要保证 HHR-250、卡波姆 940 充分溶解。

③香精、液体状防腐剂和活性物质要低温加入，以防止香精挥发或活性成分降解。

（三）质量指标考察

1. 质量指标检验

对打版后样品的感官指标（外观、香气、质感）、理化指标（耐热试验、耐寒试验、pH 值）、微生物学指标（菌落总数、霉菌和酵母菌总数）进行检验，并填写质量报告记录表 6－20。

表 6－20　　质量报告记录表

产品名称		生产日期		生产批号	
项目	指标		结果		
色泽	符合规定色泽				
香气	符合规定香型				
质感	均匀一致（含颗粒或罐装成特定外观的产品除外）				
耐热	（40±1）℃保持 24 h，恢复至室温后无分层现象				
耐寒	（－8±2）℃保持 24 h，恢复至室温后无分层、泛粗、变色现象				
pH 值（25 ℃）	4.0～11.0				
菌落总数/（CFU/g 或 CFU/mL）	≤1 000				
霉菌和酵母菌总数/（CFU/g 或 CFU/mL）	≤100				

2. 质量指标稳定性考察

根据本产品的特点，以 25 ℃作为常温保存试验 7 天、48 ℃作为耐热试验 7 天、－10 ℃作为耐寒试验 7 天、室外自然光光照 7 天作为稳定性考察的项目进行实训，分别填写考察项目，参考表 2－7 质量指标考察表填写考察结果。

（四）打版样品感官评价

对打版样品进行感官评价后，填写感官评价表 6－21。

表 6－21　　感官评价表

项目	指标	结果
看色泽	色泽均匀、柔和	
闻气味	气味纯正，与标准样香型一致	
比较外质地	膏体黏稠适度，料体细腻均匀无杂质，无分层	
使用肤感	冲洗时：清洁力、泡沫大小和细腻度适度，涂布性、冲洗性好 干洗后：皮肤光洁、有弹性、不紧绷，有滑爽感和清洁感	

任务测评

任务结束后填写实操任务测评表 6－22。

表 6－22　　实操任务测评表

序号	考核内容	考核标准	配分	得分
1	实训项目基础	能准确辨识透明洗面奶原料、配方结构	30	
2	实训打版项目	能按操作规程进行透明洗面奶打版	30	
3	6S 管理	遵守 6S 管理	40	
合计			100	

任务三　总结及归档

学习目标

【知识目标】能对透明洗面奶配方实训结果进行统计。

【技能目标】能分析透明洗面奶配方实训的完成情况，并撰写总结报告。

【素养目标】培养负责、严谨的工作态度，树立大局观，提高分析、解决实际问题的能力。

任务引入

接已完成的上两个任务。

任务分析

前面的任务已完成课题实训任务，本任务进一步对实训结果进行统计、分析并总结归档。

相关知识

实训结果评价流程如图 6－6 所示。

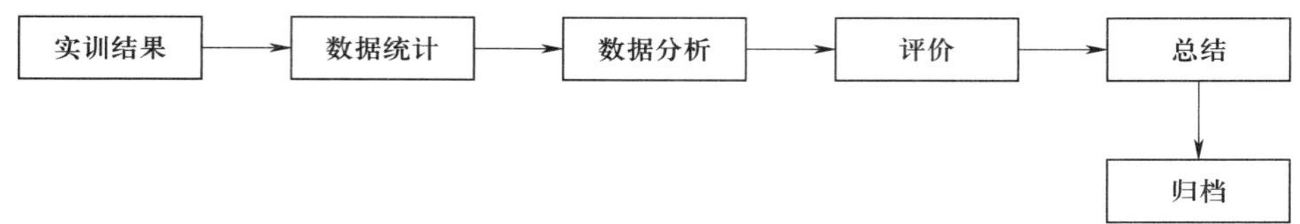

图 6－6　实训结果评价流程

任务实施

一、实训结果的统计

将透明洗面奶配方实训结果进行统计。

二、实训任务完成情况的分析

对透明洗面奶配方实训任务完成情况进行分析。

三、总结与归档

1. 将透明洗面奶配方实训任务实施情况进行总结。
2. 将透明洗面奶配方实训数据进行整理归档。

任务测评

任务结束后，填写任务测评表 6－23。

表 6－23　　任务测评表

序号	考核内容	考核标准	配分	得分
1	素质考核	课堂出勤率、学习态度、行为规范	30	
2	课堂表现	课堂互动、团队协作、创新建议	30	
3	专业知识	透明洗面奶配方实训任务总结归档能力	40	
合计			100	

思考与练习

1. 写出透明洗面配方结构。

2. 指出透明洗面配方中各组分的作用。
3. 写出透明洗面的打版操作步骤。

课题四　皂基洗面膏配方实训

任务一　接受任务

学习目标

【知识目标】能识读任务书。
【技能目标】能初步评估任务计划（生产范围、生产能力、法规符合性等）。
【素养目标】培养接受、分析、评估任务的能力。

任务引入

×××化妆品有限公司技术开发部对新员工进行皂基洗面膏配方技能实训。

任务分析

本次实训安排皂基洗面膏配方，让新员工熟悉本单位的打版实训流程，培养操作的规范性。

皂基型洗面膏的配方体系从结构上区分，应包含脂肪酸＋碱、多元醇、乳化剂、表面活性剂、润肤剂及其他添加剂。

洗面膏的质量要求：由于产品拟在国内销售，洗面膏的质量必须符合国家的相关法律法规及标准。产品和所用原料必须符合《化妆品安全技术规范》（2015 年版）和《化妆品禁用原料目录》《化妆品禁用植（动）物原料目录》（2021 年版）的规定，产品必须符合《洗面奶、洗面膏》（GB/T 29680—2013）。

相关知识

皂基洗面膏的质量指标见表 6－24。

表 6－24　皂基洗面膏的质量指标

项目		质量指标
感官指标	色泽	符合规定色泽
	香气	符合规定香型
	质感	均匀一致（含颗粒或罐装成特定外观的产品除外）

续表

项目		质量指标
理化指标	耐热	(40 ±1) ℃保持 24 h，恢复至室温后无分层现象
	耐寒	(-8 ±2) ℃保持 24 h，恢复至室温后无分层、泛粗、变色现象
	pH 值 (25 ℃)	4.0 ~ 8.5 (含 α-羟基酸、β-羟基酸产品除外)
微生物学指标	菌落总数/(CFU/g 或 CFU/mL)	≤1 000
	霉菌和酵母菌总数/(CFU/g 或 CFU/mL)	≤100
	耐热大肠菌群/(g 或 mL)	不得检出
	金黄色葡萄球菌/(g 或 mL)	不得检出
	铜绿假单胞菌/(g 或 mL)	不得检出
有害物质	汞/(mg/kg)	≤1
	铅/(mg/kg)	≤10
	砷/(mg/kg)	≤2
	镉/(mg/kg)	≤5
	甲醇/(mg/kg)	≤2 000
	二噁烷/(mg/kg)	≤30

任务实施

一、任务接受

见附表 1 任务接受单。

二、任务计划

见附表 2 任务计划表。

任务测评

任务结束后，填写任务测评表 6 - 25。

表 6 - 25　　任务测评表

序号	考核内容	考核标准	配分	得分
1	素质考核	课堂出勤率、学习态度、行为规范	30	
2	课堂表现	课堂互动、团队协作、创新建议	30	
3	专业知识	皂基洗面膏配方实训任务的分析评价能力	40	
合计			100	

任务二　打版的改进与质量分析

学习目标

【知识目标】能正确对原料进行辨识，掌握加热设备的安全操作知识。

【技能目标】能正确操作搅拌机；掌握皂基洗面膏的制作流程；能正确按流程完成制作；掌握皂基洗面膏质量评价。

【素养目标】夯实专业素养，培养专业、细致的职业精神。

任务引入

接已完成的上一任务。

任务分析

上一任务已了解课题计划、实训产品质量标准和要求，需进一步了解产品的配方结构、原料辨识方法、配方操作，完成打版实训任务。

相关知识

一、配方结构

皂基洗面膏配方结构组分、主要功能及代表性原料见表 6－26。

表 6－26　　皂基洗面膏配方结构组分、主要功能及代表性原料

结构组分	主要功能	代表性原料
脂肪酸	与碱皂化形成皂基，提供去污能力和丰富的泡沫	月桂酸、肉豆蔻酸、棕榈酸、硬脂酸
碱	与脂肪酸皂化形成皂基	氢氧化钾、三乙醇胺
多元醇	溶解皂基、保湿	甘油、丙二醇、丁二醇
珠光剂	提供靓丽的珠光效果	乙二醇二硬脂酸酯
表面活性剂	对皂基的高 pH 值具有缓冲的作用，降低皂基的刺激性；改善皂基的泡沫性质，提升使用时的肤感；提高皂基分散度，降低皂化过程中皂基的黏度	氨基酸类表面活性剂、MAP 类表面活性剂、磺酸类表面活性
水溶性聚合物	分散和悬浮、调节流变性、增强稳定性	聚丙烯酸酯类共聚物、羟乙基纤维素
防腐剂	抑菌、防腐	羟苯甲酯、羟苯丙酯、卡松、DMDMH、碘丙炔醇丁基氨甲酸酯、苯氧乙醇

续表

结构组分	主要功能	代表性原料
抗氧化剂	抑制和防止产品氧化引起的酸败	丁羟甲苯（BHT）、丁羟茴醚（BHA）、生育酚
螯合剂	使金属离子螯合，防止产品变色、褪色，对防腐有协同作用	EDTA 二钠、EDTA 四钠
香精	产品赋香	各种化妆品用香精
活性成分	赋予产品特定功效	各种营养成分及功效成分
去离子水	溶解、稀释	—

脂肪酸 + 碱是构成洗面膏配方结构体系的骨架，产品的稳定性以及清洁能力、泡沫效果、珠光外观、刺激性等都取决于脂肪酸的选择和配比。

常用的脂肪酸有十二酸、十四酸、十六酸、十八酸等，根据各种酸的性质以及对产品要求的不同，一般采用以一种酸为主体，其他酸为辅助的搭配比例。脂肪酸在配方体系中的用量一般为 28% ~35% （质量分数），用于和脂肪酸中和皂化的碱有氢氧化钾、氢氧化钠、三乙醇胺等。洗面膏配方中的碱主要为氢氧化钾，其中和度一般应该控制在 75% ~90% 。

洗面膏常用的多元醇有甘油、丙二醇和 1,3-丁二醇三种。

多元醇对洗面膏配方结构体系的作用不仅仅表现在分散或溶解作用上，对最终产品的珠光性质和稳定性也有很大的影响。

乳化剂在洗面膏产品中最主要的作用是解决体系稳定性的问题，准确地说应该是辅助稳定作用，添加适量的乳化剂可以有效地解决洗面膏在高温环境下的稳定性，并防止产品体系在恢复常温后泛粗的现象。

皂基洗面膏常用的表面活性剂有氨基酸类表面活性剂、MAP 类表面活性剂、磺酸类表面活性剂等，其用量一般应控制在 10% 左右。

二、主要原料的辨识

（一）月桂酸

INCI 中文名：月桂酸。

别名：十二酸、十二烷酸。

分子式为 $C_{12}H_{24}O_2$；相对分子质量为 200. 32。

月桂酸常温时为白色结晶蜡状固体，熔点为 44. 2 ℃，沸点为 272 ℃ （0. 1 MPa），不溶于水，溶于乙醚、石油醚、氯仿及其他有机溶剂。月桂酸一般和氢氧化钠、氢氧化钾或三乙醇胺中和生成肥皂，作为制造化妆品的乳化剂和分散剂。

（二）肉豆蔻酸

INCI 中文名：肉豆蔻酸。

别名：十四酸、十四烷酸。

分子式为 $C_{14}H_{28}O_2$；相对分子质量为 228. 32。

肉豆蔻酸为白色至带黄白色硬质固体，偶为有光泽的结晶状固体，或者为白色至带黄白色粉末，无气味。其相对密度为0.862 2，熔点为58.5 ℃，沸点为199 ℃（2.1 kPa），折光率为1.427 3（70 ℃），以KOH计的酸值为245.68 mg/g，能溶于无水乙醇、醚、甲醇、氯仿、苯和石油醛，不溶于水。

（三）棕榈酸

INCI中文名：棕榈酸。

别名：十六烷酸、十六酸、软脂酸。

分子式为$C_{16}H_{32}O_2$；相对分子质量为256.42；沸点为351.5 ℃。

棕榈酸具有饱和脂肪酸的性质，不溶于水，溶于乙醚、石油醚、氯仿及其他有机溶剂。

（四）氢氧化钾

INCI中文名：氢氧化钾。

别名：苛性钾、苛性碱、钾灰。

分子式为KOH；相对分子质量为56.11。

氢氧化钾为白色斜方结晶，市售产品为白色或淡灰色的块状（棒状），熔点为360 ℃，沸点为1 320 ℃。氢氧化钾具有碱的通性，易溶于水，溶于乙醇，微溶于醛，有强烈腐蚀性。氢氧化钾溶于水放出大量热，在化妆品中用作pH值调节剂。

（五）羟丙基甲基纤维素

INCI中文名：羟丙基甲基纤维素。

别名：纤维素羟丙基甲基醚、HPMC。

HPMC为无臭、无味的白色粉末或颗粒，溶于水和某些有机溶剂，不溶于乙醇、乙醚。其水溶液具有表面活性，干燥后形成薄膜，经加热和冷却，依次经历从溶胶至凝胶的可逆转变。HPMC属于非离子型增稠剂，能在较宽的pH值范围内保持稳定，有一定表面活性，能提高产品洗涤能力及产生泡沫的能力。HPMC具有保持产品水分的能力，可形成清澈透明的凝胶。HPMC的性质取决于其相对分子质量的大小、甲基与羟烷基的取代比例、取代程度以及取代均匀度。HPMC的种类繁多，应用范围很广，不同的规格在性能上也有很大差异。

（六）CMEA

INCI中文名：椰油酰胺MEA。

别名：椰油酸单乙醇酰胺、片状6501。

CMEA在常温下为白色至淡黄色片状固体，与其他表面活性剂的配伍性能好，具有很强的泡沫稳定性、浸透性、净洗性及耐硬水性，并可提高污垢粒子的分散性，减轻对皮肤刺激，促进泡沫稳定。

（七）珠光片

INCI中文名：乙二醇二硬脂酸酯。

别名：珠光片双酯、珠光双酯、EGDS、乙二醇双硬脂酸酯。

珠光片为微黄至乳白色固体，熔点为61～66 ℃，具有良好的乳化、分散、润滑、柔软、抗静电和珠光性能，可用于洗发水、沐浴露、润肤膏及高档液体洗涤剂等。产品采用冷配时，需将珠光片提前配制成珠光浆。

三、设备要求

有加热、冷却系统且带有油相罐、水相罐和乳化罐的真空乳化机。

任务实施

一、配方及工艺

（一）配方

皂基洗面膏配方见表 6－27。

表 6－27　皂基洗面膏配方

序号	混合相	原料商品名	作用	质量分数/%	备注
1	A	去离子水	稀释	37.4	
2		HPMC	增稠	0.3	
3		甘油	保湿	12.0	
4	B	烷基葡糖苷	螯合	5.0	
5		氢氧化钾	pH 值调节	5.2	
6		L-32	清洁	5.0	
7	C	十二酸	清洁	4.0	
8		十四酸	清洁	5.0	
9		十六酸	清洁	4.0	
10		硬脂酸	清洁	16.0	
11	C	乳化剂 A165	乳化	2.0	
12		CMEA	增稠	1.5	
13		珠光片	珠光	2.0	
14	D	香精	芳香	0.3	
15		DMDMH	防腐	0.3	

（二）打版流程

皂基洗面膏打版流程如图 6－7 所示。

（三）操作步骤

1. 将表 6－27 中的 A 加入烧杯中，加热至 70～80 ℃搅拌使其溶解。
2. 加热至 80～85 ℃时加入 B，搅拌至溶解。
3. 加热至 80～85 ℃，加入 C，均质 5 min，保温搅拌 30 min。
4. 降温至 50～55 ℃以下，加入 D 搅拌至溶解均匀。
5. 降温至 45 ℃以下，出料，检验合格。

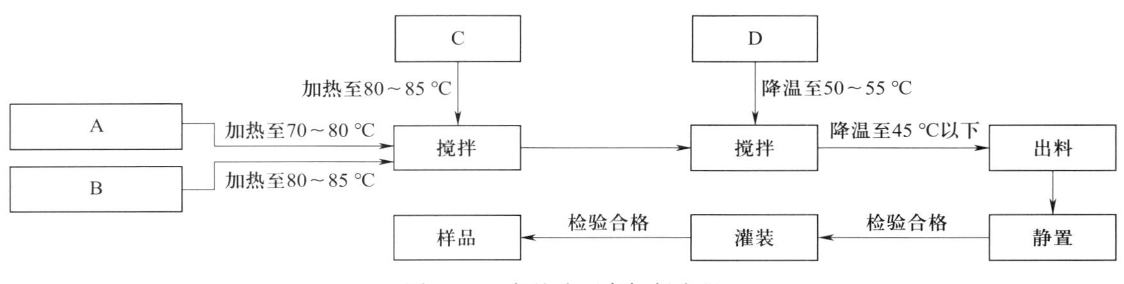

图 6－7　皂基洗面膏打版流程

二、打版准备

1. 按实训室 6S 管理做好打版前准备。
2. 准备试剂和仪器。
3. 仪器的清洁消毒。
4. 原料预处理。

三、实训操作

（一）仪器与原料

1. 仪器：烧杯、玻璃试管、温度计、电炉、搅拌器、玻璃棒、电子秤、pH 计、恒温烘箱、冰箱、旋转黏度计。

2. 原料：详见表 6－27。

（二）打版操作

边操作边记录，打版记录表见附表 3。

【操作提示】

①操作过程要加 1% ～2% 的补充水。

②注意保证皂化完全、皂基分散完全。

③香精、液体状防腐剂和活性物质要低温加入，以防止香精挥发或活性成分降解。

（三）质量指标考察

1. 质量指标检验

对打版后样品的感官指标（外观、香气、质感）、理化指标（耐热试验、耐寒试验、pH 值）、微生物学指标（菌落总数、霉菌和酵母菌总数）进行检验，并填写质量报告记录表 6－28。

表 6－28　质量报告记录表

产品名称		生产日期		生产批号	
项目	指标			结果	
色泽	符合规定色泽				

续表

项目	指标	结果
香气	符合规定香型	
质感	均匀一致（含颗粒或罐装成特定外观的产品除外）	
耐热	（40±1）℃保持 24 h，恢复至室温后无分层现象	
耐寒	（-8±2）℃保持 24 h，恢复至室温后无分层、泛粗、变色现象	
pH 值（25 ℃）	4.0～11.0	
菌落总数/（CFU/g 或 CFU/mL）	≤1 000	
霉菌和酵母菌总数/（CFU/g 或 CFU/mL）	≤100	

2. 质量指标稳定性考察

根据本产品的特点，以 25 ℃作为常温保存试验 7 天、48 ℃作为耐热试验 7 天、-10 ℃作为耐寒试验 7 天、室外自然光光照 7 天作为稳定性考察的项目进行实训，分别填写考察项目，参考表 2-7 质量指标考察表填写考察结果。

（四）打版样品感官评价

对打版样品进行感官评价后，填写感官评价表 6-29。

表 6-29　感官评价表

项目	指标	结果
看色泽	色泽均匀、柔和	
闻气味	气味纯正，与标准样香型一致	
比较外质地	膏体黏稠适度，料体细腻均匀无杂质，无分层	
使用肤感	冲洗时：清洁力、泡沫大小和细腻度适度，涂布性、冲洗性好 干洗后：皮肤光洁、有弹性、不紧绷，有滑爽感和清洁感	

任务测评

任务结束后，填写实操任务测评表 6-30。

表 6-30　实操任务测评表

序号	考核内容	考核标准	配分	得分
1	实训项目基础	能准确辨识皂基洗面膏原料、配方结构	30	

续表

序号	考核内容	考核标准	配分	得分
2	实训打版项目	能按操作规程进行皂基洗面膏打版	30	
3	6S 管理	遵守 6S 管理	40	
合计			100	

任务三　总结及归档

学习目标

【知识目标】能对皂基洗面膏配方实训结果进行统计。

【技能目标】能分析皂基洗面膏配方实训的完成情况，并撰写总结报告。

【素养目标】培养负责、严谨的工作态度，树立大局观，提高分析、解决实际问题的能力。

任务引入

接完成的上两个任务。

任务分析

前面的任务已完成课题实训任务，进一步对实训结果进行统计、分析、总结归档。

相关知识

实训结果评价流程如图 6－8 所示。

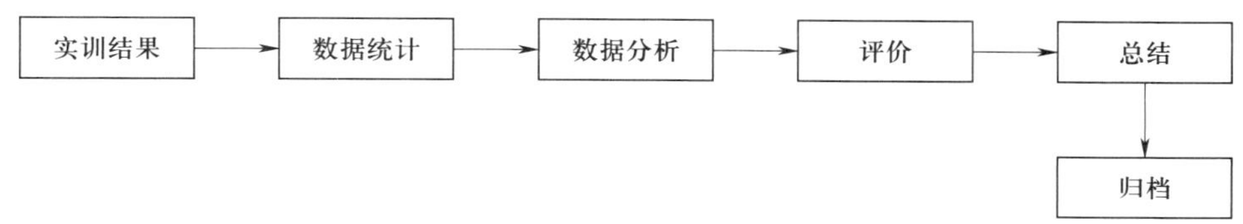

图 6－8　实训结果评价流程

任务实施

一、实训结果的统计

将皂基洗面膏配方实训结果进行统计。

二、实训任务完成情况的分析

对皂基洗面膏配方实训任务完成情况进行分析。

三、总结与归档

1. 将皂基洗面膏配方实训任务实施情况进行总结。
2. 将皂基洗面膏配方实训数据进行整理归档。

任务测评

任务结束后，填写任务测评表6－31。

表6－31　　任务测评表

序号	考核内容	考核标准	配分	得分
1	素质考核	课堂出勤率、学习态度、行为规范	30	
2	课堂表现	课堂互动、团队协作、创新建议	30	
3	专业知识	皂基洗面膏配方实训任务总结归档能力	40	
合计			100	

思考与练习

1. 写出皂基洗面膏配方结构。
2. 指出皂基洗面膏配方中各组分的作用。
3. 写出皂基洗面膏的打版操作步骤。

课题五　珠光沐浴露配方实训

任务一　接受任务

学习目标

【知识目标】能识读任务书。
【技能目标】能初步评估任务计划（生产范围、生产能力、法规符合性等）。
【素养目标】培养接受、分析、评估任务的能力。

任务引入

×××化妆品有限公司技术开发部对新员工进行珠光沐浴露配方技能实训。

任务分析

本次实训安排珠光沐浴露配方，让新员工熟悉本单位的打版实训流程，培养操作的规范性。

珠光沐浴露通常由主表面活性剂、助表面活性剂、润肤剂、珠光剂、黏度调节剂、防腐剂、螯合剂、香精等组成。

珠光沐浴露的质量要求：由于产品拟在国内销售，珠光沐浴露的质量必须符合国家的相关法律法规及标准的规定。产品和所用原料必须符合《化妆品安全技术规范》（2015 年版）和《化妆品禁用原料目录》《化妆品禁用植（动）物原料目录》（2021 年版）的要求，产品必须符合《沐浴剂》（GB/T 34857—2017）。

相关知识

珠光沐浴露的质量指标见表 6 – 32。

表 6 – 32　　珠光沐浴露的质量指标（成人）

项目		质量指标	
		普通型	浓缩型
感官指标	外观	液体或膏状产品不分层，无明显悬浮物（加入均匀悬浮颗粒组分的产品除外）或沉淀	
	香气	无异味	
理化指标	耐热	(40 ±2) ℃保持 24 h，恢复至室温后观察，不分层、无沉淀、无异味和变色现象，透明产品不浑浊	
	耐寒	(–5 ±2) ℃保持 24 h，恢复至室温后观察，不分层、无沉淀、无变色现象，透明产品不浑浊	
	总有效物/%	≥7.0	≥14.0
	pH 值（25 ℃）	4.0 ~ 10.0	4.0 ~ 10.0
微生物学指标	菌落总数/(CFU/g 或 CFU/mL)	≤1 000	
	霉菌和酵母菌总数/(CFU/g 或 CFU/mL)	≤100	
	耐热大肠菌群/(g 或 mL)	不得检出	
	金黄色葡萄球菌/(g 或 mL)	不得检出	
	铜绿假单胞菌/(g 或 mL)	不得检出	
有害物质	汞/(mg/kg)	≤1	
	铅/(mg/kg)	≤10	
	砷/(mg/kg)	≤2	
	镉/(mg/kg)	≤5	
	甲醇/(mg/kg)	≤2 000	
	二噁烷/(mg/kg)	≤30	

任务实施

一、任务接受

见附表1 任务接受单。

二、任务计划

见附表2 任务计划表。

任务测评

任务结束后，填写任务测评表6-33。

表6-33　　任务测评表

序号	考核内容	考核标准	配分	得分
1	素质考核	课堂出勤率、学习态度、行为规范	30	
2	课堂表现	课堂互动、团队协作、创新建议	30	
3	专业知识	珠光沐浴露配方实训任务的分析评价能力	40	
合计			100	

任务二　打版的改进与质量分析

学习目标

【知识目标】能正确对原料进行辨识，掌握加热设备安全操作知识。

【技能目标】能正确操作搅拌机；掌握珠光沐浴露的制作流程；能正确按流程完成制作；掌握珠光沐浴露质量评价。

【素养目标】夯实专业素养，培养专业、细致的职业精神。

任务引入

接已完成的上一任务。

任务分析

上一任务已了解课题计划、实训产品质量标准和要求，本任务需进一步了解产品的配方结构、原料辨识方法、配方操作，完成打版实训任务。

相关知识

一、配方结构

珠光沐浴露配方结构组分、主要功能及代表性原料见表 6－34。

表 6－34　　珠光沐浴露配方结构组分、主要功能及代表性原料

结构组分	主要功能	代表性原料
主表面活性剂	提供去污能力和丰富的泡沫	AES、AESA、K12A、MES、烷基磷酸酯钾盐、烷基糖苷
助表面活性剂	增泡、降低刺激、调节黏度	氨基酸表面活性剂、两性表面活性剂（L-32、CAB-35）、6501、氧化胺
增稠剂	调节黏稠度，改善肤感	CAB-35、6501、氯化钠、氯化铵、改性纤维素
润肤剂	防止过度脱脂，滋润皮肤	水溶性油脂（如水溶性 GTCC、水溶性橄榄油、水溶性羊毛酯）、乳化硅油、聚季铵盐
珠光剂	增加产品靓丽的珠光效果	乙二醇硬脂酸酯、乙二醇二硬脂酸酯、珠光浆
pH 值调节剂	调节 pH 值	氢氧化钠、柠檬酸
防腐剂	抑菌、防腐	羟苯甲酯、羟苯丙酯、卡松、DMDMH、咪唑烷基脲、苯氧乙醇
螯合剂	使金属离子螯合，防止产品变色、褪色，对防腐有协同作用	EDTA 二钠、EDTA 四钠
着色剂	赋予产品颜色	各种化妆品允许使用的着色剂
香精	产品赋香	各种化妆品用香精
活性成分	赋予产品特定功效	各种营养成分及功效成分
去离子水	溶解、稀释	—

二、主要原料的辨识

珠光浆是以乙二醇二硬脂酸酯、烷基醚硫酸盐和烷醇酰胺等为主要成分的日化原料，外观为珠光的白色膏体，不同生产商的配方各不相同。

珠光浆可在配方中以低温或冷配的工艺方式加入，可赋予洗发水、沐浴露、洗面奶、洗手液等清洁类产品以美丽的珠光。

三、设备要求

有加热、冷却系统且带有油相罐、水相罐和乳化罐的真空乳化机。

任务实施

一、配方及工艺

（一）配方

珠光沐浴露配方见表 6－35。

表 6－35　　珠光沐浴露配方

序号	混合相	原料商品名	作用	质量分数/%	备注
1	A	纯化水	稀释	加至 100	
2		EDTA 二钠	螯合	0.05	
3		AES	清洁	15.00	
4		CMEA	清洁	1.50	
5		CAB-35	清洁	4.00	
6	B	纯化水	稀释	10.00	
7		羟丙基甲基纤维素	增稠	0.30	
8	C	珠光浆	珠光	5.00	
9		香精	芳香	0.30	
10		苯氧乙醇	防腐	0.30	
11		卡松	防腐	0.06	
12	D	纯化水	清洁	3.00	
13		氯化钠	增稠	1.50	

（二）打版流程图

珠光沐浴露打版流程如图 6－9 所示。

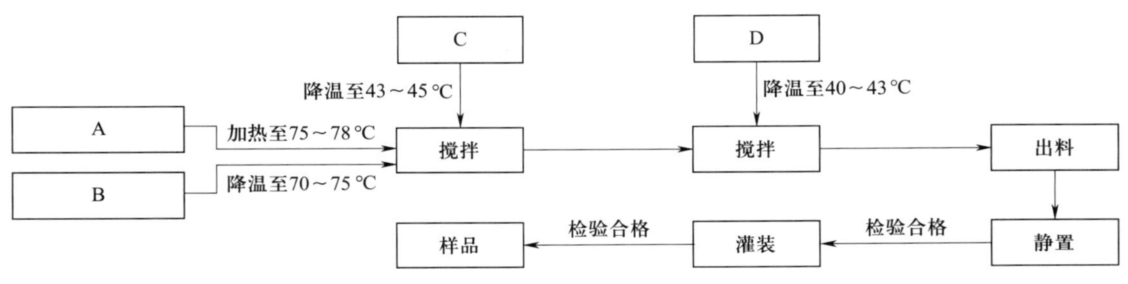

图 6－9　珠光沐浴露打版流程

（三）操作步骤

1. 将表 6－35 中 A 加入烧杯中，加热至 75～78 ℃，搅拌使其溶解。
2. 降温至 70～75 ℃，加入 B，搅拌至溶解。
3. 降温至 43～45 ℃以下，加入 C，搅拌至溶解均匀。

4. 降温至 40 ~43 ℃以下，加入 D，调节黏度。
5. 降温至 40 ~43 ℃，出料，检验合格。

二、打版准备

1. 按实训室 6S 管理做好打版前准备。
2. 准备试剂和仪器。
3. 仪器的清洁消毒。
4. 原料预处理。

三、实训操作

（一）仪器与原料

1. 仪器：烧杯、玻璃试管、温度计、电炉、搅拌器、玻璃棒、电子秤、pH 计、恒温烘箱、冰箱、旋转黏度计。

2. 原料：详见表 6 –35。

（二）打版操作

边操作边记录，打版记录表见附表 3。

【操作提示】

①操作过程要加 1% ~2% 的补充水。

②注意保证 AES 等表面活性剂完全溶解。

③香精、液体状防腐剂和活性物质要低温加入，以防止香精挥发或活性成分降解。

（三）质量指标考察

1. 质量指标检验

对打版后样品的感官指标（外观、香气）、理化指标（耐热试验、耐寒试验、活性物、pH 值）、微生物学指标（菌落总数、霉菌和酵母菌总数）进行检验，并填写质量报告记录表 6 –36。

表 6 –36　　质量报告记录表

产品名称		生产日期		生产批号	
项目	指标			结果	
外观	液体或膏状产品不分层，无明显悬浮物（加入均匀悬浮颗粒组分的产品除外）或沉淀				
香气	无异味				
耐热	(40 ±2) ℃保持 24 h，恢复至室温后观察，不分层、无沉淀、无异味和变色现象，透明产品不浑浊				
耐寒	(–5 ±2) ℃保持 24 h，恢复至室温后观察，不分层、无沉淀、无变色现象，透明产品不浑浊				

续表

项目	指标	结果
活性物/%	普通型≥7；浓缩型≥14	
pH 值（25 ℃）	4.0～10.0	
菌落总数/（CFU/g 或 CFU/mL）	≤1 000	
霉菌和酵母菌总数/（CFU/g 或 CFU/mL）	≤100	

2. 质量指标稳定性考察

根据本产品的特点，以 25 ℃作为常温保存试验 7 天、48 ℃作为耐热试验 7 天、－10 ℃作为耐寒试验 7 天、室外自然光光照 7 天作为稳定性考察的项目进行实训，分别填写考察项目，参考表 2－7 质量指标考察表填写考察结果。

（四）打版样品感官评价

对打版样品进行感官评价后，填写感官评价表 6－37。

表 6－37　感官评价表

项目	指标	结果
看色泽	色泽均匀、柔和	
闻气味	气味纯正，与标准样香型一致	
比较外质地	膏体黏稠适度，料体细腻均匀无杂质，无分层	
使用肤感	冲洗时：清洁力、泡沫大小和细腻度适度，涂布性、冲洗性好 干洗后：皮肤光洁，有弹性、有滑爽感和清洁感	

任务测评

任务结束后，填写实操任务测评表 6－38。

表 6－38　实操任务测评表

序号	考核内容	考核标准	配分	得分
1	实训项目基础	能准确辨识珠光沐浴露原料、配方结构	30	
2	实训打版项目	能按操作规程进行珠光沐浴露打版	30	
3	6S 管理	遵守 6S 管理	40	
合计			100	

任务三　总结及归档

学习目标

【知识目标】能对珠光沐浴露配方实训结果进行统计。

【技能目标】能分析珠光沐浴露配方实训的完成情况，并撰写总结报告。

【素养目标】培养负责、严谨的工作态度，树立大局观，提高分析、解决实际问题的能力。

任务引入

接已完成的上两个任务。

任务分析

前面的任务已完成课题实训任务，本任务进一步对实训结果进行统计、分析并总结归档。

相关知识

实训结果评价流程如图6－10所示。

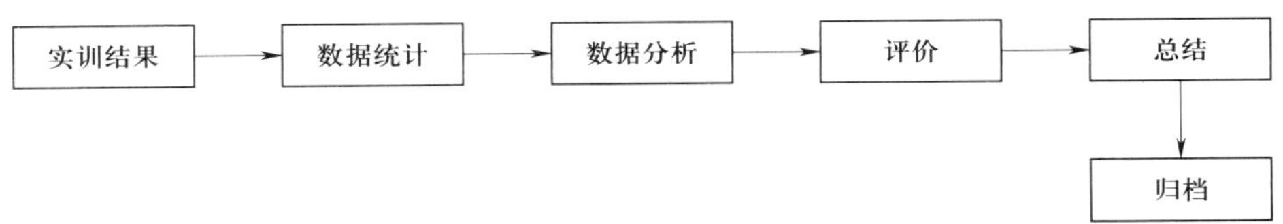

图6－10　实训结果评价流程

任务实施

一、实训结果的统计

将珠光沐浴露配方实训结果进行统计。

二、实训任务完成情况的分析

对珠光沐浴露配方实训任务完成情况进行分析。

三、总结与归档

1. 将珠光沐浴露配方实训任务实施情况进行总结。
2. 将珠光沐浴露配方实训数据进行整理归档。

任务测评

任务结束后，填写任务测评表 6-39。

表 6-39　　任务测评表

序号	考核内容	考核标准	配分	得分
1	素质考核	课堂出勤率、学习态度、行为规范	30	
2	课堂表现	课堂互动、团队协作、创新建议	30	
3	专业知识	珠光沐浴露配方实训任务总结归档能力	40	
合计			100	

思考与练习

1. 写出珠光沐浴露配方结构。
2. 指出珠光沐浴露配方中各组分的作用。
3. 写出珠光沐浴露的打版操作步骤。

课题六　调理洗发水配方实训

任务一　接受任务

学习目标

【知识目标】能识读任务书。
【技能目标】能初步评估任务计划（生产范围、生产能力、法规符合性等）。
【素养目标】培养接受、分析、评估任务的能力。

任务引入

×××化妆品有限公司技术开发部对新员工进行调理洗发水配方技能实训。

任务分析

本次实训安排调理洗发水配方，让新员工熟悉本单位的打版实训流程，培养操作的规

范性。

调理洗发水通常由主表面活性剂、调理剂、增稠剂、去屑止痒剂、珠光剂、黏度调节剂、防腐剂、螯合剂、色素、香精等组成。

调理洗发水的质量要求：由于产品拟在国内销售，调理洗发水的质量必须符合国家的相关法律法规及标准要求。产品和所用原料必须符合《化妆品安全技术规范》（2015 年版）和《化妆品禁用原料目录》《化妆品禁用植（动）物原料目录》（2021 年版）的规定，产品必须符合《洗发液、洗发膏》（GB/T 29679—2013）。

相关知识

调理洗发水的质量指标见表 6 - 40。

表 6 - 40　调理洗发水的质量指标

项目		质量指标
感官指标	外观	无异物
	色泽	符合规定色泽
	香气	符合规定香气
理化指标	耐热	(40 ± 1) ℃保持 24 h，恢复至室温后无分层现象
	耐寒	(- 8 ± 2) ℃保持 24 h，恢复至室温后无分层现象
	pH 值（25 ℃）	成人产品为 4.0 ~ 9.0（含 α-羟基酸、β-羟基酸产品可按企标执行）；儿童产品为 4.0 ~ 8.0
	泡沫（40 ℃）/mm	透明型≥100；非透明型≥50；儿童产品≥40
	有效物含量/%	成人产品≥10.0；儿童产品≥8.0
微生物学指标	菌落总数/(CFU/g 或 CFU/mL)	≤1 000
	霉菌和酵母菌总数/(CFU/g 或 CFU/mL)	≤100
	耐热大肠菌群/(g 或 mL)	不得检出
	金黄色葡萄球菌/(g 或 mL)	不得检出
	铜绿假单胞菌/(g 或 mL)	不得检出
有害物质	汞/(mg/kg)	≤1
	铅/(mg/kg)	≤10
	砷/(mg/kg)	≤2
	镉/(mg/kg)	≤5
	甲醇/(mg/kg)	≤2 000
	二噁烷/(mg/kg)	≤30

任务实施

一、任务接受

见附表 1 任务接受单。

二、任务计划

见附表 2 任务计划表。

任务测评

任务结束后，填写任务测评表 6－41。

表 6－41　任务测评表

序号	考核内容	考核标准	配分	得分
1	素质考核	课堂出勤率、学习态度、行为规范	30	
2	课堂表现	课堂互动、团队协作、创新建议	30	
3	专业知识	调理洗发水配方实训任务的分析评价能力	40	
合计			100	

任务二　打版的改进与质量分析

学习目标

【知识目标】能正确对原料进行辨识，掌握加热设备的安全操作知识。

【技能目标】能正确操作搅拌机；掌握调理洗发水的制作流程；能正确按流程完成制作；掌握调理洗发水质量评价。

【素养目标】夯实专业素养，培养专业、细致的职业精神。

任务引入

接已完成的上一任务。

任务分析

上一任务已了解课题计划、实训产品质量标准和要求，本任务需进一步了解产品的配方结构、原料辨识方法、配方操作，完成打版实训任务。

相关知识

一、配方结构

调理洗发水配方结构组分、主要功能及代表性原料见表 6－42。

表 6－42　　调理洗发水配方结构组分、主要功能及代表性原料

结构组分	主要功能	代表性原料
表面活性剂	提供去污能力和丰富的泡沫	AES、AESA、K12A
调理剂	改善头发的手感和发质	阳离子瓜尔胶、乳化硅油、氨端硅油、油脂、聚季铵盐
增稠剂	调节黏稠度，改善肤感	CAB-35、6501、氯化钠、氯化铵
润肤剂	防止过度脱脂，滋润皮肤	水溶性油脂（如水溶性 GTCC、水溶性橄榄油、水溶性羊毛酯）、乳化硅油、聚季铵盐
珠光剂	增加产品靓丽的珠光效果	乙二醇硬脂酸酯、乙二醇二硬脂酸酯、珠光浆
pH 值调节剂	调节 pH 值	氢氧化钠、柠檬酸
防腐剂	抑菌、防腐	羟苯甲酯、羟苯丙酯、卡松、DMDMH、咪唑烷基脲、苯氧乙醇
螯合剂	使金属离子螯合，防止产品变色、褪色，对防腐有协同作用	EDTA 二钠、EDTA 四钠
着色剂	赋予产品颜色	各种化妆品允许使用的着色剂
香精	产品赋香	各种化妆品用香精
活性成分	赋予产品特定功效	各种营养成分及功效成分
去离子水	溶解、稀释	—

二、主要原料的辨识

（一）阳离子瓜尔胶

INCI 中文名：瓜尔胶羟丙基三甲基氯化铵。

别名：C-14S、C-162、E120。

市售阳离子瓜尔胶产品为浅黄色粉末，易溶于水和乙醇。阳离子瓜尔胶对角蛋白有很好的亲和作用，有较耐久的柔软性和抗静电性，可赋予头发光泽、蓬松感，可与阴离子、两性和非离子表面活性剂配伍，有很好的发泡和稳泡的作用。

阳离子瓜尔胶也是一种很好的增稠剂、悬浮剂和稳定剂，根据其溶液黏度的不同可分为高、中、低三种黏度。

1. 高黏度：3 200～3 500 mPa·s（25 ℃，质量分数为 1% 溶液），如 C-13S、C-14S、E120。
2. 中黏度：黏度 2 000 mPa·s，如 C-17。

3. 低黏度：黏度为 125 mPa·s，如 C-15。

根据其水溶液的透明度的不同，可分为普通阳离子瓜尔胶和透明瓜尔胶，市售产品一般为中等黏度透明型，与其他阴离子体系有很好的相容性，可做成透明体系。

阳离子瓜尔胶在调理洗发水中提供良好的干湿梳理性能，使头发清爽飘逸，通常用量为 0.1% ~0.3%（质量分数），与乳化硅油、聚季铵盐搭配使用有更好的调理效果，使用时可加柠檬酸增黏。

（二）阳离子纤维素

INCI 中文名：聚季铵盐-10。

别名：羟乙基纤维素醚-2-羟丙基三甲基氯化铵。

主要商品型号：JR400、400H、H3000。

市售阳离子纤维素产品为白色至微黄色颗粒状粉末，在水或水—醇溶液体系中，形成一种清澈透明的溶液，可用在透明的多功能洗发水中，对蛋白质有牢固的附着力，能形成透明的无黏性的薄膜。阳离子纤维素可改善受损伤头发的外观，使其保持柔软并具有光泽。

（三）乳化硅油

硅油在水或表面活性剂溶液中都不能溶解或分散。为了使高黏度的硅油方便加入洗涤产品中，各硅油生产商将硅油与乳化剂、增稠剂等原料通过乳化、乳液聚合等工艺制成分数均匀的水包硅油的乳化体，即乳化硅油。乳化硅油的种类较多，内相油可以选择不同黏度的聚二甲基硅氧烷、聚二甲基硅氧烷醇或氨基硅油，乳化剂一般可以选择十二烷基苯磺酸 TEA 盐、月桂醇聚醚硫酸酯钠、月桂醇聚醚-23、月桂醇聚醚-3 等。乳化硅油的内相粒径对其性质有很大的影响，其粒径可分为大粒径、中粒径和小粒径。洗发水配方中一般添加多种粒径的乳化硅油。

三、设备要求

有加热、冷却系统的搅拌配制罐。

任务实施

一、配方及工艺

（一）配方

调理洗发水配方见表 6-43。

表 6-43　调理洗发水配方

序号	混合相	原料商品名	作用	质量分数/%	备注
1	A	纯化水	稀释	加至 100	
2		阳离子瓜尔胶	调理	0.20	
3		EDTA 二钠	螯合	0.10	

续表

序号	混合相	原料商品名	作用	质量分数/%	备注
4	B	70% AES	清洁	13.00	
5		70% K12A	清洁	2.00	
6		6501	增稠	2.00	
7		珠光片	珠光	1.50	
8		增稠剂	增稠	0.30	
9	C	CAB-35	清洁	3.00	
10		乳化硅油	调理	2.00	
11		柠檬酸	pH 值调节	0.10	
12		香精	芳香	0.50	
13	D	卡松	防腐	0.06	
14		苯氧乙醇	防腐	0.30	
15		氯化钠	增稠	1.20	

（二）打版流程图

调理洗发水打版流程如图 6－11 所示。

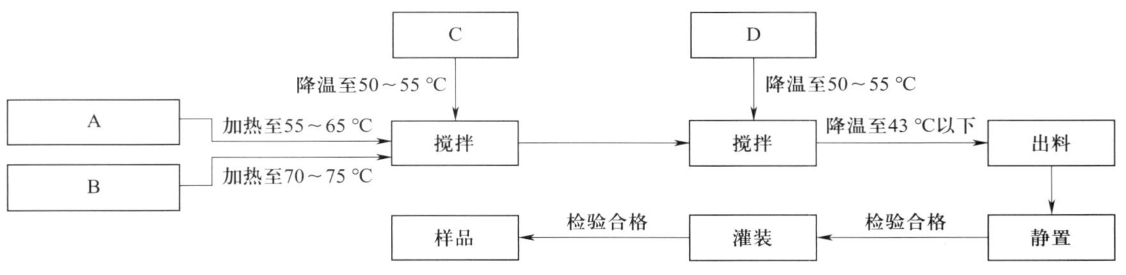

图 6－11　调理洗发水打版流程

（三）操作步骤

1. 将表 6－43 中的 A 加入烧杯中，加热至 55～65 ℃，搅拌使其溶解。
2. 加入 B，加热至 70～75 ℃，搅拌至溶解。
3. 降温至 50～55 ℃，加入 C，搅拌至溶解均匀。
4. 降温至 45～45 ℃，加入 D，调节黏度。
5. 降温至 43 ℃以下，出料，检验合格。

二、打版准备

1. 按实训室 6S 管理做好打版前准备。
2. 准备试剂和仪器。
3. 仪器的清洁消毒。

4. 原料预处理。

三、实训操作

（一）仪器与原料

1. 仪器：烧杯、玻璃试管、温度计、电炉、搅拌器、玻璃棒、电子秤、pH 计、恒温烘箱、冰箱、旋转黏度计。

2. 原料：详见表 6 - 43。

（二）打版操作

边操作边记录，打版记录表见附表 3。

【操作提示】

①操作过程要加 1% ~2% 的补充水。

②注意保证 AES、珠光片等表面活性剂完全溶解。

③香精、液体状防腐剂和活性物质要低温加入，以防止香精挥发或活性成分降解。

（三）质量指标考察

1. 质量指标检验

对打版后样品的感官指标（外观、香气）、理化指标（耐热试验、耐寒试验、有效物含量、泡沫、pH 值）、微生物学指标（菌落总数、霉菌和酵母菌总数）进行检验，并填写质量报告记录表 6 - 44。

表 6 - 44　质量报告记录表

产品名称		生产日期		生产批号	
项目	指标	结果
外观	无异物	
色泽	符合规定色泽	
香气	符合规定香气	
耐热	（40 ±1）℃保持 24 h，恢复至室温后无分层现象	
耐寒	（ -8 ±2）℃保持 24 h，恢复至室温后无分层现象	
pH 值（25 ℃）	成人产品为 4.0 ~9.0	
泡沫（40 ℃）/mm	非透明型≥50	
有效物含量/%	成人产品≥10.0	
菌落总数/(CFU/g 或 CFU/mL)	≤1 000	
霉菌和酵母菌总数/(CFU/g 或 CFU/mL)	≤100	

2. 质量指标稳定性考察

根据本产品的特点，以25 ℃作为常温保存试验7天、48 ℃作为耐热试验7天、－10 ℃作为耐寒试验7天、室外自然光光照7天作为稳定性考察的项目进行实训，分别填写考察项目，参考表2－7质量指标考察表填写考察结果。

（四）打版样品感官评价

对打版样品进行感官评价后，填写感官评价表6－45。

表6－45　　感官评价表

项目	指标	结果
看色泽	色泽均匀、柔和，与肤色配合融洽度好	
闻气味	气味纯正，与标准样香型一致	
比较外质地	外观应光洁柔滑，稠度适当，料体细腻均匀，不得有结块、发稀，应均匀无杂质、无粗颗粒，不得有剧烈干缩等现象	
使用肤感	清洁能力、泡沫细腻性、涂布性、漂洗性好，洗后头发质地易梳理性、光泽度、飘逸感、无枯燥感好，手感滑爽、柔软	

» 任务测评

任务结束后，填写实操任务测评表6－46。

表6－46　　实操任务测评表

序号	考核内容	考核标准	配分	得分
1	实训项目基础	能准确辨识调理洗发水原料、配方结构	30	
2	实训打版项目	能按操作规程进行调理洗发水打版	30	
3	6S管理	遵守6S管理	40	
合计			100	

任务三　总结及归档

» 学习目标

【知识目标】能对调理洗发水配方实训结果进行统计。

【技能目标】能分析调理洗发水配方实训的完成情况，并撰写总结报告。

【素养目标】培养负责、严谨的工作态度，树立大局观，提高分析、解决实际问题的能力。

任务引入

接已完成的上两个任务。

任务分析

前面的任务已完成课题实训任务，进一步对实训结果进行统计、分析、总结归档。

相关知识

实训结果评价流程如图 6－12 所示。

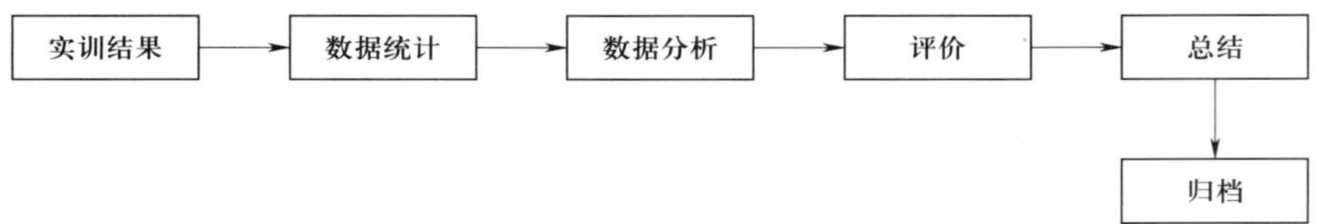

图 6－12　实训结果评价流程

任务实施

一、实训结果的统计

将调理洗发水配方实训结果进行统计。

二、实训任务完成情况的分析

对调理洗发水配方实训任务完成情况进行分析。

三、总结与归档

1. 将调理洗发水配方实训任务实施情况进行总结。
2. 将调理洗发水配方实训数据进行整理归档。

任务测评

任务结束后，填写任务测评表 6－47。

表 6－47　　**任务测评表**

序号	考核内容	考核标准	配分	得分
1	素质考核	课堂出勤率、学习态度、行为规范	30	
2	课堂表现	课堂互动、团队协作、创新建议	30	
3	专业知识	调理洗发水配方实训任务总结归档能力	40	
合计			100	

思考与练习

1. 写出调理洗发水配方结构。
2. 指出调理洗发水配方中各组分的作用。
3. 写出调理洗发水的打版操作步骤。

模块七

其他日化品配方实训

日化品即日用化学产品，是指日常生活中使用的化学产品，主要包括表面活性剂、肥皂和香皂、合成洗涤剂、化妆品以及口腔清洁卫生用品等。本模块主要介绍氨基透明皂和洗洁精的配方实训内容。

课程思政小课堂

国货当自强

随着经济的快速发展，我国已成功迈入化妆品消费大国的行列，化妆品消费水平已超日本和欧盟，成为仅次于美国的化妆品消费大国。但在过去中国消费者的观念里，认为化妆品是进口的好，“外国的月亮比较圆”，国际品牌优于国产品牌。日韩、欧美系化妆品一度借此观念对我国化妆品市场强势渗透，国内本土品牌一度被认为是“低端货”，许多企业处于濒临破产的边缘。

但近年来，随着国力增强以及文化自信观念的传播，众多老品牌纷纷闪亮回归。而这一切背后，包含着改革开放 40 多年来，中国企业从弱小到强大，从被动对接市场到主动融入市场，从被迫面对竞争到成功赢得竞争的艰难历程。经历了改革开放 40 多年的磨砺，“入世” 20 余载的风雨，全球化浪潮的大浪淘沙，才换来了国货品牌回归世界舞台中央。作为当之无愧的制造业大国，中国品牌大踏步走向世界，中国制造不再是廉价地摊货的代名词。国货当自强，这已经不仅仅是一种主张，更是一种使命！

国货自强的背后，是国人对中国制造的信任，是国人对中国品牌的信赖，是国人对中国文化的自信。只要国货品牌不断创新，把好质量关，洞察和顺应新时代用户的内心和真实需求，做大、做强品牌影响力，未来必将有更多中华民族品牌强势登场！

百年前，“为中华崛起而读书”的呼声似在耳边，如今，从“中国制造”到“中国智造”，中国品牌正在走出国门！国货将用自强之路向世界证明——世界还是那个世界，

课题一　氨基酸透明皂配方实训

任务一　接受任务

学习目标

【知识目标】能识读任务书。

【技能目标】能初步评估任务计划（生产范围、生产能力、法规符合性等）。

【素养目标】运用课程思政小课堂，坚定“四个自信”、培养爱国情怀，树立强国之志，勇于担当新时代赋予新青年的历史责任和使命；培养接受、分析、评估任务的能力。

任务引入

×××化妆品有限公司技术开发部对新员工进行氨基酸透明皂配方技能实训。

任务分析

本次实训安排氨基酸透明皂配方，让新员工熟悉本单位的打版实训流程，培养操作的规范性。

全透明皂是一种能看清皂体后面手指的肥皂，或切成 6.35 mm 的皂块能看清 4 号印刷字体的肥皂，作为洗涤用品，其最大特点是晶莹剔透，给人一种纯洁高雅的感觉。氨基酸透明皂是由氨基酸类表面活性剂为主要表面活性剂构成的固态透明皂，和传统的脂肪酸盐构成的皂相比，氨基酸透明皂呈弱酸性，对皮肤刺激性小，更加温和。氨基酸透明皂配方以椰油酰基谷氨酸的三乙醇胺盐为基础，添加丙二醇、甘油等多元醇类作为透明剂，在熔融状态下注入模型内冷却凝固并模压制得成品。

氨基酸透明皂的质量要求：由于产品拟在国内销售，氨基酸透明皂的质量必须符合国家的相关法律法规及标准要求，产品必须符合《香皂》（QB/T 2485—2023）。

相关知识

氨基酸透明皂的质量指标见表 7－1。

表 7－1　氨基酸透明皂的质量指标

项目		质量指标
感官指标	皂体外观	应色泽均匀，无明显杂质和污迹，特殊外观要求产品除外
	气味	应有稳定的香气，无油脂酸败等不良异味
理化指标	总有效物含量/%	≥53.0
	水分和挥发物/%	≤30.0
	总游离碱（以 NaOH 计）/%	≤0.3
	游离苛性碱（以 NaOH 计）/%	≤0.1
	氯化物（以 NaCl 计）/%	≤1.0
	总五氧化二磷/%	≤0.5
	透明度［（6.50＋0.15）mm］/%	25.0

任务实施

一、任务接受

见附表 1 任务接受单。

二、任务计划

见附表 2 任务计划表。

任务测评

任务结束后，填写任务测评表 7－2。

表 7－2　任务测评表

序号	考核内容	考核标准	配分	得分
1	素质考核	课堂出勤率、学习态度、行为规范	30	
2	课堂表现	课堂互动、团队协作、创新建议	30	
3	专业知识	氨基酸透明皂配方实训任务的分析评价能力	40	
合计			100	

任务二　打版的改进与质量分析

学习目标

【知识目标】能正确对原料进行辨识。

【技能目标】能正确操作搅拌机；掌握皂基的制作流程；能正确按流程完成制作；掌握

皂的质量评价。

【素养目标】夯实专业素养，培养专业、细致的职业精神。

任务引入

接已完成的上一任务。

任务分析

上一任务已了解课题计划、实训产品质量标准和要求，本任务需进一步了解产品的配方结构、原料辨识方法、配方操作，完成打版实训任务。

相关知识

一、配方结构

氨基酸透明皂基配方结构组分、主要功能及代表性原料见表7－3。

表7－3　　氨基酸透明皂基配方结构组分、主要功能及代表性原料

结构组分	主要功能	代表性原料
氨基酸表面活性剂	与碱反应生成皂	椰油酰基谷氨酸
碱	与氨基酸表面活性剂反应生成皂	三乙醇胺
多元醇	增加透明度	丙二醇、甘油

二、主要原料的辨识

主要配方原料椰油酰基谷氨酸的INCI中文名为N-椰油酰-L-谷氨酸。

椰油酰基谷氨酸为白色或类白色粉末，含水量≤5%，以KOH计的酸值为280～360 mg/g，pH值为2.0～4.0（25 ℃）。

椰油酰基谷氨酸是一种在分子内具有氨基酸骨架的氨基酸型表面活性剂，泡沫丰富细腻、温和滋润，生物降解性能好，可用于配制纯氨基酸透明皂、弱酸性洁面皂、氨基酸珠光洗面奶、洗发水和婴儿洗涤用品等。

三、设备要求

有加热、冷却系统的搅拌配制罐，有抽真空功能的配制罐更好。

任务实施

一、配方及工艺

（一）配方

氨基酸透明皂基配方见表7－4。

表 7-4　　氨基酸透明皂基配方

序号		原料商品名	作用	质量分数/%	备注
1	A	椰油酰基谷氨酸	与三乙醇胺反应生成皂	35.0	
2	A	甘油	溶解皂，增加透明度	10.0	
3	A	1,2-丙二醇	溶解皂，增加透明度	9.0	
4	A	水	溶剂	余量	
5	B	三乙醇胺	与氨基酸反应生成皂	28.0	
6	C	乙醇	溶解皂，增加透明度，消泡	2.0	

（二）打版流程

氨基酸透明皂打版流程如图 7-1 所示。

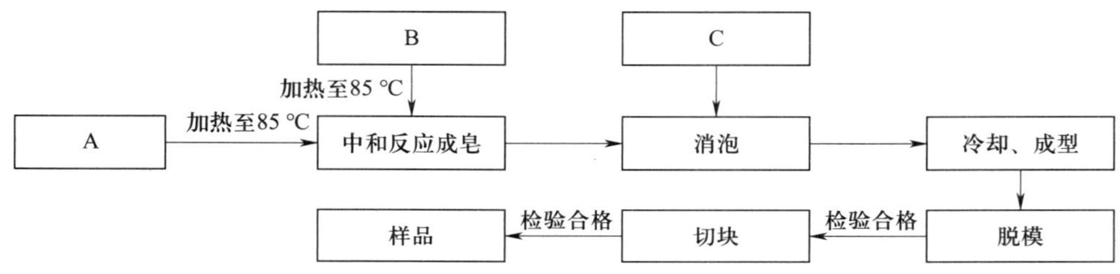

图 7-1　氨基酸透明皂打版流程

（三）操作步骤

1. 将表 7-4 中的 A 加入 A 烧杯中，水浴加热至 85 ℃，缓慢搅拌，待物料完全溶解后保温。
2. 将 B 加入 B 烧杯中，加热到 85 ℃后保温。
3. 将 B 烧杯中的组分加入 A 烧杯中，温度控制在 80～85 ℃，保温搅拌 10 min，使氨基酸与三乙醇胺中和完全。
4. 停止搅拌后，静置保温，加入 C 消泡后快速出料，倒入模具中冷却、成型。

二、打版准备

1. 按实训室 6S 管理做好打版前准备。
2. 准备试剂和仪器。
3. 仪器的清洁消毒。
4. 原料预处理。

三、实训操作

（一）仪器与原料

1. 仪器：烧杯、玻璃棒、温度计、恒温水浴锅、搅拌器、电子秤、pH 计、恒温烘箱、冰箱、旋转黏度计。

2. 原料：详见表 7 – 4。

（二）打版操作

边操作边及时记录，打版记录表见附表 3。

【操作提示】

①制作过程中，搅拌应缓慢，避免产生过多泡沫。

②氨基酸与三乙醇胺的中和反应应在 80 ~ 85 ℃下保温进行，以防止温度下降导致皂液提前凝固。

③乙醇可少量多次加入，这样消泡效果更佳。

（三）质量指标考察

1. 质量指标检验

对打版后样品的感官指标（外观、香气）、理化指标（总有效物含量、水分和挥发物、总游离碱、游离苛性碱、透明度）进行检验，并填写质量报告记录表 7 – 5。

表 7 – 5　　质量报告记录表

项目		指标	结果
感官指标	外观	应色泽均匀，无明显杂质和污迹，特殊外观要求产品除外	
	气味	应有稳定的香气，无油脂酸败等不良异味	
理化指标	总有效物含量/%	≥53.0	
	水分和挥发物/%	≤30.0	
	总游离碱（以 NaOH 计）/%	≤0.3	
	游离苛性碱（以 NaOH 计）/%	≤0.1	
	透明度［（6.50 ±0.15）mm］/%	25.0	

2. 质量指标稳定性考察

根据本产品的特点，以 25 ℃作为常温保存试验 7 天、48 ℃作为耐热试验 7 天、– 10 ℃作为耐寒试验 7 天、室外自然光光照 7 天作为稳定性考察的项目进行实训，分别填写质量指标考察表 7 – 6。

表 7 – 6　　质量指标考察表

<table>
<tr><td>产品名称</td><td></td><td>生产日期</td><td></td><td>生产批号</td><td></td></tr>
<tr><td>开始试验日期</td><td></td><td>结束试验日期</td><td></td><td>报告日期</td><td></td></tr>
<tr><td>试验条件</td><td colspan="5">□25 ℃作为常温保存试验 7 天
□48 ℃作为耐热试验 7 天
□ – 10 ℃作为耐寒试验 7 天
□室外自然光光照 7 天
□其他条件：________</td></tr>
</table>

续表

考察项目		考察结果
考察项目	外观	
	色泽	
	气味	
	透明度	
结论		
检验人		复核人	

（四）打版样品感官评价

对打版样品进行感官评价后，填写感官评价表7-7。

表7-7　感官评价表

项目	指标	结果
看色泽	颜色均匀	
闻气味	清新、柔和、无异味	
比较外质地	光滑、无裂痕、无气泡、无变形	
使用肤感	清洗时：清洁力、泡沫大小和细腻度适度，涂布性、冲洗性好 干洗后：皮肤光洁、有弹性，有滑爽感和清洁感	

任务测评

任务结束后，填写实操任务测评表7-8。

表7-8　实操任务测评表

序号	考核内容	考核标准	配分	得分
1	实训项目基础	能准确辨识氨基酸透明皂原料、配方结构	30	
2	实训打版项目	能按操作规程进行氨基酸透明皂打版	30	
3	6S管理	遵守6S管理	40	
合计			100	

任务三　总结及归档

学习目标

【知识目标】能对氨基酸透明皂配方实训结果进行统计。

【技能目标】能分析氨基酸透明皂配方实训的完成情况，并撰写总结报告。

【素养目标】培养负责、严谨的工作态度，树立大局观，提高分析、解决实际问题的能力。

任务引入

接已完成的上两个任务。

任务分析

前面的任务已完成课题实训任务，本任务进一步对实训结果进行统计、分析并总结归档。

相关知识

实训结果评价流程如图 7 –2 所示。

图 7 –2　实训结果评价流程

任务实施

一、实训结果的统计

将氨基酸透明皂配方实训结果进行统计。

二、实训任务完成情况的分析

对氨基酸透明皂配方实训任务完成情况进行分析。

三、总结与归档

1. 将氨基酸透明皂配方实训任务实施情况进行总结。
2. 将氨基酸透明皂配方实训数据进行整理归档。

任务测评

任务结束后，填写任务测评表 7 –9。

表 7 –9　　任务测评表

序号	考核内容	考核标准	配分	得分
1	素质考核	课堂出勤率、学习态度、行为规范	30	
2	课堂表现	课堂互动、团队协作、创新建议	30	
3	专业知识	氨基酸透明皂配方实训任务总结归档能力	40	
合计			100	

思考与练习

1. 写出氨基酸透明皂配方结构。
2. 指出氨基酸透明皂配方中各组分的作用。
3. 写出氨基酸透明皂的打版操作步骤。

课题二　洗洁精配方实训

任务一　接受任务

学习目标

【知识目标】能识读任务书。
【技能目标】能初步评估任务计划（生产范围、生产能力、法规符合性等）。
【素养目标】培养接受、分析、评估任务的能力。

任务引入

×××化妆品有限公司技术开发部对新员工进行洗洁精配方技能实训。

任务分析

本次实训安排洗洁精配方，让新员工熟悉本单位的打版实训流程，培养操作的规范性。

洗洁精是以表面活性剂及其助剂为主要原料配制而成的手洗餐具用洗涤剂。

洗洁精的质量要求：由于产品拟在国内销售，洗洁精的质量必须符合国家的相关法律法规及标准要求，产品必须符合《手洗餐具用洗涤剂》（GB/T 9985—2022）。

相关知识

洗洁精的质量指标见表 7－10。

表 7－10　洗洁精的质量指标

项目			质量指标
感官指标	外观		液体状、膏状产品应不分层，无明显悬浮物或沉淀；固体产品应色泽均匀，无明显机械杂质和污迹
	气味		无异味
理化指标	稳定性	耐热	(40±2)℃保持 24 h，恢复至室温后观察，不分层，无沉淀，无异味和变色现象，透明产品不浑浊
		耐寒	(－5±2)℃保持 24 h，恢复至室温后观察，不分层，无沉淀，无变色现象，透明产品不浑浊
	总有效物含量/%		≥15
	pH 值（25 ℃，1%溶液）		4.0～10.5
	去污力		不小于标准餐具洗涤剂

任务实施

一、任务接受

见附表 1 任务接受单。

二、任务计划

见附表 2 任务计划表。

任务测评

任务结束后，填写任务测评表 7－11。

表 7－11　任务测评表

序号	考核内容	考核标准	配分	得分
1	素质考核	课堂出勤率、学习态度、行为规范	30	
2	课堂表现	课堂互动、团队协作、创新建议	30	
3	专业知识	洗洁精配方实训任务的分析评价能力	40	
合计			100	

任务二　打版的改进与质量分析

学习目标

【知识目标】能正确对原料进行辨识。

【技能目标】能正确操作搅拌机；掌握洗洁精的制作流程；能正确按流程完成制作；掌

握洗洁精质量评价。

【素养目标】夯实专业素养，培养专业、细致的职业精神。

任务引入

接已完成的上一任务。

任务分析

上一任务已了解课题计划、实训产品质量标准和要求，本任务需进一步了解产品的配方结构、原料辨识方法、配方操作，完成打版实训任务。

相关知识

一、配方结构

洗洁精是具有清洁功能的日用清洁剂，一般用水、脂肪醇醚硫酸钠、烷基苯磺酸、氢氧化钠、椰油酰胺 DEA（6501）等原料配制而成，呈弱碱性，作为餐具清洁剂，具有去油、去污、除菌等作用。

二、主要原料辨识

洗洁精配方主要原料有十二烷基苯磺酸、氢氧化钠。其中，十二烷基苯磺酸的外观为从浅黄色到棕黄色的黏稠液体，其别名为直链烷基苯磺酸、十二苯磺酸，分子式为 $R\text{-}C_6H_4\text{-}SO_3H$（R 为平均 C_{12}烷基）。

十二烷基苯磺酸指标见表 7－12。

表 7－12　　十二烷基苯磺酸指标

项目	指标	
	优等品	合格品
烷基苯磺酸含量/%	≥97.0	≥96.0
游离硫酸含量/%	≤1.5	≤2.0
游离油含量/%	≤1.5	≤1.5

十二烷基苯磺酸的衍生物有良好的去污、湿润、乳化能力，并具有良好的生物降解性，广泛应用于洗衣粉、餐具洗涤剂等工业清洁剂生产领域。

三、生产设备

有搅拌功能的配制罐。

任务实施

一、配方及工艺

（一）配方

洗洁精配方见表 7 - 13。

表 7 - 13　　洗洁精配方

序号	原料商品名	作用	质量百分比/%	备注
1	纯化水	稀释	加至 100	
2	AES（70%）	清洁	12.00	
3	十二烷基苯磺酸	清洁	4.00	
4	EDTA 二钠	螯合	0.05	
5	氢氧化钠	pH 值调节	0.50	
6	6501	增稠	2.00	
7	氯化钠	增稠	适量	
8	卡松	防腐	0.10	
9	香精	芳香	0.10	

（二）打版流程

洗洁精打版流程如图 7 - 3 所示。

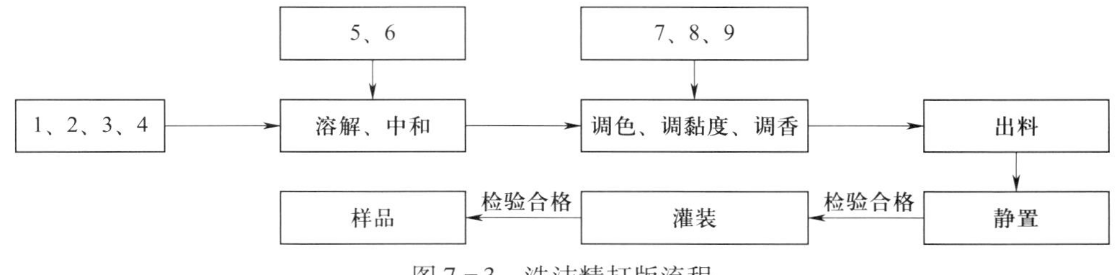

图 7 - 3　洗洁精打版流程

（三）操作步骤

1. 将表 7 - 13 中的 1、2、3、4 加入烧杯中搅拌分散。
2. 边搅拌边加入 5、6，搅拌使其完全溶解。
3. 加入 7、8、9 搅拌至溶解均匀，调黏度，出料。

二、打版准备

1. 按实训室 6S 管理做好打版前准备。
2. 准备试剂和仪器。
3. 仪器的清洁消毒。
4. 原料预处理。

三、实训操作

（一）仪器与原料

1. 仪器：烧杯、玻璃试管、温度计、电炉、搅拌器、玻璃棒、电子秤、pH 计、恒温烘箱、冰箱、旋转黏度计。

2. 原料：详见表 7－13。

（二）打版操作

边操作边记录，打版记录表见附表 3。

【操作提示】

①操作过程中要加 1% ~2% 的补充水。

②注意保证原料充分溶解后才开始降温。

③香精、液体状防腐剂和活性物质要低温加入，以防止香精挥发或活性成分降解。

（三）质量指标考察

1. 质量指标检验

对打版后样品的感官指标（外观、气味）、理化指标（稳定性量、总活性物含量、pH 值、去污力）进行检验，并填写质量报告记录表 7－14。

表 7－14　质量报告记录表

产品名称			生产日期		生产批号	
项目		指标			结果	
外观		不分层，无明显悬浮物或沉淀均匀体				
气味		无异味				
稳定性	耐热	（40 ±2）℃保持 24 h，恢复至室温后观察，不分层，无沉淀，无异味和变色现象，透明产品不浑浊				
	耐寒	（－5 ±2）℃保持 24 h，恢复至室温后观察，不分层，无沉淀，无变色现象，透明产品不浑浊				
总有效物含量/%		≥15				
pH 值（25 ℃，1%溶液）		4.0 ~ 10.5				
去污力		不小于标准餐具洗涤剂				

2. 质量指标稳定性考察

根据本产品的特点，以 25 ℃作为常温保存试验 7 天、48 ℃作为耐热试验 7 天、－10 ℃作为耐寒试验 7 天、室外自然光光照 7 天作为稳定性考察的项目进行实训，分别填写考察项目，参考表 2－7 质量指标考察表填写考察结果。

任务测评

任务结束后，填写实操任务测评表 7－15。

表 7－15　　实操任务测评表

序号	考核内容	考核标准	配分	得分
1	实训项目基础	能准确辨识洗洁精原料、配方结构	30	
2	实训打版项目	能按操作规程进行洗洁精打版	30	
3	6S 管理	遵守 6S 管理	40	
合计			100	

任务三　总结及归档

学习目标

【知识目标】能对洗洁精配方实训结果进行统计。

【技能目标】能分析洗洁精配方实训的完成情况，并撰写总结报告。

【素养目标】培养负责、严谨的工作态度，树立大局观，提高分析、解决实际问题的能力。

任务引入

接已完成的上两个任务。

任务分析

前面的任务已完成课题实训任务，本任务进一步对实训结果进行统计、分析、总结归档。

相关知识

实训结果评价流程如图 7－4 所示。

图 7－4　实训结果评价流程

任务实施

一、实训结果的统计

将洗洁精配方实训结果进行统计。

二、实训任务完成情况的分析

对洗洁精配方实训任务完成情况进行分析。

三、总结与归档

1. 将洗洁精配方实训任务实施情况进行总结。
2. 将洗洁精配方实训数据进行整理归档。

任务测评

任务结束后，填写任务测评表 7 - 16。

表 7 - 16　任务测评表

序号	考核内容	考核标准	配分	得分
1	素质考核	课堂出勤率、学习态度、行为规范	30	
2	课堂表现	课堂互动、团队协作、创新建议	30	
3	专业知识	洗洁精配方实训任务总结归档能力	40	
合计			100	

思考与练习

1. 写出洗洁精配方结构。
2. 指出洗洁精配方中各组分的作用。
3. 写出洗洁精的打版操作步骤。

模块八

化妆品质量检验实训

化妆品质量检验内容一般包括感官指标、理化指标、卫生标准等项目。化妆品安全通用要求中规定，上市前应进行必要的检验，检验方法包括感官评价方法、理化检验方法、微生物学检验方法、毒理学试验方法和人体安全试验方法等。

化妆品的理化指标检验是化妆品出厂放行的重要指标。化妆品的种类很多，检验项目各不相同，本模块将通过课题分别介绍化妆品常用理化指标项目的检验方法和护手霜的理化检验实训。

微生物可以利用其周围环境存在的各种物质进行生长和繁殖，主要有碳源、氢源、无机盐、水等。化妆品中含有丰富的营养物质和水分，且 pH 值一般都为 4 ~7，适合微生物生长和繁殖，尤其是化妆品中的蛋白质、淀粉、乳化剂、增稠剂、保湿剂等常用原料中含有丰富的营养物质，能为微生物提供良好的氢源、碳源等。一般来说，化妆品的生产和使用过程都不是无菌的环境，微生物污染是影响化妆品产品质量和安全性的一个重要因素，因此有效控制化妆品的微生物污染是保证使用安全的重要内容。

随着科学技术和社会经济的发展，消费者的产品安全意识增强，化妆品防腐问题越来越受到重视。因此，对化妆品进行微生物学检验是十分必要的。

本模块以护手霜菌落总数的检验、护手霜霉菌和酵母菌总数检验为课题进行实训。

课程思政小课堂

国际爱肤日

每年的 5 月 25 日是“国际爱肤日”，这一节日因“5・25”其谐音为“我爱我”而得名，寓意爱自己就要爱自己的皮肤。该节日是由中国医师协会皮肤科医师分会倡议设定的。每年“国际爱肤日”，不同的医疗机构和社会团体都会面向大众开展广泛的科普宣教活动，帮助大家树立正确的皮肤保养观念，让人们拥有最美丽的容颜。

作为技工院校化妆品专业的学生，在学习本模块检验实训课程后，是否也想动手为同学、为社区居民展示下自己的技能呢？“人生万事须自为，跬步江山即寥廓。”时代的发展促使化妆品行业快速迭代升级，产业的升级对技工院校培养的人才提出了更高的要求，成为迅速适应企业需求、毕业后能快速融入岗位的毕业生是就读技工院校的主要动力。奋斗是青春最亮丽的底色，行动是青年最有效的磨砺。有责任有担当，青春才会闪光。

我们何不试着运用学习到的专业技能，来一场科普和爱心接力活动？

活动一：

名称	化妆品直播间开播啦
要求	模拟直播间现场，以小组为单位拍摄化妆品专业名词讲解视频和化妆品检验小技巧，并到社区进行科普宣传活动，为社区居民现场讲解化妆品原料知识和检验知识。

活动二：

名称	你的护手霜安全吗
要求	以小组为单位，组成护手小分队，为学校师生进行护手霜霉菌和酵母菌总数测定。

活动三：

名称	您的双手我来呵护
要求	亲手制作护手霜，经检验安全后，在寒冬到来前为“校园里的美容师”——环卫工人们送去爱的呵护。

新时代的中国青年，生逢其时、重任在肩，施展才干的舞台无比广阔，实现梦想的前景无比光明。作为技工院校的专业技术人才，我们在学习专业技能的同时也要不断服务于社会，实现实操技能和社会服务的完美结合，在专业技能的赛道上为中华民族伟大复兴奉献自己的青春和热血。

课题一　常用理化指标的检验方法

任务一　接受任务

学习目标

【知识目标】能识读任务书。

【技能目标】能初步评估任务计划（生产范围、生产能力、法规符合性等）。

【素养目标】运用课程思政小课堂提升职业素养，学以致用，致敬劳动者、共筑中国梦；培养接受、分析、评估任务的能力。

任务引入

某化妆品公司招收新员工，对安排至质量部检验中心的理化组员工进行岗前培训。本组员工除了学习企业的各项管理之外，重点进行化妆品理化指标检验的学习，主要内容包括纯化水的电导率，产品的 pH 值、耐热与耐寒性、相对密度、相对折光率、离心考验等指标。请按照标准要求进行检验并出具单项检验结果。

相关知识

化妆品的理化指标检验项目主要有 pH 值、耐热与耐寒性、离心考验、相对密度、折光率等。

任务实施

一、新员工培训计划。

二、按需要培训的内容制订新员工培训计划表，具体可参考附表 4。

任务测评

任务结束后，填写任务测评表 8－1。

表 8－1　　任务测评表

序号	考核内容	考核标准	配分	得分
1	素质考核	课堂出勤率、学习态度、行为规范	30	
2	课堂表现	课堂互动、团队协作、创新建议	30	
3	专业知识	化妆品常用理化指标的检验方法的任务要求	40	
合计			100	

任务二　化妆品常用理化指标的检验方法

学习目标

【知识目标】了解国内现行各种化妆品质量标准对其理化指标的要求。

【技能目标】掌握化妆品常用理化指标的检验方法；熟悉化妆品常用理化检验仪器设备的原理和使用方法。

【素养目标】搜集行业信息、标杆企业动态，夯实专业素养，培养专业、细致的职业精神。

任务引入

接已完成的上一任务。

任务分析

上一任务已了解课题计划和需求化妆品理化指标检验的培训计划，本任务进一步了解化妆品常用理化指标的检验方法，完成实训操作。

相关知识

在化妆品质量控制中，需要对生产用水的水质、原料、中间产品和成品进行检验，其中电导率是化妆品生产用水的水质检验的重要理化指标。原料、中间产品和成品通常需检验熔点、pH 值、浊度、相对密度等理化指标。目前，化妆品国家标准、行业标准中常用理化检验指标情况统计见表 8－2。

表 8－2　化妆品国家标准、行业标准中常用理化检验指标情况统计

标准名称	标准编号	pH 值	耐热	耐寒	离心考验	相对密度	折光率	浊度	泡沫	细度
卸妆油（液、乳、膏、霜）	GB/T 35914—2018	√	√	√	√					
洗面奶、洗面膏	GB/T 29680—2013	√	√	√	√					
化妆水	QB/T 2660—2004	√	√	√		√				
护肤啫喱	QB/T 2874—2007	√	√	√						
护肤乳液	GB/T 29665—2013	√	√	√	√					
润肤膏霜	QB/T 1857—2013	√	√	√						
面膜	QB/T 2872—2017	√	√	√						
去角质啫喱	GB/T 30928—2014	√	√	√						
润肤油	GB/T 29990—2013		√	√		√				
化妆粉块	QB/T 1976—2004	√								
润唇膏（啫喱、霜）	GB/T 26513—2023		√	√						
唇膏	QB/T 1977—2004		√	√						
眼线液（膏）	GB/T 35889—2018	√	√	√						
睫毛膏	GB/T 27574—2011	√	√	√						
化妆笔、化妆笔芯	GB/T 27575—2011		√	√						
唇彩、唇油	GB/T 27576—2011		√	√						
香粉（蜜粉）	GB/T 29991—2013	√								√
沐浴剂	GB/T 34857—2017	√	√	√						
浴盐 第 1 部分：足浴盐	QB/T 2744.1—2005	√								

续表

标准名称	标准编号	pH 值	耐热	耐寒	离心考验	相对密度	折光率	浊度	泡沫	细度
浴盐 第2部分：沐浴盐	QB/T 2744.2—2005	√								
爽身粉、祛痱粉	QB/T 1859—2013	√								√
脱毛霜（乳）	QB/T 5108—2017	√	√	√	√					
抑汗（香体）液（乳、喷雾、膏）	GB/T 35955—2018	√	√	√						
洗发液、洗发膏	GB/T 29679—2013	√	√	√					√	
护发素	QB/T 1975—2013	√	√	√						
发用摩丝	QB 1643—1998	√	√	√						
定型发胶	QB 1644—1998									
发用啫喱（水）	QB/T 2873—2007	√	√	√						
发乳	QB/T 2284—2011	√	√	√						
染发剂	QB/T 1978—2016	√	√	√						
烫发剂	GB/T 29678—2013	√								
发蜡	QB/T 4076—2010	√	√	√						
焗油膏（发膜）	QB/T 4077—2010	√	√	√						
发用漂浅剂	QB/T 4126—2010	√	√	√						
发油	QB/T 1862—2011	√	√	√		√				
洗手液	GB/T 34855—2017	√	√	√						
花露水	QB/T 1858.1—2006					√		√		
驱蚊花露水	QB/T 4147—2019	√								
香水、古龙水	QB/T 1858—2004									
按摩基础油、按摩油	QB/T 4079—2010									
按摩精油	GB/T 26516—2011					√	√			
剃须膏、剃须凝胶	GB/T 30941—2014	√	√	√						
指甲油	QB/T 2287—2011									
洗甲液	QB/T 4364—2012		√	√						

表8－2中，虽然只有洗发液、洗发膏要求检验泡沫，但实际上在大多数化妆品企业，如沐浴类、洗面类、洗手液等洁肤产品均会增加泡沫检验项目。

化妆品通用检验方法相关标准主要包括《化妆品通用检验方法 pH值的测定》（GB/T 13531.1—2008）、《化妆品通用检验方法 浊度的测定》（GB/T 13531.3—1995）、《化妆品通用检验方法 相对密度的测定》（GB/T 13531.4—2013）、《化妆品通用检验方法 颗粒度（细度）的测定》（GB/T 13531.6—2018）、《化妆品通用检验方法 折光指数的测定》（GB/T 13531.7—2018）等。

一、pH 值的测定

（一）依据标准

《化妆品通用检验方法 pH 值的测定》（GB/T 13531.1—2008）。

（二）原理

以玻璃电极为指示电极，饱和甘汞电极为参比电极，同时插入被测溶液中组成一个电池。此电池产生的电位差与被测溶液的 pH 值有关，它们之间的关系符合能斯特方程式：

$$E = E_0 + 0.0591\ \lg\ [H^+]\ (25\ ℃)$$

$$E = E_0 - 0.0591\ \text{pH 值}$$

式中，E_0——标准电位。

在 25 ℃时，每单位 pH 值相于 59.1 mV 电位差，即电位差每改变 59.1 mV，溶液中的 pH 值相应改变 1 个单位。可在仪器上直接读出 pH 值。

（三）主要仪器

pH 值测定的主要仪器是精密酸度计（精度 0.02）的复合电极或玻璃电极和甘汞电极。

（四）测定方法

一般采用稀释法和直测法测定，其中，稀释法是指用不含 CO_2 的去离子水稀释 1 ~ 9 倍，直测法不适用于粉类、油基类及油包水型乳化体化妆品。

二、电导率测定

（一）依据标准

《电导率仪试验方法》（GB/T 11007—2008）和《中华人民共和国药典》（2020 年版 四部　通则）。

（二）原理

水中可溶性盐类大多以水合离子状态存在，在外加电场的作用下，水溶液传导电流的能力用电导率 k 来表示。它与水中溶解性盐类有密切的关系，在一定温度下，水的电导率越低，表示水的纯度越高。因此，电导率广泛用于检验水的质量。但是水中细菌、悬浮物杂质的非导电性物质和非离子状态的杂质对水纯度的影响却检验不出来。

分析化学中均采用浸入式的、固定双铂片的电导电极测定溶液的电导率。为了电导率 k 计算公式如下：

$$k = \theta / R$$

若电极的常数 θ 已知，溶液的电阻 R 已经测得，则电导率 k 可求得。电导电极的常数 θ 通常用实验方法测得。

（三）测定方法

一般采用标准样品法，由式 $\theta = kR$ 即可得出电导率。

1. 标准样品

常用标准样品为标准氯化钾溶液。

2. 电导电极

电导电极一般由铂片制成，可分铂黑电极和光亮电极两种。在测定电导率较大的溶液时，应选用铂黑电极；在测定电导率较小的溶液时，如测蒸馏水的纯度时，应选用光亮电极。

3. 测定电导率的仪器

目前常用的是数显可温度补偿的电导率仪，如 DDS－307A 型电导率仪。

三、泡沫测定

（一）依据标准

《表面活性剂 洗涤剂试验方法》（GB/T 13173—2021）和《洗发液、洗发膏》（GB/T 29679—2013）。

（二）原理

将样品用一定硬度的水配制成一定浓度的试液。在一定温度条件下，将 200 mL 试液从 90 cm 高度流到刻度量筒底部 50 mL 相同试液的表面后，测量得到的泡沫高度作为该样品的发泡力。

（三）试剂或材料

1. 氯化钙（$CaCl_2$）。

2. 硫酸镁（$MgSO_4 \cdot 7H_2O$）。

（四）仪器和器皿

1. 泡沫仪

（1）滴液管。由壁厚均匀且耐化学腐蚀的玻璃管制成，管外径为（45 ±1.5）mm，两端为半球形封头，焊接梗管。上梗管外径为 8 mm，带有直孔标准锥形玻璃旋塞，塞孔直径为 2 mm。下梗管外径为（7 ±0.5）mm，从球部接点起，包括其端点焊接的注流孔管长度为（60 ±2）mm；注流孔管内径为（2.9 ±0.02）mm，外径与下梗管一致，是从精密孔管切下一段，研磨使两端面与轴线垂直，并使其长度为（10 ±0.05）mm，然后用喷灯狭窄火焰牢固地焊接至下梗管端，校准滴液管使其在 20 ℃时的容积为（200 ±0.2）mL，校准标记应在上梗管旋塞体下至少 15 mm，且环绕梗管一整周（见图 8－1）。

（2）刻度量管。由壁厚均匀耐化学腐蚀的玻璃管制成，管内径为（50 ±0.8）mm，下端收缩成半球形，并焊接一梗管直径为 12 mm 的直孔标准锥形旋塞，塞孔直径为 6 mm。量管上刻三个外线刻度：第一个刻度应在 50 mL（关闭旋塞测量的容积）处，但应不在收缩的曲线部位；第二个刻度应在 250 mL 处；第三个刻在距离 50 mL 刻度上面（90 ±0.5）cm 处。在此 90 cm 内，以 250 mL 刻度为零点向上下刻 1 mm 标尺。刻度量管安装在一壁厚均匀的玻璃水夹套管内，水夹套管的外径不小于 70 mm，带有进水管和出水管。水夹套管与刻度量管在顶和底可用橡皮塞连接或焊接，但底部的密封应尽量接近旋塞（见图 8－2）。

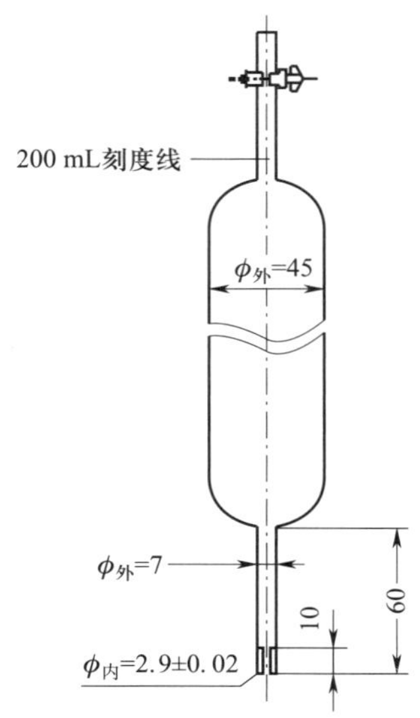

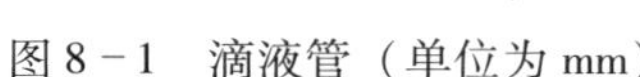
图 8－1 滴液管（单位为 mm）

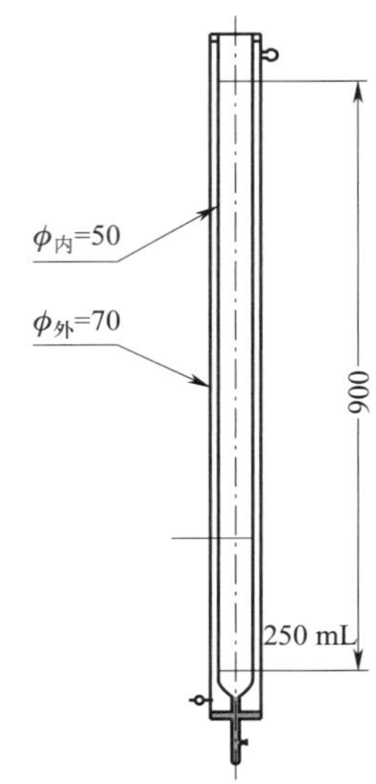

图 8－2 刻度量管（单位为 mm）

（3）泡沫仪的安装。将组装好的刻度量管和夹套管牢固地安装于合适的支架上，使刻度量管呈垂直状态。将夹套管的进水管、出水管用橡皮管连接至超级恒温器的出水管和回水管。用可调式活动夹或用与滴液管及刻度量管管口相配的木质或塑料塞座将滴液管固定在刻度量管管口，使滴液管梗管下端与刻度量管上部（90 cm）刻度齐平并严格地对准刻度量管的中心（即滴液管流出的溶液正好落到刻度量管的中心）。

2. 其他仪器和器皿

除泡沫仪外其他仪器和器皿包括可控制水温于（40 ±0.5）℃的超级恒温器；分度值小于或等于 0.5 ℃，量程为 0 ~ 100 ℃的温度计；容量为 150 mL、1 000 mL 的烧杯；容量为 1 L 的容量瓶。

（五）程序

1. 150 mg/kg 硬水的配制

称取无水硫酸镁 0.148 g 和无水氯化钙 0.099 9 g，充分溶解于 1 L 蒸馏水中，并稀释至刻度，摇匀。

2. 试验溶液的配制

称取 2.5 g 试样，用已预热的 150 mg/kg 硬水溶解试样至 1 L，并使最终溶液的温度为（40 ±0.5）℃，再将溶液置于（40 ±0.5）℃恒温水浴中陈化，从加水溶解开始到陈化结束总时间为 30 min。

3. 发泡力的测定

在测试前，提前启动水泵使循环水通过刻度管夹套，使水温稳定在（40 ±0.5）℃，并使测试溶液的温度也恒定在（40 ±0.5）℃，才能开始检验。刻度管内壁预先用铬酸硫酸洗液浸泡过夜，用蒸馏水冲洗至无酸。试验时先用蒸馏水冲洗刻度量管内壁，然后用试液冲洗刻度量管内壁，冲洗应完全，在内壁不应留有泡沫。

自刻度量管底部注入试液至50 mL刻度线以上，关闭刻度量管旋塞，静止5 min，调节旋塞，使液面恰好在50 mL刻度处。将滴液管用抽吸法注满200 mL试液，按要求安放到刻度量管上口。打开滴液管的旋塞，使溶液流下，当滴液管中的溶液流完时，立即开启秒表并读取起始泡沫高度（取泡沫边缘与顶点的平均高度），在5 min末再读取第2次读数。用新的试液重复以上试验2～3次，每次试验前应将管壁用试液洗净。

注：试验中规定的水硬度、试液浓度、测定温度可按产品标准的要求予以改变，在试验报告中说明。

（六）结果表示

试样的发泡力用起始或5 min的泡沫高度（mm）表示，取至少3次误差在允许范围的结果平均值作为最后结果。

（七）精密度

在重复性条件下获得的两次独立试验结果之间的绝对差值不大于5 mm，以大于5 mm的情况不超过5%为前提。

四、耐热试验

耐热试验是膏霜、乳液和液状等化妆品基本且十分重要的稳定性试验项目。如发乳、唇膏、润肤乳液、护发素、焗油膏、染发剂、洗发液、沐浴剂、洗面奶、发用摩丝等各类化妆品的外观形式不同，虽然其产品执行标准由于化妆品耐热试验中指标和方法接近，但是耐热要求和试验操作略有不同。具体操作按产品执行标准进行。

五、耐寒试验

耐寒试验是膏霜、乳液、液状等化妆品基本且十分重要的稳定性试验项目。如发乳、唇膏、润肤乳液、护发素、焗油膏、染发剂、洗发液、沐浴剂、洗面奶、发用摩丝等各类化妆品的外观形式不同，因此各类产品的耐寒要求和试验操作略有不同。

六、离心考验

离心考验是通过加速考察影响乳液类化妆品产品寿命的重力分层现象，即加速分离试验，是乳液类必要检验项目。如洗面奶、润肤乳液、卸妆乳、脱毛乳液等均需做离心考验，一般以2 000 r/min的转速试验30 min后观察产品的分层、分离状况。

七、折光率的测定

折光率是精油类化妆品、油脂原料和有机溶剂原料的常用试验项目，如按摩精油、IPM、苯氧乙醇等。《化妆品通用检验方法 折光指数的测定》（GB/T 13531.7—2018）中规定有阿贝折光仪法、自动折光仪法两种测定方法，其中阿贝折光仪法比较常用。

八、相对密度的测定

相对密度是水类化妆品和精油类或液态油脂原料的基本且十分常用的试验项目，如润肤油、发油、花露水、按摩精油、洗甲液等。《化妆品通用检验方法 相对密度的测定》（GB/T 13531.4—2013）中规定有密度瓶法、密度计法和仪器法三种方法，化妆品要求测定相对密度的基本上是液态产品，故一般采用密度瓶法和密度计法。

任务实施

一、pH 值测定

（一）测定前准备

1. 试剂和材料

本方法所用试剂除另有说明外，均为优级纯试剂，所用水指不含二氧化碳（CO_2）的去离子水。

（1）邻苯二甲酸氢钾标准缓冲溶液：称取在 105 ℃烘干 2 h 的邻苯二甲酸氢钾（$KHC_8H_4O_4$）10.12 g 溶于水中，并稀释至 1 L，储存于塑料瓶中。此溶液 20 ℃时，pH 值为 4.00。

（2）磷酸盐标准缓冲溶液：称取在 105 ℃烘干 2 h 的磷酸二氢钾（KH_2PO_4）3.40 g 和磷酸氢二钠（Na_2HPO_4）3.55 g，溶于水中，并稀释至 1 L，储存于塑料瓶中。此溶液 20 ℃时，pH 值为 6.88。

（3）四硼酸钠标准缓冲溶液：称取四硼酸钠（$Na_2B_4O_7 \cdot 10H_2O$）3.81 g，溶于水中，稀释至 1 L，储存于塑料瓶中。此溶液 20 ℃时，pH 值为 9.22。

以上三种标准缓冲溶液的 pH 值随温度变化而稍有差异。

2. 仪器和设备

（1）精密酸度计（精度为 0.02）。

（2）复合电极或玻璃电极和甘汞电极。

（3）磁力搅拌器（附有加温控制功能）。

（4）烧杯（50 mL）。

（5）天平。

（二）分析步骤

1. 样品处理

（1）稀释法。称取样品 1 份（精确到 0.1 g），加不含 CO_2 的去离子水 9 份，加热至 40 ℃，并不断搅拌至均匀，冷却至室温，作为待测溶液。

如为含油量较高的产品，可加热至 70～80 ℃，冷却后去油块待用；粉状产品可沉淀过滤后待用。

（2）直测法（不适用于粉类、油膏类及油包水型乳化体化妆品）。将适量包装容器中的样品放入烧杯中或将小包装去盖后，调节至规定温度，待用。

2. 测定

（1）电极活化。复合电极或玻璃电极在使用前应放入水中浸泡 24 h 以上。

（2）校准仪器。按仪器出厂说明书，选用与样品 pH 值相接近的两种标准缓冲溶液在所规定的温度下进行校准或在温度补偿条件下进行校准。

（3）样品测定。用水洗涤电极，用滤纸吸干后，将电极插入被测样品中，启动搅拌器，待酸度计读数稳定 1 min 后，停搅拌器，直接从仪器上读出 pH 值。测试两次，误差范围 ±0.1，取其平均读数值。

测定完毕后，将电极用水冲洗干净，其中玻璃电极浸在蒸馏水中备用。

（三）分析结果的表述

pH 值的结果以两次测量的平均值表示，精确度为 0.01。pH 值两次测量值之差应小于等于 0.1。

（四）记录 pH 值原始数据

在检验过程中应及时记录原始数据。pH 值检验原始数据记录表见表 8－3。

表 8－3　pH 值检验原始数据记录表

编码：

品名		检验数据记录编号	
批号		检验日期	
检验方法：			
判定标准：			
仪器设备：			
□稀释法 样品稀释：取样品______g，加入煮沸放冷的蒸馏水______g，加热至 40 ℃，并不断搅拌至均匀，冷却至规定温度。 □直接测定法 检验时温度：________ ℃（要求 25 ℃或室温） 校正用缓冲溶液：________、________、________。 样品 pH 值读数：1. ________；2. ________；3. ________。 平均数：________。			
结论：□符合规定　□不符合规定			
复核人：		检验员：	

二、电导率仪测定电导率

（一）测定前准备

1. 仪器

DDS－307A 型电导率仪、电导电极、温度计、（25 ±0.2）℃恒温水浴箱。

2. 试剂

（1）蒸馏水、去离子水、自来水。

（2）标准氯化钾溶液（0.010 0 mol/L）：将 0.745 6 g 氯化钾（105 ℃烘 2 h）溶解于新煮沸并冷却至 25 ℃的水中，定容到 1 000 mL。此溶液在 25 ℃时电导率为 1 413 μS/cm。

（二）仪器的使用

1. 开机前的准备

（1）将多功能电极架插入多功能电极架插座中，并拧好。

（2）将电导电极安装在电极架上。

（3）用蒸馏水清洗电极。

2. 仪器操作流程

仪器操作流程如图 8－3 所示。

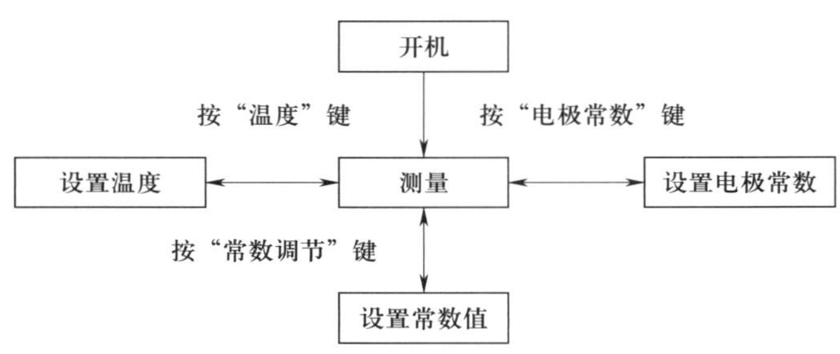

图 8－3　仪器开机流程

（1）开机。连接电源线，打开仪器开关。仪器进入开机测量状态，如图 8－4 所示。仪器预热 30 min 后，可进行测量。

图 8－4　开机测量状态

在测量状态下，按“温度”键设置当前的温度值；按“电极常数”和“常数调节”键进行电极常数的设置。

（2）设置温度。在测量状态下，用温度计测出被测溶液的温度，按“温度△”或“温度▽”键设置温度。设置温度状态如图 8－5 所示。

按“温度△”或“温度▽”键调节显示值，使温度显示为被测溶液的温度，按“确认”键，即完成当前温度的设置；按“测量”键则放弃设置，返回测量状态。

（3）电极常数的设置。仪器使用前必须进行电极常数的设置。目前电导电极的电极常数为 0.01、0.1、1.0、10 共 4 种类型，具体的电极常数均贴在每支电导电极上，用户可根据所标的电极常数进行设置。

按“电极常数”键或“常数调节”键，仪器进入电极常数设置状态，如图 8－6 所示。

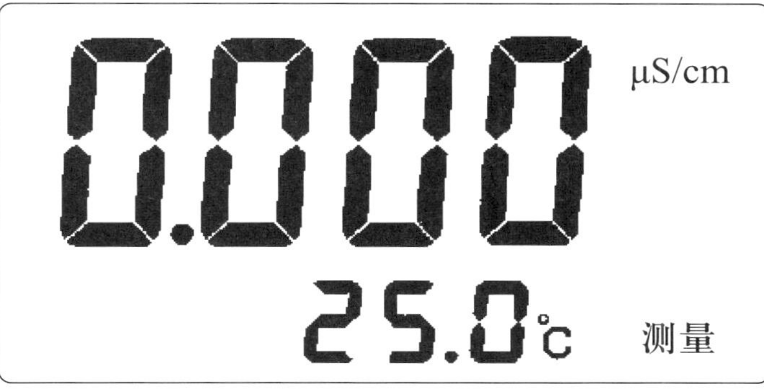

图 8-5 设置温度状态

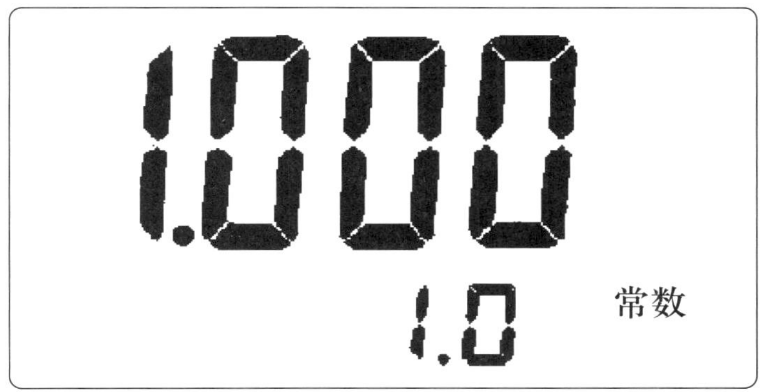

图 8-6 电极常数设置状态

例如，电极常数为“1”的设置：按“电极常数▽”或“电极常数△”，电极常数的显示在 10、1、0.1、0.01 之间转换。如果电导电极上贴的电极常数为“1.010”，则首先选择“1”并按“确认”键；然后按“常数数值▽”或“常数数值△”，使常数数值显示“1.010”，按“确认”键。此时完成电极常数的设置（电极常数为上下二组数值的乘积）。电极常数为“1”的设置状态如图 8-7 所示。

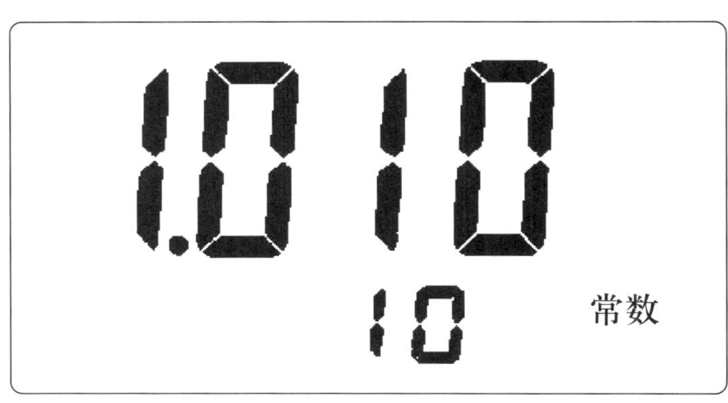

图 8-7 电极常数为“1”的设置状态

如想放弃设置，则按“测量”键，可返回测量状态。

（三）测量

电导率范围及推荐使用对应电极常数见表8－4。

表8－4　电导率范围及推荐使用对应电极常数

电导率范围/（μS/cm）	推荐使用对应电极常数
0.05～2	0.01，0.1
2～200	0.1，1.0
200～200 000	1.0

经过上述设置操作流程，仪器可用来测量被测溶液，按“测量”键，使仪器进入电导率测量状态，如图8－8所示。

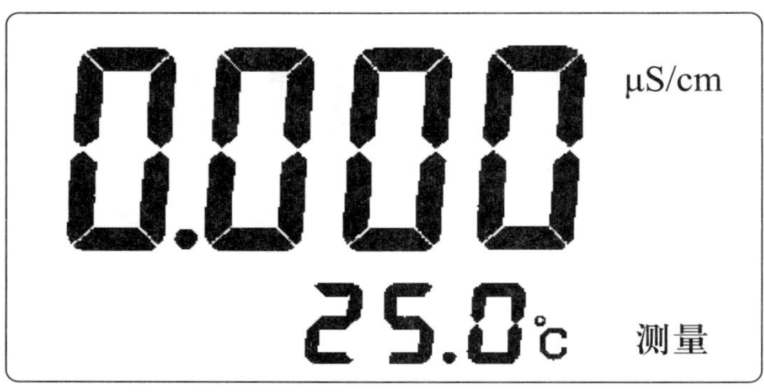

图8－8　电导率测量状态

用温度计测出被测溶液的温度，按温度设置操作步骤进行温度设置；仪器接上电导电极，用蒸馏水清洗电极头部，再用被测溶液清洗一次，将电导电极浸入被测溶液中，用玻璃棒搅拌溶液使溶液均匀，在显示屏上读取溶液的电导率值。如溶液温度为25.5 ℃，电导率值为1.010 mS/cm，则仪器测量显示如图8－9所示。

图8－9　仪器测量显示

（四）注意事项

电极使用前必须放入蒸馏水中浸泡数小时，经常使用的电极应放（储存）在蒸馏水中。

为确保测量精度，在仪器使用前，用该仪器对电极常数进行重新标定，同时应定期进行电导电极常数标定；在测量高纯水时应避免污染，正确选择电导电极的常数并最好采用密封、流动的测量方式；电极使用前应使用小于 0.5 μS/cm 的去离子水（或蒸馏水）冲洗两次，然后用被测试样冲洗后方可测量。

电极插头、插座要防止受潮，以免造成不必要的测量误差。

在检验过程中应及时记录电导率的原始数据。电导率检验原始数据记录表见表 8－5。

表 8－5　　电导率检验原始数据记录表

编码：

品名		检验数据记录编号	
批号		检验日期	
检验方法：			
判定标准：			
仪器设备：			
检验时温度：______ ℃（要求 20 ℃或室温）。 样品电导率读数：1. ________；2. ________；3. ________。 平均数：________。			
结论：□符合规定　□不符合规定			
复核人：		检验员：	

三、罗氏泡沫仪测定泡沫高度

（一）测定前准备

1. 试剂或材料

氯化钙（$CaCl_2$）、硫酸镁（$MgSO_4 \cdot 7H_2O$）。

2. 仪器和器皿

（1）泡沫仪。

（2）滴液管。

（3）刻度量管。

（4）可控制水温于（40 ± 1）℃的超级恒温器。

（5）分度值小于或等于 0.5 ℃、量程为 0～100 ℃的温度计。

（6）150 mL、1 000 mL 的烧杯。

（7）1 L 容量瓶。

（二）测定程序

详见任务二中的“相关知识”部分内容。

在检验过程中应及时记录泡沫检验原始数据。泡沫检验原始数据记录表见表 8－6。

表 8－6　　泡沫检验原始数据记录表

编码：

<table>
<tr><td>品名</td><td></td><td>检验数据记录编号</td><td></td></tr>
<tr><td>批号</td><td></td><td>检验日期</td><td></td></tr>
<tr><td colspan="4">检验方法：</td></tr>
<tr><td colspan="4">判定标准：</td></tr>
<tr><td colspan="4">仪器设备：</td></tr>
<tr><td colspan="4">样品稀释：称取样品______g（要求 2.5 g），用已预热的 150 mg/kg 硬水溶解试样至______ mL（要求 1 000 mL），并使最终溶液的温度在（40 ±0.5）℃，再将溶液置于（40 ±0.5）℃恒温水浴中陈化，从加水溶解开始到陈化结束总时间______ min（要求 30 min）。
检验温度：____ ℃［要求（40 ±0.5）℃或室温］。
样品泡沫高度读数：1. __________mm；2. __________mm；3. __________mm。
平均数：________mm；偏差：________mm。</td></tr>
<tr><td colspan="4">结论：□符合规定　□不符合规定</td></tr>
<tr><td colspan="2">复核人：</td><td colspan="2">检验员：</td></tr>
</table>

四、离心考验

（一）检验前准备

1. 仪器

（1）最大相对离心力为 19.6～30.7 N 的角式低速台式离心机。

（2）刻度为 10 mL 的离心管 2 支。

（3）控制精度 ±1 ℃的电热恒温培养箱。

（4）分度值为 0.5 ℃的温度计。

2. 装液

插上电源线，打开盖门，把等量的离心试液对称放入转子内，如果有液的离心管放不满，必须把空的离心管放到转子内。只有这样，才能使离心机达到整体平稳，不影响分离效果，不会使离心机产生震动。

（二）操作

在离心管中注入试样约 2/3 高度并装实，用塞子塞好。然后放入预先调节到 38 ℃的电热恒温培养箱内，保持 1 h 后，立即移入离心机中，并将离心机调整到 2 000 r/min 的转速，旋转 30 min 取出观察。

在检验过程中及时记录离心考验检验原始数据。离心考验检验原始数据记录表见表 8－7。

表 8－7　　　　**离心考验检验原始数据记录表**

编码：

品名		检验数据记录编号	
批号		检验日期	
检验方法：			
判定标准：			
仪器设备：			
检验时样品温度______℃（要求 38 ℃）；恒温时间______min。 样品观察 1：______________；样品观察 2：______________。 综合结果：______________。			
结论：□符合规定　□不符合规定			
复核人：		检验员：	

五、稳定性试验之耐热试验

（一）试验前准备

耐热试验所需仪器：

（1）分度值为 0.5 ℃的温度计。

（2）温控精度为 ±1 ℃的电热恒温培养箱。

（二）操作

将试样分别倒入 2 支 20 mm × 120 mm 的试管内，使液面高度约 80 mm，塞上干净的塞子。把一支待检验的试管置于预先调节至 40 ℃的电热恒温培养箱内，保持 24 h 后取出，恢复至室温后与另一支试管的试样进行目测比较。

在检验过程中及时记录原始数据。耐热试验检验原始数据记录表见表 8－8。

表 8－8　　　　**耐热试验检验原始数据记录表**

编码：

品名		检验数据记录编号	
批号		检验日期	
检验方法：			
判定标准：			
仪器设备：			
检验时样品检测：温度______℃（要求温度 40 ℃）；放置时间______h，恢复至室温后观察。 对比样品放置：温度______℃（室温）。 检验样品观察：______________________________。 对比样品观察：______________________________。 对比后结果：______________________________。			

续表

结论：□符合规定 □不符合规定	
复核人：	检验员：

六、稳定性试验之耐寒试验

（一）试验前准备

耐寒试验所需仪器：

（1）分度值为0.5 ℃的温度计。

（2）温控精度为±2 ℃的冰箱。

（二）操作

将试样分别倒入2支20 mm×120 mm的试管内，使液面高度约80 mm，塞上干净的塞子。把一支待检验的试管置于预先调节至－8 ℃的冰箱内，保持24 h后取出，恢复至室温后与另一支试管的试样进行目测比较。

在检验过程中及时记录原始数据。耐寒试验检验原始数据记录表见表8－9。

表8－9　耐寒试验检验原始数据记录表

编码：

品名		检验数据记录编号	
批号		检验日期	
检验方法：			
判定标准：			
仪器设备：			
检验样品检测：温度______ ℃（要求温度－8 ℃），放置时间______h，恢复至室温后观察。 对比样品放置：温度______ ℃（室温）。 检验样品观察：____。 对比样品观察：____。 对比后结果：____。			
结论：□符合规定 □不符合规定			
复核人：		检验员：	

七、折光率检验

本实训采用阿贝折光仪法进行折光率的检验。

（一）检验前准备

1. 试剂

（1）蒸馏水，20 ℃时的折光指数为1.333 0。

（2）1-溴萘，20 ℃时的折光指数为 1.658 5。

2. 仪器

（1）阿贝折光仪：可直接读出 1.300 0 ~ 1.720 0 范围内的折光指数，精密度为 ±0.000 2。

（2）恒温水浴或可恒定温度的装置：保证循环水流通过阿贝折光仪时能保持在规定测试温度 ±0.2 ℃。

（3）光源：钠光。用漫射光或电灯光作折光仪光源时，应使用消色补偿棱镜。

（4）玻璃片（供选用），已知折光指数。

（二）操作

1. 试样制备

使试样温度接近测定温度。

2. 阿贝折光仪的校准

（1）通过测定标准物质的折光指数来校准阿贝折光仪。

注：有些仪器可按其制造商提供的指南直接用玻璃片调节。

（2）保持阿贝折光仪的温度恒定在规定的测定温度上。在测定过程中，该温度波动范围应在规定的温度 ±0.2 ℃内。

注：参考温度为 20 ℃，具体温度参见产品标准。

3. 步骤

（1）测定前清洗棱镜表面。可用脱脂棉先后蘸取易挥发溶剂乙醇和乙醚轻擦，待溶剂挥发，棱镜完全干燥。

（2）将恒温水浴与棱镜连接，调节水浴温度，使棱镜温度保持在所要求的操作温度。

（3）按规定校准折光仪读数。

（4）用滴管向下面棱镜加几滴试样，迅速合上上面棱镜并旋紧。试样应均匀充满视野而无气泡。静置数分钟，待棱镜温度恢复到所要求的操作温度上。

（5）对准光源，由目镜观察，转动补偿器螺旋使明暗两部分界限清晰，所呈彩色完全消失。再转动标尺指针螺旋，使分界线恰通过接物镜上“×”线的焦点上。

（6）准确读出标尺上折光指数至小数点后四位。

（三）结果表示

测定结果以两次测定的平均值表示，结果保留至小数点后三位。

在检验过程中及时记录检验原始数据。折光率检验原始数据记录表见表 8－10。

表 8－10　　折光率检验原始数据记录表

编码：

品名		检验数据记录编号	
批号		检验日期	
检验方法：			
判定标准：			

续表

仪器设备：	
检验时温度：______ ℃（要求 20 ℃）。校正用物：纯化水。 纯化水读数：1. __________；2. __________；3. __________。平均数：__________。 样品读数：1. __________；2. __________；3. __________。平均数：__________。	
结论：□符合规定　□不符合规定	
复核人：	检验员：

八、相对密度检验

本实训采用密度瓶法进行相对密度的检验。

（一）仪器

（1）密度瓶：带有温度计的 25 mL 密度瓶，温度计分度值为 0.5 ℃。

（2）恒温水浴：温控精度为 ±0.5 ℃。

（3）分析天平：感量为 0.000 1 g。

（二）步骤

取洁净的密度瓶置于 100～105 ℃的干燥箱中干燥至恒重，称其质量（精确至 0.000 1 g）。然后加入刚经煮沸而冷却至比规定温度低约 2 ℃的蒸馏水，装满密度瓶，插入温度计，然后将瓶置于规定温度的恒温水浴中，保持 20 min。待蒸馏水达到规定温度后，用滤纸擦去毛细管溢出的水，盖上小帽，然后将密度瓶从水浴中取出，擦干其外部的水，称其质量（精确至 0.000 1 g）。

将试样小心地加入洁净干燥的同一密度瓶中，插入温度计，按照称取蒸馏水质量的方法进行恒温称重。

（三）数据处理

1. 计算

相对密度计算公式如下：

$$D_{t_0}^{t} = (m_3 - m_1) / (m_2 - m_1)$$

式中，$D_{t_0}^{t}$ 为试样在 t ℃时相对于 t_0℃时同体积水的相对密度；m_1 为空密度瓶的质量，单位为克（g）；m_2 为试样和密度瓶的质量之和，单位为克（g）；m_3 为水和密度瓶的质量之和，单位为克（g）。

2. 精密度

两次平行试验绝对误差不大于 0.002。

在检验过程中及时记录检验原始数据。相对密度检验原始数据记录表见表 8－11。

表 8－11　　相对密度检验原始数据记录表

编码：

品名		检验数据记录编号	
批号		检验日期	

续表

检验方法：	
判定标准：	
仪器设备：	
检验时温度：________℃。 比重瓶重量：________g。 比重瓶及水的重量：________g。 比重瓶及供试品重量：________g。 相对密度：________。	
结论：□符合规定　□不符合规定	
复核人：	检验员：

任务实施

一、熟练掌握质量检验常用仪器的结构组成及功能。

二、熟练掌握常用仪器的测定操作。

三、熟练掌握常用仪器的维护保养。

四、能按产品执行标准进行理化指标检验。

任务测评

任务结束后，填写任务测评表 8－12。

表 8－12　　任务测评表

序号	考核内容	考核标准	配分	得分
1	素质考核	课堂出勤率、学习态度、行为规范	30	
2	课堂表现	课堂互动、团队协作、创新建议	30	
3	专业知识	化妆品常见理化指标检验方法	40	
合计			100	

思考与练习

1. 化妆品常用理化指标检验项目有哪些？
2. 写出 pH 计的测定原理。
3. 写出电导率仪的操作方法。
4. 写出罗氏泡沫仪的操作方法。

课题二　护手霜理化检验实训

化妆品理化指标项目是化妆品质量控制和出厂检验的重要内容，本次实训以护手霜为实训检验样品，按照产品的执行标准对产品进行检验。

任务一　接受任务

学习目标

【知识目标】能识读任务书。

【技能目标】能初步评估任务计划（生产范围、生产能力、法规符合性等）。

【素养目标】培养接受、分析、评估任务的能力。

任务引入

某化妆品公司招收新员工，对安排至质量部检验中心的理化组员工进行岗前培训，完成护手霜理化检验实训操作。

任务分析

护手霜的理化检验指标主要有 pH 值、耐热试验、耐寒试验、离心考验等，均需要在成品上进行检验，只有这些指标检验合格才能放行，检验中心按照标准要求进行检验并出具单项检验结果。

相关知识

护手霜的外观是介于膏霜和乳液之间的乳化类护肤化妆品，产品质量执行《护肤乳液》（GB/T 29665—2013）和《润肤膏霜》（QB/T 1857—2013）。本实训护手霜按《护肤乳液》（GB/T 29665—2013）的理化指标中的 pH 值、耐热试验、耐寒试验、离心考验 4 个项目进行检验。

任务实施

一、任务接受

见附表 1 任务接受单。

二、任务计划

见附表 2 任务计划表。

任务测评

任务结束后，填写任务测评表 8－13。

表 8－13 任务测评表

序号	考核内容	考核标准	配分	得分
1	素质考核	课堂出勤率、学习态度、行为规范	30	
2	课堂表现	课堂互动、团队协作、创新建议	30	
3	专业知识	护手霜理化检验实训任务的分析评价能力	40	
合计			100	

任务二　护手霜的理化检验

学习目标

【知识目标】掌握护手霜的理化检验指标。
【技能目标】掌握护手霜的理化检验的操作方法。
【素养目标】提升职业素养，学以致用，培养敬业、务实的职业精神。

任务引入

接已完成的上一任务。

任务分析

上一任务已了解课题计划和护手霜理化检验的实训计划，本任务进一步了解护手霜理化指标的检验方法，完成实训操作。

相关知识

护手霜的感官指标和理化指标见表 8－14。

表 8－14 护手霜的感官指标和理化指标

项目		指标（水包油型）
感官指标	外观	均匀一致（添加不溶性颗粒或不溶粉末的产品除外）
	香气	符合企业规定
理化指标	pH 值（25 ℃）	4.0～8.5（含 α-羟基酸、β-羟基酸的产品可按企标执行）
	耐热	（40±1）℃保持 24 h，恢复至室温后无分层现象
	耐寒	（－8±2）℃保持 24 h，恢复至室温后无分层现象
	离心考验	2 000 r/min，30 min 不分层（添加不溶颗粒或不溶粉末的除外）

任务实施

本实训护手霜理化指标的检验项目包括 pH 值、耐热试验、耐寒试验、离心考验，应准备齐各项目所需的试剂和仪器进行检验。

一、pH 值检验

（一）检验流程

pH 值检验流程如图 8－10 所示。

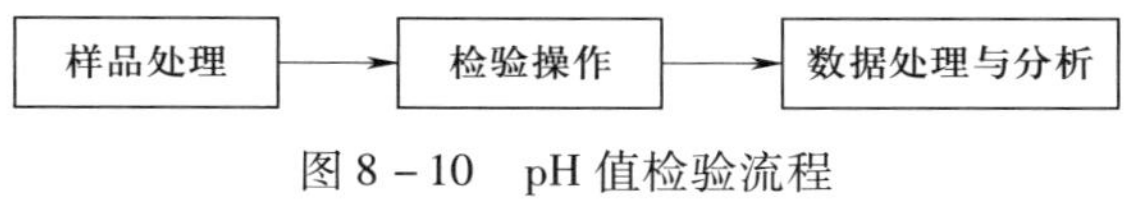

图 8－10　pH 值检验流程

（二）实训

1. 检验前准备

（1）试剂和材料

1）邻苯二甲酸氢钾标准缓冲溶液（25 ℃时 pH 值为 4.00）。

2）磷酸盐标准缓冲溶液（25 ℃时 pH 值为 6.88）。

3）硼酸钠标准缓冲溶液（25 ℃时 pH 值为 9.22）。

（2）仪器和设备：

1）精密酸度计（精度为 0.02）。

2）复合电极或玻璃电极和甘汞电极。

3）磁力搅拌器（附有加温控制功能）。

4）烧杯（50 mL）。

5）天平。

2. 分析步骤

（1）样品处理。称取样品 1 份约 2 g（精确到 0.1 g），加不含二氧化碳的去离子水 9 份，加热至 40 ℃，并不断搅拌至均匀，冷却至室温作为待测溶液。

（2）测定

1）先用 pH 试纸检验样品试液的 pH 值。

2）电极校准。选用与样品 pH 值相近的两种标准缓冲溶液在所规定的温度下进行校准或在温度补偿条件下进行校准。

3）样品测定。用去离子水洗涤电极，用滤纸吸干后，将电极插入被测样品中，启动搅拌器，待酸度计读数稳定 1 min 后，停搅拌器，直接从仪器上读出 pH 值。测试两次，误差范围 ±0.1，取其读数平均值。

测定完毕后，将电极用去离子水冲洗干净，其中玻璃电极浸在去离子水中备用。

3. 分析结果的表述

pH 值的结果以两次测量的读数平均值表示，精确度为 0.01。pH 值两次测量值之差应小于等于 0.1。

4. 记录

在检验过程中及时记录 pH 值原始数据。

二、离心考验

（一）检验流程

离心考验检验流程如图 8－11 所示。

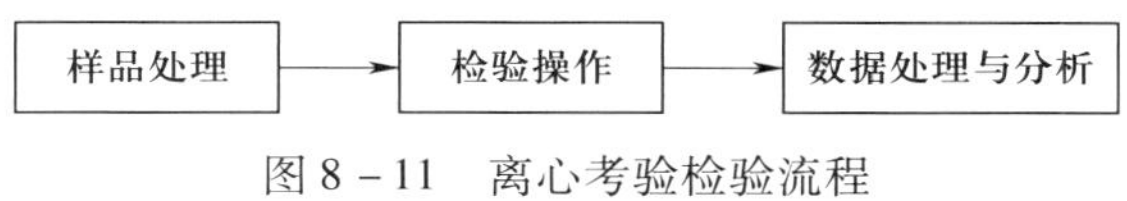

图 8－11　离心考验检验流程

（二）实训

1. 检验前准备

离心考验检验仪器如下：

（1）角式低速台式离心机（最大相对离心力为 19.6～30.7 N）。

（2）离心管（刻度为 10 mL，2 支）。

（3）电热恒温培养箱（控精度为 ±1 ℃）。

（4）温度计（分度值为 0.5 ℃）。

2. 操作

于离心管中注入护手霜试样约 2/3 高度并装实，用塞子塞好。放入预先调节到 38 ℃的电热恒温培养箱内，保持 1 h 后，立即移入离心机中，并将离心机调整到 2 000 r/min 的转速，旋转 30 min 后取出观察。

3. 记录

在检验过程中及时记录离心考验检验原始数据。

三、耐热试验

（一）检验流程

耐热试验检验流程如图 8－12 所示。

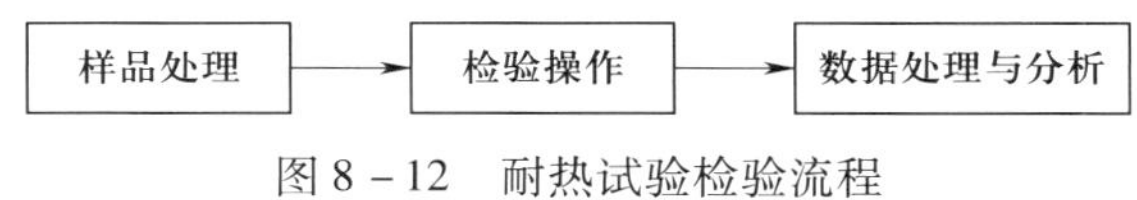

图 8－12　耐热试验检验流程

（二）实训

1. 检验前准备

耐热试验检验仪器如下：

（1）温度计（分度值为 0.5 ℃）。

（2）电热恒温培养箱（温控精度为 ±1 ℃）。

2. 操作

将护手霜试样分别倒入 2 支 20 mm × 120 mm 的试管内，使液面高度约 80 mm，塞上干净的塞子。把一支待检验的试管置于预先调节至 40 ℃ 的电热恒温培养箱内，保持 24 h 后取出，恢复至室温后与另一支试管的试样进行目测比较。

3. 记录

在检验过程中及时记录原始数据。

四、耐寒试验

（一）检验流程

耐寒试验检验流程如图 8 – 13 所示。

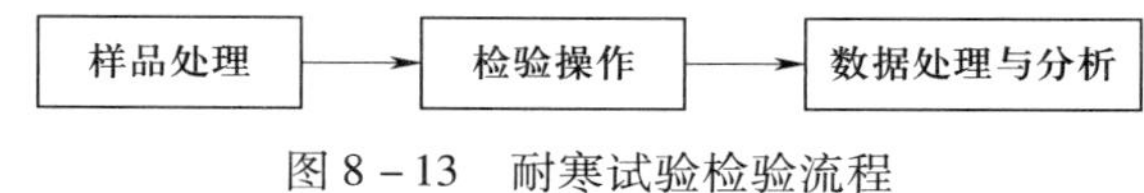

图 8 – 13　耐寒试验检验流程

（二）实训

1. 检验前准备

耐寒试验检验仪器如下：

（1）温度计（分度值为 0.5 ℃）。

（2）冰箱（温控精度为 ±2 ℃）。

2. 操作

将护手霜试样分别倒入 2 支 20 mm × 120 mm 的试管内，使液面高度约 80 mm，塞上干净的塞子。把一支待检验的试管置于预先调节至 –8 ℃ 的冰箱内，保持 24 h 后取出，恢复至室温后与另一支试管的试样进行目测比较。

3. 记录

在检验过程中及时记录原始数据。

任务测评

任务结束后，填写实操任务测评表 8 – 15。

表 8 – 15　　实操任务测评表

序号	考核内容	考核标准	配分	得分
1	实训项目基础	能准确辨识护手霜理化指标、检验方法	30	
2	实训项目操作	能按操作规程进行护手霜理化检验	30	
3	6S 管理	遵守 6S 管理	40	
合计			100	

任务三　总结及归档

学习目标

【知识目标】能对实训样品的各理化指标的检验结果进行统计，判断样品的质量稳定性。

【技能目标】能分析护手霜理化检验实训的完成情况，撰写总结报告。

【素养目标】培养负责、严谨的工作态度，树立大局观，提高分析、解决实际问题的能力。

任务引入

接已完成的上两个任务。

任务分析

前面的任务已完成课题实训任务，本任务进一步对实训结果进行统计、分析并总结归档。

相关知识

实训结果评价流程如图 8－14 所示。

图 8－14　实训结果评价流程

任务实施

一、实训任务结果的统计

对护手霜理化检验实训结果进行统计。

二、实训任务结果的分析

1. 对护手霜理化检验实训结果进行分析，判断检验结果的可靠性、有效性。

2. 根据护手霜理化检验实训数据评价，初步判断数据的有效性，检查检验样品的质量情况。

3. 通过实训结果确认技能的掌握程度。

三、总结与归档

1. 将护手霜理化检验实训任务实施过程进行总结。
2. 将护手霜理化检验实训数据进行整理归档。

任务测评

任务结束后，填写任务测评表 8－16。

表 8－16　任务测评表

序号	考核内容	考核标准	配分	得分
1	素质考核	课堂出勤率、学习态度、行为规范	30	
2	课堂表现	课堂互动、团队协作、创新建议	30	
3	专业知识	护手霜理化检验实训任务总结及归档能力	40	
合计			100	

思考与练习

1. 护手霜理化检验项目有哪些？
2. 写出护手霜 pH 值检验的操作步骤。

课题三　护手霜菌落总数检验实训

任务一　接受任务

学习目标

【知识目标】能识读任务书。
【技能目标】能初步评估任务计划（生产范围、生产能力、法规符合性等）。
【素养目标】培养接受、分析、评估任务的能力。

任务引入

某化妆品公司招收新员工，对安排至质量部检验中心的理化组员工进行岗前培训，完成

护手霜菌落总数检验实训操作。

任务分析

护手霜出厂检验的卫生指标主要有菌落总数、霉菌和酵母菌总数等，均需要在成品上进行检验，只有这些指标检验合格才能放行，检验中心按照标准要求进行检验并出具单项检验结果。

任务实施

一、任务接受

见附表1任务接受单。

二、任务计划

见附表2任务计划表。

任务测评

任务结束后，填写任务测评表8－17。

表8－17　　任务测评表

序号	考核内容	考核标准	配分	得分
1	素质考核	课堂出勤率、学习态度、行为规范	30	
2	课堂表现	课堂互动、团队协作、创新建议	30	
3	专业知识	护手霜菌落总数检验实训任务的分析评价能力	40	
合计			100	

任务二　护手霜菌落总数检验

学习目标

【知识目标】掌握护手霜菌落总数检验的方法。

【技能目标】掌握护手霜菌落总数检验的操作。

【素养目标】强化安全生产意识，提高团队协作能力。

任务引入

接已完成的上一任务。

任务分析

上一任务已了解课题计划和护手霜菌落总数检验的实训计划，本任务进一步了解护手霜菌落总数的检验方法，完成实训操作。

相关知识

一、菌落总数的定义

菌落总数是化妆品检验样品经过处理，在一定条件下（如培养基成分、培养温度、培养时间、pH 值、需氧性质等）培养后，1 g 或 1 mL 检验样品中所含菌落的总数。所得结果只包括一群本方法规定的条件下生长的嗜中温的需氧性和兼性厌氧菌菌落总数。

检验菌落总数便于判明样品被细菌污染的程度，是对样品进行卫生学总评价的综合依据。

二、常用培养基和试剂

（一）生理盐水

1. 成分

氯化钠，8.5 g；蒸馏水加至 1 000 mL。

2. 制法

溶解后，分装到加玻璃珠的三角瓶内，每瓶装 90 mL，121 ℃高压灭菌 20 min。

（二）营养琼脂培养基

1. 成分

蛋白胨，20 g；牛肉膏，3 g；氯化钠，5 g；琼脂，15 g；卵磷脂，1 g；吐温 80，7 g；蒸馏水，1 000 mL。

2. 制法

先将卵磷脂加到少量蒸馏水中，加热溶解，加入吐温 80。将其他成分（除琼脂外）加到其余的蒸馏水中，溶解后加入已溶解的卵磷脂、吐温 80，混匀，调 pH 值为 7.1 ~ 7.4，加入琼脂，121 ℃高压灭菌 20 min，储存于阴暗处备用。

（三）0.5% 氯化三苯四氮唑（TTC）溶液

1. 成分

TTC，0.5 g；蒸馏水，100 mL。

2. 制法

溶解后过滤除菌，或 115 ℃高压灭菌 20 min，装于棕色试剂瓶，置 4 ℃冰箱备用。

三、样品的采集及注意事项

（1）所采集的样品，应具有代表性，一般视每批化妆品的数量，随机抽取相应数量的

包装单位。检验时，应从不少于 2 个包装单位的样品中共取 10 g 或 10 mL。包装量小于 20 g 的样品，采样时可适当增加样品包装数量。

（2）供检样品应严格保持原有的包装状态，容器不应有破裂，在检验前不得打开，以防止样品被污染。

（3）接到样品后，应立即登记，编写检验序号，并按检验要求尽快检验。如不能及时检验，样品应置于阴凉干燥处，不要冷藏或冷冻。

（4）若只有一份样品而同时需做如微生物、毒理、化学等多种分析，则宜先取出部分样品做微生物检验，再将剩余样品做其他分析。

（5）在检验过程中，从打开包装到全部检验操作结束，均须防止微生物的再污染和扩散，所用器皿及材料均应事先灭菌，全部操作应在符合生物安全要求的实验室中进行。

四、供检样品的制备

（一）液体样品

1. 水溶性的液体样品

用灭菌吸管吸取 10 mL 样品加到 90 mL 灭菌生理盐水中，混匀后，制成 1∶10 检液。

2. 油性液体样品

取样品 10 g，先加 5 mL 灭菌液体石蜡混匀，再加 10 mL 灭菌的吐温 80，在 40 ~ 44 ℃水浴中振荡混合 10 min，加入灭菌的生理盐水 75 mL（在 40 ~ 44 ℃水浴中预温），在 40 ~ 44 ℃水浴中乳化，制成 1∶10 的悬液。

（二）膏、霜、乳剂半固体状样品

1. 亲水性的样品

称取样品 10 g，加到装有玻璃珠及 90 mL 灭菌生理盐水的三角瓶中，充分振荡混匀，静置 15 min。用其上清液作为 1∶10 的检液。

2. 疏水性样品

称取样品 10 g，置于灭菌的研钵中，加 10 mL 灭菌液体石蜡，研磨成黏稠状，再加入 10 mL 灭菌吐温 80，研磨待溶解后，加 70 mL 灭菌生理盐水，在 40 ~ 44 ℃水浴中充分混合，制成 1∶10 检液。

（三）固体样品

称取样品 10 g，加到 90 mL 灭菌生理盐水中，充分振荡混匀，使其分散混悬。静置后，取上清液作为 1∶10 的检液。

五、菌落计数方法

先用肉眼观察，点数菌落数，然后再用 5 ~ 10 倍的放大镜检查，以防遗漏。记下各平皿的菌落数后，求出同一稀释度各平皿生长的平均菌落数。若平皿中有连成片状的菌落或花点样菌落蔓延生长时，则该平皿不宜计数。若片状菌落不到平皿中的一半，而其余一半菌落数分布又很均匀，则可将此半个平皿菌落计数后乘以 2，以代表全平皿菌落数。

六、菌落总数报告方法

（1）首先选取平均菌落数为30～300个的平皿，作为菌落总数测定的范围。当只有一个稀释度的平均菌落数符合此范围时，即以该平皿菌落数乘以其稀释倍数报告（见表8－18中例次1）。

（2）若有两个稀释度，其平均菌落数均为30～300，则应求出两菌落总数之比值来确定。若其比值小于或等于2，应报告其平均数；若大于2，则以其中稀释度较低的平皿的菌落数报告（见表8－18中例次2及例次3）。

（3）若所有稀释度的平均菌落数均大于300，则应按稀释度最高的平均菌落数乘以稀释倍数报告（见表8－18中例次4）。

（4）若所有稀释度的平均菌落数均小于30，则应按稀释度最低的平均菌落数乘以稀释倍数报告（见表8－18例次5）。

（5）若所有稀释度的平均菌落数均不是30～300，其中一个稀释度大于300，而相邻的另一稀释度小于30时，则以接近30或300的平均菌落数乘以稀释倍数报告（见表8－18中例次6）。

表8－18　细菌计数结果及报告方式

例次	不同稀释度平均菌落数			两稀释度菌数之比	菌落总数/（CFU/mL或CFU/g）	报告方式/（CFU/mL或CFU/g）
	10^{-1}	10^{-2}	10^{-3}			
1	1 365	164	20	—	16 400	16 000或1.6×10^4
2	2 760	295	46	1.6	38 000	38 000或3.8×10^4
3	2 890	271	60	2.2	27 100	27 000或2.7×10^4
4	不可计	4 650	513	—	513 000	510 000或5.1×10^5
5	27	11	5	—	270	270或2.7×10^2
6	不可计	305	12	—	30 500	31 000或3.1×10^4
7	0	0	0	—	<10	<10

注：CFU为菌落形成单位。

（6）若所有的稀释度均无菌生长，报告数为每g或每mL小于10 CFU。

（7）菌落总数的报告，菌落数在10以内时，按实有数值报告；大于100时，采用二位有效数字，在二位有效数字后面的数值，应以四舍五入法计算。为了缩短数字后面零的个数，可用10的指数来表示（见表8－18报告方式栏）。在报告菌落数为“不可计”时，应注明样品的稀释度。

（8）按重量取样的样品以CFU/g为单位报告；按体积取样的样品以CFU/mL为单位报告。

任务实施

一、检验准备

（一）仪器和设备

（1）三角瓶，250 mL。

（2）量筒，200 mL。

（3）pH 计或精密 pH 试纸。

（4）高压灭菌器。

（5）试管，18 mm×150 mm。

（6）灭菌平皿，直径 90 mm。

（7）灭菌刻度吸管，10 mL、1 mL。

（8）酒精灯。

（9）恒温培养箱，（36±1）℃。

（10）放大镜。

（11）恒温水浴箱，（55±1）℃。

（二）培养基和试剂

（1）生理盐水。

（2）营养琼脂培养基。

（3）0.5% 氯化三苯四氮唑（TTC）溶液。

（三）检验样品

×××牌护手霜（批号：××××××）。

二、操作步骤

（一）试样液的制备

在化妆品的微生物检验中，最开始的工作就是试样液的制备。为了计算细菌个数，试样液必须稀释，需要将试样液配成 1∶10、1∶100 和 1∶1 000 三种规格的稀释液。

用灭菌吸管吸取 1∶10 稀释的检液 2 mL，分别注入两个灭菌平皿内，每皿 1 mL。另取 1 mL 注入 9 mL 灭菌生理盐水试管中（注意勿使吸管接触液面），更换一支吸管，并充分混匀，制成 1∶100 检液。吸取 2 mL，分别注入到两个灭菌平皿内，每皿 1 mL。如样品含菌量高，还可再稀释成 1∶1 000、1∶10 000、…，每个稀释度应换 1 支吸管。

（二）检验平皿的制作及培养

（1）将融化并冷却至 45～50 ℃的营养琼脂培养基倾注到平皿内，每个平皿约 15 mL，随即转动平皿，使样品与培养基充分混合均匀，待营养琼脂凝固后，翻转平皿，将其置于（36±1）℃培养箱内培养（48±2）h。另取一个不加样品的灭菌空平皿，加入约 15 mL 营养琼脂培养基，待营养琼脂凝固后，翻转平皿，置（36±1）℃培养箱内培养

(48 ±2) h，作为空白对照。

(2) 为便于区别化妆品中的颗粒与菌落，可在每 100 mL 营养琼脂中加入 1 mL 0.5% 的 TTC 溶液。如有细菌存在，培养后菌落呈红色，而化妆品的颗粒颜色无变化。

(三) 菌落计数方法

先用肉眼观察，点数菌落数，然后再用 5 ~ 10 倍的放大镜检查，以防遗漏。记下各平皿的菌落数后，求出同一稀释度各平皿生长的平均菌落数。若平皿中有连成片状的菌落或花点样菌落蔓延生长时，则该平皿不宜计数。若片状菌落不到平皿中的一半，而其余一半菌落数分布又很均匀，则可将此半个平皿菌落计数后乘以 2，以代表全平皿菌落数。

(四) 菌落总数报告方法

填写菌落总数检验原始数据记录表 8 - 19。

表 8 - 19　菌落总数检验原始数据记录表

编码：

品名			检验数据记录编号			
批号			检验日期			
检验方法：						
判定标准：						
仪器设备：						
检验项目	平皿号	阴性对照	菌落数			结果
			10^{-1}	10^{-2}	10^{-3}	
36 ~ 37 ℃培养 48 h； 样品：1 g 或 1 mL 稀释于 9 mL 无菌生理盐中； 培养基：营养琼脂	1					
	2					
	3					
	平均数					
结论：□符合规定　□不符合规定						
复核人：			检验员：			

任务测评

任务结束后，填写实操任务测评表 8 - 20。

表 8 - 20　实操任务测评表

序号	考核内容	考核标准	配分	得分
1	实训项目基础	能准确辨识护手霜菌落总数检验方法	30	
2	实训项目操作	能按操作规程进行护手霜菌落总数项目检验	30	
3	6S 管理	遵守 6S 管理	40	
合计			100	

任务三　总结及归档

学习目标

【知识目标】能运用微生物检验方法分析护手霜被污染的情况。

【技能目标】能分析护手菌落总数检验实训完成情况，并撰写总结报告。

【素养目标】培养负责、严谨的工作态度，树立大局观，提高分析、解决实际问题的能力。

任务引入

接已完成的上两个任务。

任务分析

前面的任务已完成课题实训任务，本任务进一步对实训结果进行统计、分析并总结归档。

相关知识

实训结果评价流程如图 8－15 所示。

图 8－15　实训结果评价流程

任务实施

一、实训结果的统计

对护手霜菌落总数检验实训结果进行统计。

二、实训任务完成情况的分析

（1）对护手霜菌落总数检验实训结果进行分析，判断实训结果的可靠性与有效性。

（2）根据护手霜菌落总数检验数据评价，初步判断数据的有效性，检验样品被污染情况。

（3）通过实训结果确认技能的掌握程度。

三、总结与归档

1. 将护手霜菌落总数检验实训任务实施过程进行总结。

2. 将护手霜菌落总数检验实训数据进行整理归档。

任务测评

任务结束后，填写任务测评表 8－21。

表 8－21 任务测评表

序号	考核内容	考核标准	配分	得分
1	素质考核	课堂出勤率、学习态度、行为规范	30	
2	课堂表现	课堂互动、团队协作、创新建议	30	
3	专业知识	护手霜菌落总数检验实训任务总结归档能力	40	
合计			100	

思考与练习

1. 写出护手霜菌落总数检验的操作步骤。
2. 护手霜菌落总数检验时如何计数？

课题四　护手霜霉菌和酵母菌总数检验实训

任务一　接受任务

学习目标

【知识目标】能识读任务书。
【技能目标】能初步评估任务计划（生产范围、生产能力、法规符合性等）。
【素养目标】培养接受、分析、评估任务的能力。

任务引入

某化妆品公司招收新员工，对安排至质量部检验中心的理化组员工进行岗前培训，完成护手霜霉菌和酵母菌总数检验实训操作。

任务分析

护手霜的微生物出厂检验卫生指标主要有菌落总数、霉菌和酵母菌总数等，均需要在成

品上进行检验，只有这些指标检验合格才能放行，检验中心按照标准要求进行检验并出具单项检验结果。

任务实施

一、任务接受

见附表 1 任务接受单。

二、任务计划

见附表 2 任务计划表。

任务测评

任务结束后，填写任务测评表 8－22。

表 8－22　任务测评表

序号	考核内容	考核标准	配分	得分
1	素质考核	课堂出勤率、学习态度、行为规范	30	
2	课堂表现	课堂互动、团队协作、创新建议	30	
3	专业知识	护手霜霉菌和酵母菌总数检验任务的分析评价能力	40	
合计			100	

任务二　护手霜霉菌和酵母菌总数检验

学习目标

【知识目标】掌握护手霜霉菌和酵母菌总数检验方法。
【技能目标】掌握护手霜霉菌和酵母菌总数检验的操作。
【素养目标】强化安全生产意识，提高团队协作能力。

任务引入

接已完成的上一任务。

任务分析

上一项任务已了解课题计划和护手霜霉菌和酵母菌总数检验的实训计划，本项任务进一步了解护手霜霉菌和酵母菌总数的检验方法，完成实训操作。

相关知识

一、定义

霉菌和酵母菌总数检验：化妆品检样在一定条件下培养后，1 g 或 1 mL 化妆品中所污染的活的霉菌和酵母菌总数，以此判断化妆品被霉菌和酵母菌污染的程度及其一般卫生状况。

本方法根据霉菌和酵母菌特有的形态和培养特性，在虎红培养基上，置（28 ±2）℃培养 5 天，计算所生长的霉菌和酵母菌总数。

二、仪器和设备

（1）恒温培养箱，（28 ±2）℃。
（2）振荡器。
（3）三角瓶，250 mL。
（4）试管，18 mm × 150 mm。
（5）灭菌平皿，直径 90 mm。
（6）灭菌刻度吸管，10 mL、1 mL。
（7）量筒，200 mL。
（8）酒精灯。
（9）高压灭菌器。
（10）恒温水浴箱。

三、培养基和试剂

（一）生理盐水

见本模块课题三的任务二“相关知识”部分内容。

（二）虎红培养基

1. 成分

虎红培养基成分包括：蛋白胨，5 g；葡萄糖，10 g；磷酸二氢钾，1 g；硫酸镁（含 $7H_2O$），0.5 g；琼脂，20 g；1/3 000 虎红溶液（四氯四碘荧光素），100 mL；蒸馏水，加至1 000 mL；氯霉素，100 mg。

2. 制法

将上述各成分（除虎红外）加入蒸馏水中溶解后，再加入虎红溶液。分装后，121 ℃高压灭菌 20 min，另用少量乙醇溶解氯霉素，溶解过滤后加入培养基中，若无氯霉素，使用时每 1 000 mL 加链霉素 30 mg。

任务实施

一、检验准备

（一）仪器和设备

（1）恒温培养箱，（28 ±2）℃。

（2）振荡器。

（3）三角瓶，250 mL。

（4）试管，18 mm×150 mm。

（5）灭菌平皿，直径为 90 mm。

（6）灭菌刻度吸管，10 mL、1 mL。

（7）量筒，200 mL。

（8）酒精灯。

（9）高压灭菌器。

（10）恒温水浴箱。

（二）培养基和试剂

（1）生理盐水。

（2）虎红培养基。

（三）检验样品

×××牌护手霜（批号：××××××）。

二、操作步骤

（一）试样液的制备

在化妆品的微生物检验中，最开始的工作就是试样液的制备。为了计算细菌个数，试样液必须稀释，需要将试样液配成 1∶10、1∶100 和 1∶1 000 三种规格的稀释液。

用灭菌吸管吸取 1∶10 稀释的检液 2 mL，分别注入两个灭菌平皿内，每个平皿 1 mL。另取 1 mL 注入 9 mL 灭菌生理盐水试管中（注意勿使吸管接触液面），更换一支吸管，并充分混匀，制成 1∶100 检液。吸取 2 mL，分别注入到两个灭菌平皿内，每皿 1 mL。如样品含菌量高，还可再稀释成 1∶1 000、1∶10 000，…，每个稀释度应换 1 支吸管。

（二）检验平皿的制作及培养

将融化并冷却至 45～50 ℃的虎红培养基倾注到平皿内，每个平皿约 15 mL，随即转动平皿，使样品与培养基充分混合均匀，待培养基凝固后，翻转平皿，置（28±2）℃恒温培养箱内培养 5 天。另取一个不加样品的灭菌空平皿，加入约 15 m 虎红培养基，待培养基凝固后，翻转平皿，置（28±2）℃恒温培养箱内培养 5 天，为空白对照。

（三）菌落计数方法

先用肉眼观察，点数菌落数，然后再用 5～10 倍的放大镜检查，以防遗漏。记下各平皿的菌落数后，求出同一稀释度各平皿生长的平均菌落数。若平皿中有连成片状的菌落或花点样菌落蔓延生长时，则该平皿不宜计数。若片状菌落不到平皿中的一半，而其余一半中菌落数分布又很均匀，则可将此半个平皿菌落计数后乘以 2，以代表全平皿菌落数。

（四）霉菌和酵母菌计数

先点数每个平板上生长的霉菌和酵母菌菌落总数，求出每个稀释度的平均菌落数。判定结果时，应选取菌落数在 5～50 个范围之内的平皿计数，乘以稀释倍数后，即为每 g（或 mL）

检样中所含的霉菌和酵母菌总数。其他范围内的菌落数报告应参照菌落总数检验的报告方法报告。

（五）霉菌和酵母菌总数报告方法

填写霉菌和酵母菌总数检验原始数据记录表 8－23。

表 8－23　　霉菌和酵母菌总数检验原始数据记录表

编码：

<table>
<tr><td>品名</td><td colspan="3"></td><td colspan="2">检验数据记录编号</td><td colspan="2"></td></tr>
<tr><td>批号</td><td colspan="3"></td><td colspan="2">检验日期</td><td colspan="2"></td></tr>
<tr><td colspan="8">检验方法：</td></tr>
<tr><td colspan="8">判定标准：</td></tr>
<tr><td colspan="8">仪器设备：</td></tr>
<tr><td rowspan="2" colspan="2">检验项目</td><td rowspan="2">平皿号</td><td rowspan="2">阴性对照</td><td colspan="3">菌落数</td><td rowspan="2">结果</td></tr>
<tr><td>10^{-1}</td><td>10^{-2}</td><td>10^{-3}</td></tr>
<tr><td rowspan="4" colspan="2">（28±2）℃培养 5 天；
样品：1 g 或 1 mL 稀释于 9 mL 无菌生理盐中；
培养基：虎红培养基</td><td>1</td><td></td><td></td><td></td><td></td><td></td></tr>
<tr><td>2</td><td></td><td></td><td></td><td></td><td></td></tr>
<tr><td>3</td><td></td><td></td><td></td><td></td><td></td></tr>
<tr><td>平均数</td><td></td><td></td><td></td><td></td><td></td></tr>
<tr><td colspan="8">结论：□符合规定　□不符合规定</td></tr>
<tr><td colspan="4">复核人：</td><td colspan="4">检验员：</td></tr>
</table>

任务测评

任务结束后，填写实操任务测评表 8－24。

表 8－24　　实操任务测评表

序号	考核内容	考核标准	配分	得分
1	实训项目基础	能准确辨识护手霜理化霉菌和酵母菌总数检验方法	30	
2	实训项目操作	能按操作规程进行护手霜霉菌和酵母菌总数项目检验	30	
3	6S 管理	遵守 6S 管理	40	
合计			100	

任务三　总结及归档

学习目标

【知识目标】能运用微生物检验方法分析护手霜被霉菌和酵母菌污染的情况。

【技能目标】能分析护手霜霉菌和酵母菌总数检验实训完成情况，并撰写总结报告。

【素养目标】培养负责、严谨的工作态度，树立大局观，提高分析、解决实际问题的能力。

任务引入

接已完成的上两项任务。

任务分析

前面的任务已完成课题实训任务，本任务进一步对实训结果进行统计、分析并总结归档。

相关知识

实训结果评价流程如图 8－16 所示。

图 8－16　实训结果评价流程

任务实施

一、实训结果的统计

对护手霜霉菌和酵母菌总数检验实训结果进行统计。

二、实训任务完成情况的分析

（1）对霉菌和酵母菌总数检验实训结果进行分析，判断实训结果的可靠性与有效性。

（2）根据检验数据评价，初步判断数据的有效性，检查样品被污染情况。

（3）通过实训结果确认技能的掌握程度。

三、总结与归档

1. 将霉菌和酵母菌总数检验实训任务实施过程进行总结。
2. 将霉菌和酵母菌总数检验实训数据进行整理归档。

任务测评

任务结束后，填写任务测评表 8－25。

表 8－25　　任务测评表

序号	考核内容	考核标准	配分	得分
1	素质考核	课堂出勤率、学习态度、行为规范	30	

续表

序号	考核内容	考核标准	配分	得分
2	课堂表现	课堂互动、团队协作、创新建议	30	
3	专业知识	护手霜霉菌和酵母菌总数检验实训任务总结归档能力	40	
合计			100	

思考与练习

1. 写出护手霜霉菌和酵母菌总数检验的操作步骤。
2. 护手霜霉菌和酵母菌总数检验时如何计数?

参考文献

中国就业培训技术指导中心．化妆品配方师（基础知识）［M］．北京：中国劳动社会保障出版社，2013.

杨梅，李忠军，傅中．化妆品安全性与有效性评价［M］．北京：化学工业出版社，2016.

刘纲勇．化妆品原料（第二版）［M］．北京：化学工业出版社，2021.

裘炳毅，高志红．现代化妆品科学与技术（上中下册）［M］．北京：中国轻工出版社，2016.

李丽，董银卯，郑立波．化妆品配方设计与制备工艺［M］．北京：化学工业出版社，2018.

董银卯，李丽，孟宏，邱显荣．化妆品配方设计 7 步［M］．北京：化学工业出版社，2016.

何秋星．化妆品配方与工艺学实验［M］．北京：科学出版社，2017.

中国就业培训技术指导中心．化妆品配方师（国家职业资格三级）［M］．北京：中国劳动社会保障出版社，2013.

王钢力，邢书霞．化妆品安全性评价方法及实例［M］．北京：中国医药科技出版社，2020.

国家药典委员会．中华人民共和国药典（2020 年版，一部）［M］．北京：中国医药科技出版社，2020.

附　表

附表 1　　任务接受单

部门名称：　　　　接受日期：　　年　月　日　时

<table>
<tr><th>序号</th><th>产品编号</th><th>产品名称</th><th>规格/型号</th><th>数量</th><th>完成日期</th><th>具体要求</th></tr>
<tr><td></td><td></td><td></td><td></td><td></td><td></td><td></td></tr>
<tr><td></td><td></td><td></td><td></td><td></td><td></td><td></td></tr>
<tr><td></td><td></td><td></td><td></td><td></td><td></td><td></td></tr>
<tr><td colspan="2">评审方式</td><td colspan="5">□首次生产订单评审　□常规（已生产过）订单评审
□新产品订单评审　□客户订单变更评审</td></tr>
<tr><td colspan="2">接受人员</td><td colspan="5">□同意　□不同意
□其他　请说明：
签名：　日期</td></tr>
<tr><td colspan="2">主管领导</td><td colspan="5">□同意　□不同意
□其他　请说明：
签名：　日期</td></tr>
<tr><td colspan="2">备注</td><td colspan="5"></td></tr>
</table>

附表 2 **任务计划表**

序号	工作步骤	要求	学时	备注
1	索取样版和原料样品	索取样版质量指标，按配方原料规格向供应商索取样品，对样品进行编号登记		
2	基础知识	原料的性质和用途，清洁类化妆品的配方结构，了解《化妆品安全评估技术导则（2021 年版）》《化妆品功效宣称评价规范》《化妆品注册备案管理办法》的要求		
3	样版分析和原料辨识与检验	分析样版的类别、剂型和质量情况，辨识所用原料的性质和用途		
4	打版	按 6S 管理做好实训的安全检查、物料准备、打版、清洁等工作，并做好样品标识		
5	样版比对及测试	通过外观、性状、使用效果进行比对，做好稳定性的测试		
6	样版确认	与客户共同确认样版		
7	制订生产工艺及操作	以确认样版的配方，结合实际生产设备的参数，制定生产工艺和操作规程，移交生产部		
8	总结及归档	分析任务完成情况，对任务数据进行总结归档		

附表 3 打版记录表

<table>
<tr><td colspan="2">产品名称</td><td colspan="2"></td><td>打版数量</td><td></td></tr>
<tr><td colspan="2">批号</td><td colspan="2"></td><td>温度/℃</td><td></td></tr>
<tr><td colspan="2">打版日期</td><td colspan="2"></td><td>湿度/%</td><td></td></tr>
<tr><td>序号</td><td>名称</td><td>作用</td><td>用量/%</td><td>折算用量/g</td><td>备注</td></tr>
<tr><td></td><td></td><td></td><td></td><td></td><td></td></tr>
<tr><td></td><td></td><td></td><td></td><td></td><td></td></tr>
<tr><td></td><td></td><td></td><td></td><td></td><td></td></tr>
<tr><td></td><td></td><td></td><td></td><td></td><td></td></tr>
<tr><td></td><td></td><td></td><td></td><td></td><td></td></tr>
<tr><td></td><td></td><td></td><td></td><td></td><td></td></tr>
<tr><td></td><td></td><td></td><td></td><td></td><td></td></tr>
<tr><td></td><td></td><td></td><td></td><td></td><td></td></tr>
<tr><td></td><td></td><td></td><td></td><td></td><td></td></tr>
<tr><td></td><td></td><td></td><td></td><td></td><td></td></tr>
<tr><td></td><td></td><td></td><td></td><td></td><td></td></tr>
<tr><td></td><td></td><td></td><td></td><td></td><td></td></tr>
<tr><td>操作工艺</td><td colspan="5"></td></tr>
<tr><td colspan="2">异常情况处理</td><td colspan="4"></td></tr>
<tr><td>操作人</td><td colspan="2"></td><td>复核人</td><td colspan="2"></td></tr>
</table>

附表 4　　新员工培训计划表

时间	培训内容	主讲人	培训对象	课时	考核形式	备注
理化指标检验方法	化妆品通用检验方法 pH 值的测定					
	化妆品通用检验方法 浊度的测定					
	化妆品通用检验方法 相对密度的测定					
	化妆品通用检验方法 颗粒度（细度）的测定					
	化妆品通用检验方法 折光指数的测定					
卫生指标检验方法	化妆品菌落总数的测定					
	化妆品霉菌和酵母菌总数的测定					
	化妆品耐热大肠菌群的测定					
	化妆品铜绿假单胞菌的测定					
	化妆品金黄色葡萄球菌的测定